Fangzhi Yuanliao Fenlei Jiqi
Guti Feiwu Jiance Jishu

纺织原料分类及其固体废物检测技术

刘俊　杜卫东　巴哈提古丽·马那提拜　兰丽丽◎主编

中国质量标准出版传媒有限公司
中国标准出版社
北京

图书在版编目（CIP）数据

纺织原料分类及其固体废物检测技术 / 刘俊等主编 . — 北京：中国质量标准出版传媒有限公司，2021.6
　ISBN 978-7-5026-4974-6

　Ⅰ. ①纺⋯　Ⅱ. ①刘⋯　Ⅲ. ①纺织—原料—固体废物—检测　Ⅳ. ① X705

中国版本图书馆 CIP 数据核字（2021）第 169584 号

中国质量标准出版传媒有限公司
中 国 标 准 出 版 社 出版发行
北京市朝阳区和平里西街甲 2 号（100029）
北京市西城区三里河北街 16 号（100045）
网址：www.spc.net.cn
总编室：（010）68533533　发行中心：（010）51780238
读者服务部：（010）68523946
中国标准出版社秦皇岛印刷厂印刷
各地新华书店经销

*

开本 787×1092　1/16　印张 20.5　字数 373 千字
2021 年 6 月第一版　　2021 年 6 月第一次印刷

*

定价：88.00 元

编　委　会

主　编　刘　俊　　杜卫东　　巴哈提古丽·马那提拜　　兰丽丽

副主编　阿不都热西提·买买提　　景建平　　王　翀　　肖　宇

编审人员（按姓氏笔画排序）

丁　峰　　马　兴　　王　旭　　王　洁　　王　铭

王东芹　　王新丽　　车　娟　　邓惠丹

艾尔法特·依马木艾山　　　　龙志新　　史　博

任　蓉　　刘　良　　刘冬志　　刘秀玲　　刘薇薇

孙　艳　　孙丰慧　　孙苏旻　　孙慧芹　　杜天宇

李　勇　　李永丽　　李晓岩　　李海涛　　连素梅

肖远淑　　时天昊　　张　伟　　张　倩　　张飞宇

陈好娟　　陈国通　　陈新梅　　范伟功　　姚海军

夏力哈尔·阿德力别克　　　　铁列克·波拉夏克

铁建成　　徐　畅　　殷　新　　高沙尔·卡依尔哈力

曹　阳　　康亚辉　　董　伟　　董邵伟　　粟有志

谢堂堂　　藏蒙蒙　　魏雨萱

前　言

为保护国家生态安全，满足"检得了、检得快、检得准"大通关工作需求，以及国内循环经济和废弃物"无害化、减量化和资源化"的发展理念，开发废植物纤维、废合成纤维、废再生纤维、废石棉矿物纤维、废麻纤维资源化循环利用意义重大。本书编者根据多年的实践经验和科学发展的需求，在新疆维吾尔自治区重大科技专项项目"跨境纺织原料类固体废物鉴别及综合利用集成示范"（专项编号：2020A03002）的基础上提出了最新的研究成果：纺织原料固体废物安全、卫生检验及鉴别方法和技术手段。同时对成果内容进行了整合和编排，尽可能做到通俗易懂、简明扼要，既注重理论的逻辑性，又突出实践的技术性。

本书共分两部分，即纺织原料分类和纺织原料固体废物检测技术，由乌鲁木齐海关、成都海关技术中心、新疆维吾尔自治区纤维质量监测中心、新疆维吾尔自治区纤维纺织产品质量监督检验研究中心、广州海关技术中心、新疆师范大学生命科学学院、新疆维吾尔自治区矿产实验研究所、新疆产品质量监督检验研究院统稿和定稿，编写分工如下：

第一部分：

第一章由刘俊、杜卫东、王海涛、巴哈提古丽·马那提拜、兰丽丽、阿不都热西提·买买提、景建平、肖宇、王翀、龙志新、李勇、范伟功、张飞宇、丁峰、马兴、王成华、夏力哈尔·阿德力别克、王旭、任蓉、李晓岩、王新丽、康亚辉、孙苏旻、车娟、王洁、张伟编写。

第二章由杜卫东、兰丽丽、刘俊、连素梅、巴哈提古丽·马那提拜、高沙尔·卡依尔哈力、肖宇、王翀、阿不都热西提·买买提、景建平、董伟、陈国通、刘秀玲、刘薇薇、李海涛、陈好娟、粟有志、王成华、刘冬志、李永丽、董邵伟、车娟、王洁、张伟编写。

第三章由巴哈提古丽·马那提拜、兰丽丽、杜卫东、刘俊、李晓岩、王翀、景建平、阿不都热西提·买买提、肖宇、龙志新、王成华、康亚辉、艾尔法特·依马木艾山、史博、王东芹、王铭、徐畅、杜天宇编写。

第四章由兰丽丽、刘俊、巴哈提古丽·马那提拜、杜卫东、阿不都热西提·买买提、景建平、肖宇、王翀、范伟功、徐畅、孙艳、刘秀玲、刘良、谢堂堂、曹阳、邓惠丹、陈新梅、张倩、杜天宇、任蓉、车娟、王洁、张伟编写。

第五章由刘俊、兰丽丽、杜卫东、巴哈提古丽·马那提拜、王翀、肖宇、阿不都热西提·买买提、景建平、陈新梅、张倩、杜天宇、王成华、张飞宇、刘冬志、任蓉、夏力哈尔·阿德力别克、艾尔法特·依马木艾山、李晓岩、车娟、王洁、张伟编写。

第二部分：

第六章由杜卫东、巴哈提古丽·马那提拜、兰丽丽、刘俊、阿不都热西提·买买提、景建平、肖宇、王翀、曹阳、杜天宇、任蓉、邓惠丹、铁建成、史博、藏蒙蒙、孙丰慧、孙慧芹、肖远淑、陈新梅、龙志新、高沙尔·卡依尔哈力、李晓岩、张倩、王成华、艾尔法特·依马木艾山、时天昊、姚海军、殷新编写。

第七章由刘俊、巴哈提古丽·马那提拜、兰丽丽、杜卫东、阿不都热西提·买买提、景建平、肖宇、王翀、范伟功、张飞宇、李海涛、陈好娟、粟有志、谢堂堂、刘冬志、刘薇薇、李永丽、董邵伟、高沙尔·卡依尔哈力、董伟、陈国通、刘秀玲、时天昊、姚海军、殷新编写。

第八章由刘俊、杜卫东、肖宇、阿不都热西提·买买提、景建平、王翀、巴哈提古丽·马那提拜、兰丽丽、孙丰慧、孙慧芹、肖远淑、铁建成、藏蒙蒙、张飞宇、李海涛、刘秀玲、陈好娟、粟有志、刘冬志、康亚辉、李永丽、董邵伟、夏力哈尔·阿德力别克、曹阳、邓惠丹、时天昊、姚海军、殷新编写。

第九章由杜卫东、肖远淑、铁建成、藏蒙蒙、刘俊、孙丰慧、孙慧芹、巴哈提古丽·马那提拜、兰丽丽、阿不都热西提·买买提、景建平、肖宇、龙志新、刘秀玲、王翀、张飞宇、刘良、谢堂堂、曹阳、邓惠丹、李晓岩、陈新梅、张倩、杜天宇、任蓉、时天昊、姚海军、殷新编写。

第十章由巴哈提古丽·马那提拜、肖宇、刘俊、杜卫东、兰丽丽、阿不都热西提·买买提、景建平、王翀、谢堂堂、铁建成、藏蒙蒙、孙丰慧、孙慧芹、肖远淑、陈新梅、张倩、王成华、夏力哈尔·阿德力别克、徐畅、孙艳、刘良、时天昊、姚海军、殷新编写。

第十一章兰丽丽、刘俊、肖宇、杜卫东、巴哈提古丽·马那提拜、阿不都热西提·买买提、孙慧芹、肖远淑、景建平、铁建成、藏蒙蒙、孙丰慧、王翀、龙志新、王成华、范伟功、高沙尔·卡依尔哈力、曹阳、邓惠丹、陈新梅、张倩、时天昊、姚海军、殷新编写。

　　本书的编写得到了南京海关工业产品检测中心、深圳海关工业品检测技术中心、四川省生态环境监测总站、天津市理化分析中心有限公司、青岛海关技术中心、新疆大学、天津海关动植物与食品检测中心、伊宁海关技术中心、新疆维吾尔自治区分析测试研究院、新疆产品质量监督检验研究院、成都医学院检验医学院、新疆环疆绿源环保科技有限公司、石河子海关、石家庄海关、石家庄海关技术中心、成都纺织高等专科学校等单位的大力支持，在此表示谢意，并向所引用资料的编著者表达谢意。

　　由于编者水平有限，书中不妥之处，恳请读者批评指正。

编　者

2021 年 6 月

目　录

第二部分　纺织原料固体废物检测技术

第一部分

纺织原料分类

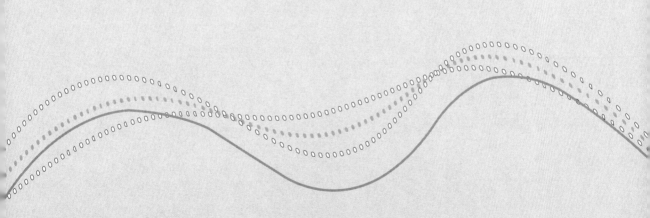

纺织原料是一个相对概念。

对纱厂来说，纺织原料指的是一切用于纺纱的天然或化学纤维。天然纤维包括棉（白棉、彩棉、有机棉等）、麻（亚麻、苎麻、剑麻等）、毛（羊毛、兔毛、澳毛等）、丝（桑蚕丝、柞蚕丝等）。

（1）棉。纯植物纤维纺织物。优点：衣着绵软、舒服，颜色艳丽，色调丰富多彩，耐高温，吸水能力强，透气性能好。缺点：易发皱，需整烫，易上色，易长霉，耐碱性较弱。

①新疆长绒棉：棉絮纤维长细、雪白、精致，触感极绵软、舒服、细腻，悬垂性极好。

②海岛棉：产于亚得里亚海岸的多个海岛，因该地区日照时间长，光照充足，因此其纤维又细又长，光泽度靓丽、延展性大、柔韧度好、吸水能力强，是夏天服装的最好布料。但生产量非常少，极其宝贵。

（2）麻。属纯植物纤维，特点与棉基本类似，吸水能力更强，穿着清凉。缺点：易皱，面料不光滑，穿着时没有光洁的层次感。

（3）毛。源自小动物的头发，主要为羊毛绒，其优点为防寒保暖，轻，穿着时无湿冷感，绵软而舒服，色调丰富多彩，遇水后不容易褪色。缺点：洗污水处理难，不可以水洗，需平干，易形变，缩水性强。羊毛绒有山羊绒及羊绒，山羊绒使用价值高过羊绒，山羊绒产于羊身上的一层细毛绒，产量很低，一般每只羊年产绒量仅为150～250g，其材质绵软、细致、爽滑，有光泽度等，被称作"软黄金"。羊毛绒纤维因其柔、轻、软、滑的特点，享有"纤维晶石"的盛誉。

（4）桑蚕丝。纯天然纤维中的桑蚕丝是面料中的高端种类，也是世界上最好的纺织原料之一。其丝支苗条，光滑绵软，耐磨损，耐拉，颇具延展性，并且可以消化吸收身体排出来的流汗湿气。桑蚕丝是纯天然纤维中最多、较细、更软、最明亮的一种纤维，一个小小蚕茧的丝能长达一公里。桑蚕丝的延展性好，吸水性也强。但桑蚕丝也很娇气，不抗日晒，不耐洗。柞蚕丝比桑蚕丝粗，抗晒力稍强，但因为天然色素的存在，柞蚕丝无法漂白、上色，日晒后非常容易返黄、褪色。

第一章　棉

第一节　棉的种类与组成

棉花是锦葵科棉属植物的种子纤维，原产于亚热带。植株灌木状，在热带地区栽培可长到 6m 高，一般为 1~2m。花朵乳白色，开花后不久转成深红色，然后凋谢，留下绿色小型的蒴果，称为棉铃。棉铃内有棉籽，棉籽上的茸毛从棉籽表皮长出，塞满棉铃内部，棉铃成熟时裂开，露出柔软的纤维。纤维白色或白中带黄，长 2~4cm（0.75~1.5 寸），含纤维素 87%~90%、水 5%~8%、其他物质 4%~6%。棉花产量最高的国家是中国、美国、印度、巴西、墨西哥、埃及、巴基斯坦、土耳其、阿根廷和苏丹。

世界上最早种植棉花的国家是印度和埃及。棉花在汉代传入我国，最早传入的品种是非洲棉和亚洲棉。目前我国棉花产量居世界第一，我国也是世界上棉花出口量最大的国家。非洲棉原产非洲，以埃及棉花的品质最为优良。非洲棉在西汉中期经中亚的伊朗等国家传入我国新疆，又传到中原一带。在新疆罗布泊西汉末至东汉的楼兰遗址中，曾发现过棉布残片，这是我国目前发现的最早的棉织物。

一、棉的种类

1. 棉种主要分类

（1）陆地棉：锦葵科一年生草本植物，高 0.6~1.5m，小枝疏被长毛，叶阔卵形，基部心形或心状截头形，裂片宽三角状卵形，上面近无毛，下面疏被长柔毛；叶柄疏被柔毛；托叶卵状镰形，早落。花单生于叶腋，花梗通常较叶柄略短，蒴果卵圆形，具喙，3~4 室；种子分离，卵圆形，具白色长棉毛和灰白色不易剥离的短棉毛，花期夏秋季，起源于中美洲和加勒比海地区。原为热带多年生类型，经人类长期栽培驯化，形成了早熟、适合亚热带和温带地区栽培的类型，是目前世界上栽培最广的棉种，占世界棉纤维产量的 90% 以上。19 世纪末始传入中国栽培，目前已广泛栽培于全中国各产棉区，且已取代树棉和草棉，是世界上四大棉花栽培种中重要的品种。陆地棉内又分 8 个类型，其中尖斑棉、马利加蓝特棉、尤卡坦棉、莫利尔棉、李奇蒙德氏棉、鲍莫尔氏棉和墨西哥棉 7 个类型为多年生；阔叶棉为一年生，如今世界主要产棉国广为种植的陆地棉均属这一类型。

（2）海岛棉：海岛棉是世界上最优良的棉纤维，1786年于美国佐治亚州圣西门岛栽种成功，因此将其命名为"海岛棉"。海岛棉的优良特性是其纤维非常细长，强度也特别高，是纺织纤维的上上品。以海岛棉织造的衣服有极佳的触感及良好的透气性与吸汗力，更由于海岛棉富有光泽及对染料的高亲和力，使得衣物色彩亮丽鲜明，亦绝非其他棉织衣物所能比较。原产南美洲安第斯山区，以后传播到大西洋沿岸和西印度群岛。其热带多年生类型以在秘鲁和其他南美洲国家的变异最多，如坦奎斯棉、秘鲁棉等。这个种的亚热带一年生栽培类型形成于美国和埃及。早熟的零型分枝或紧凑分枝类型形成于苏联中亚地区，称苏联细绒棉。除一年生类型外，还有两个多年生变种：巴西棉和达尔文棉。中国西南地区生长的离核木棉和联核木棉，都属半野生状态的多年生海岛棉。

（3）亚洲棉：亚洲棉是一种原产于亚洲的棉花种类的合称，又称中棉，培育方式多种多样。亚洲棉又称树棉，原产于亚洲的热带和亚热带地区，是人类最早种植的农作物之一，同时也是目前世界上最重要的经济棉种——陆地棉的祖先。种内又可分为6个地理－生态类型：印度棉、缅甸棉、垂铃棉、中棉、孟加拉国棉和苏丹棉。其中印度棉和苏丹棉为多年生；缅甸棉多数为多年生，也有一年生，其余类型为一年生。因其不适于中支纱机纺，且产量低，已于20世纪50年代被陆地棉取代，只在南方一带尚有零星种植。但亚洲棉具有早熟、耐阴雨、烂铃少、纤维强度高等特性，因而仍不失为重要的种质资源。它在印度和巴基斯坦仍有一定栽培面积。

（4）草棉：草棉是双子叶植物纲、锦葵科、棉属一年生草本至亚灌木，高达1.5m，疏被柔毛。叶掌状5裂，通常宽超过于长，花单生于叶腋，蒴果卵圆形，具喙，通常3～4室，种子大，分离，斜圆锥形，被白色长棉毛和短棉毛。花期7～9月。原产阿拉伯和小亚细亚。该种植株较小，生长期短，约130天，极适于中国西北地区栽培，但目前种植面积不广。产于中国广东、云南、四川、甘肃和新疆等省区，均系栽培。中国新疆和甘肃河西走廊栽培过的非洲棉属库尔加棉类型。由于纤维粗短，到2013年已几乎绝迹。野生棉种或栽培种的野生类型常具有抗病、抗虫、抗旱、抗盐碱、耐寒及纤维强度高等性状，利用这些优良性状改良栽培种，是棉花育种的重要途径。

2.按照棉的纯度分类

（1）纯棉：全部以棉花为原料织成，具有保暖、吸湿、耐热、耐碱、卫生等特点，用来制作时装、休闲装、内衣和衬衫。它的优点是轻松保暖，柔和贴身，吸湿性、透气性甚佳。它的缺点是易缩、易皱、易起球，外观上不大挺括美观，在穿着时必须时常熨烫。

（2）精疏棉：准确名称是"精梭棉"，简单说就是织得比较好，处理得比较好，而且是纯棉的，这类布料可以最大限度地防止起球。

（3）涤棉：是混纺，相对于纯棉而言，就是涤纶和棉混纺，相对于"精梭棉"来说容易起球，但是因为有涤成分，所以面料相对纯棉来说，要软和一点，不容易起皱，吸湿性要比纯棉差一些。

（4）水洗棉：水洗棉是以棉布为原料，经过特别处理后使织物表面色调、光泽更加柔和，手感更加柔软，并在轻微的皱褶中体现出几分旧料之感。这种衣物穿用洗涤具有不易变形不褪色、免熨烫的优点。比较好的水洗棉布的表面还有一层均匀的毛绒，风格独特。

（5）冰棉：冰棉以薄、透气、凉爽等特点对抗夏日。通俗地说，就是在棉布上又加了个涂层，颜色以单一色调为主，有白、军绿、浅粉、浅褐等，冰棉有透气、凉爽的特点，手感光滑柔软，有凉凉的感觉，表面有自然褶皱，穿在身上薄而不透。适合女士制作连衣裙、七分裤、衬衫等，穿起来别有风格，是制作夏日服装的上等面料。纯冰棉是不会缩水的。

（6）莱卡棉：就是在棉布中加入莱卡。莱卡是一种人造弹力纤维，可自由拉长4～7倍，并在外力释放后，迅速恢复原有长度。它不能单独使用，可与任何其他人造或天然纤维交织使用。它不改变织物的外观，是一种看不见的纤维，能极大改善织物的性能。其非凡的伸展与恢复性能令所有织物都大为增色。含莱卡衣物不但穿起来舒适合体，行动自如，而且独具超强的褶皱复原力，衣物经久而不变形。

（7）网眼棉：网眼棉也是纯棉，只不过织法和一般的不同，而且更吸汗且不易变形。

（8）丝光棉：丝光棉选用的棉花原料较为高档，又经过一系列严格的加工程序，其产品可谓棉中极品，保留了纯棉柔软舒适、吸湿透气的天然优点。

3. 按照棉花颜色分类

（1）白棉：正常成熟、吐絮的棉花，不管原棉的色泽呈洁白还是乳白或淡黄色，都称白棉。棉纺厂使用的原棉，绝大部分为白棉。

（2）黄棉：棉花生长晚期，棉铃经霜冻伤后枯死，铃壳上的色素染到纤维上，使原棉颜色发黄。黄棉一般属低级棉，棉纺厂仅有少量应用。

（3）灰棉：生长在多雨地区的棉纤维，在生长发育过程中或吐絮后，如遇雨量多、日照少、温度低，纤维成熟就会受到影响，原棉呈灰白色，这种原棉称为灰棉。灰棉强度低、质量差，棉纺厂很少使用。

（4）彩棉：彩棉是指天然具有色彩的棉花，是在原来的有色棉基础上，用远缘杂交、转基因等生物技术培育而成。天然彩色棉花仍然保持棉纤维原有的松软、舒适、透气等优点，制成的棉织品可减少少许印染工序和加工成本，能适量避免对环境的污染，但色相缺失，色牢度不够。

二、棉的组成

棉，即棉纤维，是由受精胚珠的表皮细胞经伸长、加厚而成的种子纤维，不同于一般的韧皮纤维。棉花是植物纤维，它的主要组成物质是纤维素。纤维素是天然高分子化合物，化学结构式为（$C_6H_{10}O_5$）$_n$。正常成熟的棉纤维素含量约为94%。其余成分称为纤维素伴生物（纤维素93.87%、多缩戊糖1.52%、含氮物0.87%、蜡质、脂肪0.63%、水溶物3.30%、灰分1.12%）。棉花的用途以直接供应棉纺工业为主。棉纤维结构是由单细胞结构截面，由4层不同成分、不同结构的物质结合形成。最外层为初生层，是原生细胞壁，由结晶度、取向度都较低的纤维素与棉蜡等组成，厚约0.25μm；由外向内第二层是次生层，主要由结晶度、取向度均较高的纤维素组成，厚度0.2～6μm；第三层为细胞死亡、棉铃开裂水分蒸发干涸后细胞质的残余层，由半纤维、低聚糖、有机酸、单宁、蛋白质和细胞核残余物组成，厚度0.03～0.2μm；第四层是原细胞内腔干涸后的空腔。

（1）化学稳定性：由于棉纤维的主要组成物质是纤维素，所以它较耐碱而不耐酸。酸会促使纤维素水解，使大分子断裂，从而破坏棉纤维。稀碱溶液在常温下处理棉纤维不发生破坏作用，但会使棉纤维膨化。棉纤维在一定浓度的氢氧化钠溶液或液氨中处理后，纤维横向膨化，从而截面变圆，天然转曲消失，使纤维呈现丝一般的光泽。如果膨化的同时再给予拉伸，则在一定程度上改变纤维的内部结构，从而可提高纤维强力。这一处理称为丝光。浓碱高温对棉纤维可能起破坏作用。

（2）成熟度：棉纤维中细胞壁的增厚程度，即棉纤维生长成熟的程度称为成熟度。随着成熟度的增加，细胞壁增厚，中腔变小。棉纤维在生长期内，如果受到病、虫、霜等的侵害，就会影响纤维的成熟度。棉纤维的成熟度几乎与各项物理性能都有密切关系。成熟正常的棉纤维，天然转曲多，抱合力大，弹性好，有丝光，对加工性能和成纱品质都有益。成熟度差的棉纤维，线密度较小，强力低，天然转曲少，抱合力差，吸湿较多，且染色性和弹性较差，加工中经不起打击，容易纠缠成棉结。过成熟的棉纤维天然转曲少，纤维偏粗，也不利于成纱。成熟度与纤维各项物理性能关系很大，因此成熟度能综合地反映棉纤维的内在质量。表示成熟度的指标常用的有成熟系数、成熟度比和成熟纤维百分率。

三、棉的作用

每100kg子棉轧花后可产皮棉35～40kg。棉纤维具有吸湿、保温、通气性能好等优点。因此，在世界纺织纤维消费量中，合成纤维所占的比重虽由1950年的1%上升到1980年的36%，但棉花所占的比重仍达48%（1980年），居于首位。

棉纤维的长度、细度、强度、整齐度、成熟度、色泽等性状直接影响纱线布匹质量。当其他品质相同时，纤维越长，纺纱支数越高，纱线强度越大。大体上纤维长度每增 1mm，陆地棉和海岛棉可纺支数分别提高近 10 公支和 10～15 公支。但纤维长度对成品纱品质所起的作用常为纤维整齐度所制约。一般纤维整齐、短纤维含量少，则成纱表面光洁，纱的强度提高。纤维强度因品种不同而异，与成熟度也有密切关系，一般成熟度好的强度也高。中国规定棉花共分 7 个品级，纤维长度 23～33mm，3 级为标准级，27mm 为纤维标准长度，7 级以下为等外棉。为增强棉织品的牢度和耐磨性能，常用氢氧化钠液或液态氨浸洗棉纤维，称为"丝光处理"，可使纤维强度提高 20%～30%，并可提高纺织品的光泽和对染料的吸附能力。为使棉织品具有免烫性能，还可作防皱整理。

从毛子表皮上剥下的短纤维，其长度按中国规定陆地棉不足 16mm、海岛棉不足 20mm 的为短绒。每 100kg 毛子，经 3 道剥绒处理可剥得短绒 8～12kg，其数量约为皮棉产量的 1/7。短绒含纤维素 90% 以上，是提取纤维素的重要原料。长 13mm 以上的一类绒可用以织制棉毯、绒衣、绒布，并可搭弹棉絮，制造高级纸张；12mm 以下的二类绒和 3mm 以下的三类绒是优质纤维素原料，可制造各种人造纤维、电影及照相胶片、火药等。

棉籽除留作种用外，80% 以上用于榨油，脱壳后的棉仁含油率为 33%～45%，不低于花生的含油量，是世界上仅次于大豆的第 2 位重要食用油源。棉籽油中亚油酸的含量占脂肪酸的 55%，属优质食用油，可精炼加工成烹调油、冷餐油、人造黄油等。油脚可制取脂肪酸和甘油，为生产肥皂、润滑油、护肤脂、油漆、蜡烛等的重要原料。每 100kg 棉子一般可榨油 15～20kg，产 47～50kg 饼粕。饼粕可作饲料和有机肥料。另外，棉仁中还含蛋白质 33%～38%，脱脂棉仁粉中含蛋白质 45%～50%，并富含 B 族维生素。由于棉仁色素腺中含有高活性的多酚类化合物棉酚（$C_{30}H_{30}O_8$），对人和单胃动物有毒，限制了棉子蛋白的直接利用。用育种手段培育无腺体棉花品种，生产不含棉酚的种子，可使棉仁粉成为利用价值较高的食用蛋白。无腺体棉（无毒棉）的脱脂棉仁粉的蛋白质含量为小麦的 4～5 倍，为大米、玉米的 5～7 倍，并含有禾谷类粮食所不足的多种基本氨基酸。掺入小麦粉或玉米粉中制成食品可改善其营养价值。从棉仁粉中提取的浓缩蛋白，可用于治疗代谢疾病，或用于制作蛋白饮料和蛋白增强剂。

棉子壳占棉子重的 38% 左右，含多缩戊糖 22%～25%、纤维素 37%～40%、木质素 29%～40%，经化学处理可生产糠醛、醋酸、酒精、丙酮、乙酰丙酸等 10 多种产品，也是制活性炭的原料。棉子壳因富含纤维素和木质素，碎屑中残存一定量的棉仁蛋白质，保水通气性能好，还可作真菌培养基，可用来培育食用菌和药用菌，如平菇、银耳、木耳、灵芝、猴头菌等。棉子壳和棉秆均可用作树脂胶合板及造纸原料。棉根和棉籽中提取的棉酚，可制造治疗支气管炎的药物和男性避孕药品。此外，棉花还是很好的蜜源植物。

第二节　棉花的生长条件、产地与分布

棉花是我国的重要经济作物，是纺织工业的主要原料，棉花纤维品质的优劣与纺织品质量及植棉业的发展密切相关。我国是世界上最大的棉花生产国，也是最大的棉花消费国。我国幅员辽阔，自然环境类型多样，宜棉区域广阔，除最北部的少数地区和青藏高原外，25 个省、自治区均有棉花种植，但以山东、河北、河南、江苏、湖北 5 省的植棉面积最大，产量占全国总产的 60% 以上。按自然条件、栽培特点和适宜品种类型，可划分为华南、长江流域、黄河流域、北部特早熟区与西北内陆 5 个棉区。前 2 个棉区统称为南方棉区，后 3 个棉区统称为北方棉区。

一、棉花的生长条件

（1）棉花生长周期：棉花从播种出苗到棉铃成熟吐絮的生育周期一般为150～200d。按其生育期间的形成的变化通常分为苗期、蕾期、花铃期和成熟吐絮期，这 4 个时期反映了棉花生长发育阶段特点及其对环境条件的不同要求。

（2）棉花生长对温度的要求：棉花是喜温作物。野生棉生长在终年无霜的热带，栽培棉在生育期间需较高的温度。棉子萌发的最低温度为 10～20℃；现蕾最低温度为 19～20℃，温度升高，现蕾加快；开花结铃期的最适温度为 25～35℃。如果日最低温度低于 15℃，或日最高温度高于 35℃均有碍于花粉发育，不利于开花授粉，易引起蕾铃脱落。棉铃成熟吐絮时要求温度在 20℃以上，低于 16～20℃则不利于纤维发育和棉铃成熟。

（3）棉花生长对光照的要求：棉花为短日照性作物，一般在棉苗阶段需要每天8～12h 的短日照，经过 18～30d 才能现蕾开花。由于大多数栽培棉品种长期在偏北高纬度的驯化和选择，对短日照已不敏感。但长期在南方种植的品种，特别是原产热带的野生棉种对短日照要求严格，如将其向北方引种，常会出现延迟（或不能）现蕾开花而徒长晚熟，为此，必须进行短日照处理才能现蕾开花。棉花在生育期间喜光照，不耐荫蔽，如日照不足、田间荫蔽，易造成棉株徒长、蕾铃大量脱落而晚熟减产。

（4）棉花生长对水分的要求：棉花的生育期长，枝多叶大，蒸腾系数大，需水较多。据估算，棉花每生产 1kg 干物质，耗水 300～1 000kg，高于一般旱地作物的需水量。但由于根系发达，吸水力强，也较能耐旱。棉花的需水量一般随生育加快、气温上升而逐渐增加，到盛花期需水量最多，吐絮后需水量又减少。如果土壤中水分过多，田间湿度过大，对棉花发育十分不利，常会导致晚熟减产。棉花的发芽、生根和生长发育等生理活动都需要一定的氧气和二氧化碳。所以土层疏松、透气性好，有助于棉根活动，促进棉株正常生长发育。

（5）棉花生长对土壤的要求：棉花要求土壤深厚，土质疏松，土壤水分适宜，地下水位较低。棉花对土壤酸碱度适应性较广，在 pH 6.5～8.5 范围内均能正常生长，还具有轻度耐盐碱能力，但一般以中性至微碱性为宜。

（6）棉花生长对养分的需求：棉花生育期间需要大量的氮、磷、钾以及钙、硫、镁、钠、铁等元素。其中 70% 的氮素是在现蕾到开花结铃期间吸收的；65%～70% 的钾素和磷素都是在开花到成熟吐絮期间吸收的，所以，应及时充足地供给营养元素，以确保棉花正常生育和争取高产。

二、棉花产区分布

棉田约占我国经济作物播种面积的 1/3，棉花纤维占我国纺织工业原料的 70%。棉花及棉织品是出口最大的农产品原料及其加工产品。1984 年，我国棉田面积占世界棉田面积的 1/5，棉花产量占 1/3，居第一位，在世界棉花生产中具有举足轻重的地位。发展我国棉花生产，应以提高单位面积产量为主攻方向。其基本措施之一是合理布局，建设商品棉生产基地。

我国的棉花总产量占世界棉花产量的 25% 左右。目前，我国棉花已经形成了良好的生产基础，棉花单产水平是世界平均单产水平的 1.78 倍，单位成本比较低。随着我国人口的不断增加和消费水平的不断提高，纺织品和服装出口形势看好，棉花需求继续保持增长势头，为我国棉花生产提供了更大的发展空间。

1. 棉花生产合理布局

合理布局调整的方向是：①将主要棉区 10 万亩（1 亩≈667m²）以下又是分散的植棉县向宜棉地区集中，巩固提高长江中下游平原棉区，并重点恢复华北平原宜棉地区的老棉区；②在南疆和东疆，有计划地发展一批海岛棉和陆地棉新棉区，在宜棉的淮北平原扩展一批新棉区；③稳步收缩适宜性较差地区的棉田，即辽宁、晋中和京津唐一带、北疆和河西走廊、南方的红黄壤丘陵棉田；④在植棉县内，棉田也应因地制宜、适当集中。

2. 商品棉生产基地的选建

国家可以分期分批在以下五大块地区有计划地选建商品基地：①江汉平原棉区；②长江下游沿江滨海平原棉区；③豫北鲁西冀中南棉区；④黄淮平原棉区；⑤南疆棉区。此外，还要建设一批地方性商品棉基地，如四川盆地、南襄盆地、晋南盆地、关中平原、华北东部低洼平原、洞庭湖平原、鄱阳湖平原、安徽沿江平原。

三、棉区的划分

棉区的划分主要根据棉花生长发育对于生态条件的要求，其中主要有：

- 棉花原产热带，属喜温作物。在积温≥15℃为2 600～3 100℃的地方，可种早熟陆地棉；超过3 200℃的地方，可种中熟陆地棉；4 000℃以上的地方，可种早熟或中熟海岛棉；低于2 600℃的地方就不能种棉花。开花结铃期的月平均温度要求在24℃以上。
- 棉花好光，属短日照作物。一般以年日照2 000h以上较好。
- 棉花需要消耗一定数量的水分和矿质营养，才能获得一定水平的产量。
- 棉花需要深厚疏松的土壤，一般以排水良好的微带碱性的冲积壤土为宜。

此外，地貌、病虫害的分布及其他自然灾害等，也可以作为生态适宜区划的考虑因素。

根据以上棉花对生态条件的要求，结合棉花生产特点，以及棉区分布状况、社会经济条件和植棉历史，由南向北，将全国划分为五大棉区，即长江流域棉区、黄河流域棉区、西北内陆棉区、北部特早熟棉区和华南棉区。

（一）长江流域棉区

该区是生产水平最高的棉区。南界自福建戴云山起，沿"两广"北边的五岭，经贵州中部分水岭至四川大凉山；北以秦岭、淮河、苏北总干渠为界；西起川西高原东麓；东至海滨。棉田面积约占全国的44%，总产量约占全国的53%。水热条件好，伏天日照充足，有利于多结伏秋桃。多春雨，常有秋季阴雨，不利于苗期生长和吐絮。基本实行粮棉两熟套种。适于栽培中熟陆地棉。主要病虫害有苗病、铃病、红铃虫、红蜘蛛，部分地区有橘、黄萎病。

本区划分4个亚区：长江上游、长江中游、长江下游和南襄盆地。

（二）黄河流域棉区

该区是全国植棉面积最大的主产区，位于长江流域棉区以北；北界自山海关起，沿河北境内的内长城向西，再顺太行山东麓向南，尔后由河南境内的天台山（济源以北）折向山西境内的霍山（霍县以西），再经由陕西境内的北山（蒲城、凤翔以北）连至甘肃南边的岷山划一直线；西起陇南，东至海滨。棉田面积约占全国的50%，总产量约占全国的43%。该区水热条件适中，春秋日照充足，有利于棉花早发稳长和吐絮。伏天雨季往往加重盛花期蕾铃脱落。大多数地方仍以一年一熟为主；部分棉田推广粮（油）棉两熟套种。适于栽培中、早熟陆地棉。黄萎病与枯萎病往往混生，在老棉区传播蔓延较快。苗期常有根病。虫害以棉蚜、棉铃虫为主，红蜘蛛在局部地区有时也较重。

该区划分4个亚区：淮北平原、华北平原、黄土高原和早熟棉区。

（三）西北内陆棉区

这是一个植棉历史悠久，而又大有开发前途的棉区。该区在六盘山以西，包括新疆全区，甘肃河西走廊和沿黄灌区。本区日照充足，气候干旱，温差大，有利于棉花稳长，蕾铃脱落率低，经济产量系数高。可种植中、早熟陆地棉或中、早熟海岛棉。棉田均为一年一熟、平作。棉花病虫害轻。最特殊的是无红铃虫，亦无棉蚜。棉田面积约占全国的 5%。东疆和南疆是目前国内最大的长绒棉基地，长绒棉产量约占当地棉花总产的 1/5。

（四）北部特早熟棉区

这是一个植棉面积不大、历史也较短的棉区。该区位于黄河流域棉区以北，北界大体相当于 2 600℃活动积温线。棉花产区主要在辽宁，另外还包括冀北、陕北和陇东等零星产区。该区热量条件较差，只能种早熟、特早熟陆地棉。日照较为充足，夏季日照时间较长，昼夜温差大，利于多结伏桃。棉田均为一年一熟棉花病虫害较轻。20 世纪 70 年代，该棉区由于接连遭低温冷害，并受到以粮挤棉的影响，棉田面积一再压缩，约为 180 万亩（1 亩≈667m²），仅占全国的 2%，总产量仅占全国的 1%。

（五）华南棉区

这里是我国最早发展棉花生产的区域，但目前已演变为植棉面积最小的零星产区。该区在长江流域以南，热量资源特别充足，雨水相当多。有些地方终年无霜，棉花经冬不死，适宜种植中熟海岛棉和中晚熟陆地棉。棉田多为一年两熟。普遍采取深沟高畦，春播或秋冬播种。由于气候炎热多雨，一般病虫危害相当严重。病害主要是烂铃严重。虫害种类多，往往世代重叠，发生量大。由于本区的自然特点，种植其他经济作物更为有利，因此棉田面积一再收缩，目前，棉田面积仅有数万亩，亩产很低，很少提供商品棉。

四、棉花优势区域布局

主攻方向：适应纺织工业多元化的需要，优化品种和品质结构，近期以提高棉花比强度为中心，重点发展目前市场短缺的陆地长绒棉和中短绒棉生产，大幅度减少"三丝"含量，提高棉花质量，推进棉花标准化生产、产业化经营，提高棉花效益。

优势区域：在黄河流域棉区、长江流域棉区、西北内陆棉区重点建设 120 个棉花生产基地。其中，黄河流域棉区主要建设河北、山东、河南、江苏、安徽 5 个省的 50 个县，长江流域棉区主要建设江汉平原、洞庭湖、鄱阳湖、南襄盆地等地的 40 个县，西北内陆棉区主要建设新疆维吾尔自治区、新疆生产建设兵团和甘肃河西走廊地区的 30 个县、团场。

发展目标：3 个棉区棉花单产达到 75kg/ 亩，棉花品种结构进一步优化，长绒、中长绒和中短绒棉花比例力争由目前的 1 : 95 : 4 调整为 7 : 83 : 10，进一步提高棉花的一致性和整齐度，减少"三丝"含量，将长江流域棉区建设成为适纺 50 支纱以上和 20 支纱以下为主的原料生产基地，黄河流域棉区建设成为以适纺 40 支纱为主的原料生产基地，西北内陆棉区建设成为以适纺 32 支纱为主的原料生产基地，满足我国纺织工业发展的需要。

国家统计局根据对全国的统计调查（新疆棉花种植面积通过遥感测量取得），2018 年、2019 年、2020 年全国棉花种植面积、单位面积产量、总产量如下：

2018 年：①全国棉花种植面积 3 352.3 千 hm²（5 028.5 万亩），比 2017 年增加 157.6 千 hm²（236.4 万亩），增长 4.9%。②全国棉花单位面积产量 1 818.3kg/hm²（121.2kg/ 亩），比 2017 年增加 49.2kg/hm²（3.3kg/ 亩），增长 2.8%。③全国棉花总产量 609.6 万 t，比 2017 年增加 44.4 万 t，增长 7.8%。见表 1-1。

表 1-1 2018 年全国及各地棉花生产情况

地区	种植面积 千 hm²	单位面积产量 kg/hm²	总产量 万 t
天津	17.4	1 023.3	1.8
河北	210.4	1 137.3	23.9
山西	2.6	1 399.2	0.4
江苏	16.6	1 241.0	2.1
浙江	4.2	1 402.3	0.6
安徽	86.3	1 025.6	8.9
江西	45.6	1 495.7	6.8
山东	183.3	1 184.2	21.7
河南	36.7	1 033.3	3.8
湖北	159.3	937.6	14.9
湖南	63.9	1 341.0	8.6
广西	1.2	859.1	0.1
四川	4.0	991.3	0.4
贵州	0.7	989.6	0.1
陕西	7.1	1 350.0	1.0
甘肃	21.5	1 637.2	3.5
新疆	2 491.3	2 051.5	511.1
全国总计	3 352.3	1 818.3	609.6

注：1. 由于小数位四舍五入进位问题，各地数合计与全国数略有差异。
2. 北京、内蒙古、辽宁、上海、福建、云南的棉花产量因不足 0.1 万 t，未列出；吉林、黑龙江、广东、海南、重庆、西藏、青海、宁夏等没有棉花生产。

2019 年：①全国棉花种植面积 3 339.2 千 hm²（5 008.8 万亩），比 2018 年减少 15.2 千 hm²（22.8 万亩），下降 0.5%。②全国棉花单位面积产量 1 763.7kg/hm²（117.6kg/ 亩），比 2018 年减少 55.6kg/hm²（3.7kg/ 亩），下降 3.1%。③全国棉花总产量 588.9 万 t，比 2018 年减少 21.3 万 t，下降 3.5%。见表 1-2。

表 1-2 2019 年全国及各地棉花生产情况

地区	种植面积 千 hm²	单位面积产量 kg/hm²	总产量 万 t
天津	14.1	1 262.0	1.8
河北	203.9	1 115.3	22.7
山西	2.3	1 307.9	0.3
江苏	11.6	1 350.0	1.6
浙江	5.6	1 454.8	0.8
安徽	60.3	921.0	5.6
江西	42.6	1 546.7	6.6
山东	169.3	1 158.0	19.6
河南	33.8	802.3	2.7
湖北	162.8	882.0	14.4
湖南	63.0	1 299.0	8.2
广西	1.1	1 032.4	0.1
四川	2.9	975.1	0.3
陕西	5.5	1 399.5	0.8
甘肃	19.3	1 689.5	3.3
新疆	2 540.5	1 969.1	500.2
全国总计	3 339.2	1 763.7	588.9

注：1. 由于小数位计算机自动进位问题，各地数合计与全国数略有差异。

2. 北京、内蒙古、辽宁、上海、福建、贵州、云南的棉花产量因不足 0.1 万 t，未列出；吉林、黑龙江、广东、海南、重庆、西藏、青海、宁夏等没有棉花生产。

2020 年：①全国棉花播种面积 3 169.9 千 hm²（4 754.8 万亩），比 2019 年减少 169.4 千 hm²（254.1 万亩），下降 5.1%。②全国棉花单位面积产量 1 864.5kg/hm²（124.3kg/ 亩），比 2019 年增加 100.9kg/hm²（6.7kg/ 亩），增长 5.7%。③全国棉花总产 591.0 万吨，比 2019 年增加 2.1 万吨，增长 0.4%。见表 1-3。

表 1-3　2020 年全国及各地棉花生产情况

地区	播种面积 千 hm²	总产量 万 t	单位面积产量 kg/hm²
天津	8.8	1.0	1 141.5
河北	189.2	20.9	1 102.5
山西	1.1	0.2	1 377.2
江苏	8.4	1.1	1 269.0
浙江	4.8	0.7	1 426.7
安徽	51.2	4.1	800.9
江西	35.0	5.3	1 511.5
山东	142.9	18.3	1 280.6
河南	16.2	1.8	1 094.0
湖北	129.7	10.8	831.7
湖南	59.5	7.4	1 252.2
广西	1.1	0.1	1 025.7
四川	2.3	0.2	950.0
甘肃	16.6	3.0	1 815.2
新疆	2 501.9	516.1	2 062.7
全国总计	3 169.9	591.0	1 864.5

注：1. 此表中部分数据因四舍五入，各地数合计与全国数略有差异。

2. 北京、内蒙古、辽宁、上海、福建、贵州、云南、陕西的棉花产量因不足 0.1 万 t，未列出；吉林、黑龙江、广东、海南、重庆、西藏、青海、宁夏等没有棉花生产。

2020 年是非常特殊的一年，疫情对全球经济产生了深刻的影响，行业发展面临着巨大的挑战和压力。自疫情发生以来，国内采取积极的防疫防控措施，疫情迅速得到有效控制，取得了阶段性成果，并且国内相继出台各项宽松的货币政策，降准降息向市场注入流动性，复工复产下第二季度国内经济领先全球率先恢复（由第一季度的 -6.8%，第二季度回升至 3.2%），市场信心有所恢复，棉花商业库存也从高位下滑，下游消费也在逐步恢复，郑棉触底反弹，震荡走高，到 9 月中旬郑棉主力合约价格最高反弹至 13 150 元 /t，较最低点上涨 3 215 元 /t，涨幅近 32%。

面对严峻的形势，棉纺织行业积极履行社会责任，主动调整生产经营策略，第二季度开始，疫情对企业生产运营的负面影响逐渐下降，行业运行态势平稳回升。2021 年以来，行业运行延续了 2019 年的回升态势，主要生产、效益指标同比增长明显，产能逐步向智能化、自动化、绿色化发展。根据中国棉纺织行业协会统计，截至 2020 年，我国纺纱产能达 1.1 亿锭，织机 104 万台。设备生产效率提高，纱、布产量基本稳定。根据中国棉纺织行业协会统计，受疫情影响，2020 年纱产量 1 641 万 t，同比下降 10.3%；布产量 460 亿 m，同比下降 17.9%。2020 年 1—4 月受疫情影响，行业处于欠景气状态。5 月开始，随着消费市场稳步复苏，行业景气度逐渐回升。尤其 9 月份以后，行业产销出现明显好转，景气指数连续高于枯荣线。2020 年第一季度，在我国经济运行持续稳定恢复的形势下，行业发展活力增强，景气指数平均值达到 50.4，同比上升 2.5。4 月景气度比 3 月下降，但从分项指数看，生产指数和企业信心指数仍处于扩张区间。

从行业重点企业数据看，2020 年主要经济指标同比均明显下降，其中主营业务收入累计同比下降 8.6%；利润总额累计同比下降 13.8%；出口交货值累计同比下降 19.6%；亏损面累计同比扩大 0.83 个百分点。但从分月的情况看，2020 年 2 月份以来，主要经济指标同比降幅出现不断缩小的态势，2021 年开始由负转正，亏损面明显收窄。从中国棉纺织行业协会调研和企业生产情况看，2020 年 9 月份以来，棉纺织企业生产经营明显向好，纱、布产量不断增加。2021 年 1—4 月，重点企业纱、布产量累计同比分别增长 24.3% 和 8.8%，环比有所下降。集群企业生产情况和重点企业基本一致，但整体恢复相对缓慢。见表 1-4。

表 1-4 2021 年中国棉花实播面积调查表

地区	面积 / 万亩		单产 /kg/ 亩	总产量 / 万 t	
	实播	同比 ±%	预计	预计	同比 ±%
黄河流域	456.2	−24.0%	77.3	35.3	−22.9%
山东省	192.1	−25.5%	76.2	14.6	−25.8%
河南省	51.6	−13.2%	63.3	3.3	−3.2%
河北省	168.1	−27.5%	82.5	13.9	−25.2%
陕西省	13.6	−13.3%	79.2	1.1	−14.4%
山西省	12.0	−15.8%	77.8	0.9	−16.7%
天津市	18.8	−11.9%	79.9	1.5	−14.2%
长江流域	261.0	−29.2%	62.5	16.3	−12.9%
湖北省	95.8	−27.4%	56.6	5.4	−3.8%
安徽省	68.5	−33.5%	59.0	4.0	−20.0%
江苏省	15.9	−12.5%	70.5	1.1	−6.5%
湖南省	49.4	−26.2%	69.2	3.4	−15.1%
江西省	31.4	−35.3%	73.7	2.3	−17.7%
西北内陆	3 501.8	−1.7%	143.9	503.9	−4.7%
甘肃省	25.6	−18.3%	112.0	2.9	−17.1%

续表

地区	面积 / 万亩		单产 /kg/ 亩	总产量 / 万 t	
	实播	同比 ±%	预计	预计	同比 ±%
新疆	3 476.2	-1.6%	144.1	501.0	-4.6%
其他	27.3	-22.9%	62.4	2.4	22.9%
全国总计	4 246.3	-7.0%	131.4	557.9	-6.2%

注：1. 数据来源：国家棉花市场监测系统。

2. 表中预计单产根据近年单产综合测算。

3. 调查时间：2021 年 5 月 15 日—6 月 15 日。

4. 制表日期：2021 年 6 月 21 日

第三节　棉的一般特性与质量评价

一、棉的一般特性

（1）形态特征：世界上广泛栽培的陆地棉根系发达，入土深达 2m 左右，侧根分布于 10～30cm 的耕作层。茎圆柱形，高 70～200cm，绿色或紫红色。有 2 种分枝：下部节间的腋芽多发育成为单轴的叶枝（营养枝），与主茎成锐角，不直接着生蕾铃；中上部腋芽多发育成为合轴的果枝，与主茎几成直角，直接着生蕾铃。果枝根据节间的有无和长短可分成 5 种类型：0 型，无果节，铃柄直接着生主茎；1 型，果枝节很短，3～5cm；2 型，果节较短，5～10cm；3 型，果节较长，10～15cm；4 型，果节很长，15cm 以上。茎和叶上有茸毛或无茸毛，基部叶卵圆形或心脏形，全缘。中上部叶和果枝叶一般 3～7 裂，但也有少数品种为鸡脚叶。叶背主脉近基部有蜜腺。两性花，花冠大。初开时乳白色，海岛棉为黄色；经日光照射，花瓣中的花色素苷形成花色素，在酸性的花瓣细胞液中，逐渐呈红色；次日渐由红色变为紫红色。开花的顺序是由下而上、由内而外。相邻果枝相同节位的花朵开花间隔的时间较短，一般为 2～3d；同一果枝相邻节位开花间隔的时间较长，一般为 5～6d。受精后子房发育成蒴果，称棉铃或棉桃，有 3～5 室，50～70d 成熟，铃壳开裂，吐出子棉。种子近梨形，其上着生的棉纤维和短绒，由种皮的生毛细胞发育而成。开花前开始突起的种皮生毛细胞，受精后迅速伸长发育成棉纤维。在授粉后第 4～10d 才开始隆起的生毛细胞，因中途停止伸长而形成短绒。棉纤维可分为初生壁、次生壁、腔壁和中腔几部分。次生细胞壁因昼夜温差，沉积的纤维素疏密不同而形成轮纹状。中腔充满细胞质，纤维成熟后，汁液干涸，成为空腔，棉纤维因受螺旋状排列的小纤维束内应力的作用而形成转曲。具有转曲的棉纤维是栽培棉种的主要特征，纺织时可增强抱合力。一般成熟的陆地棉纤维每厘米有转曲 50~80 个，海岛棉有 100~120 个。每粒种子上棉纤维的根数因棉种而异，陆地棉 8 000~15 000 根，海岛棉 11 000~17 000 根。棉纤维的主要成分是纤维素，占其干重的 93%~95%，此外还有少量蜡质、胶质和灰分等。棉纤维从发生到成熟，陆地棉需 50~70d，海岛棉所需时间约比陆地棉多 15d。纤维发育大致可分为伸长、加厚和脱水成熟 3 个阶段。伸长和加厚各需 20~30d 和 25~35d，伸长和加厚有 7~10d 重叠期，脱水成熟形成转曲需 3~5d。带有棉纤维的种子称为子棉。子棉经轧后得到的棉纤维称皮棉。皮棉占子棉质量的百分比（衣分），一般陆地棉为 35%~40%，海岛棉为 30%~35%。棉子轧去棉纤维后，种皮上还密被短绒的称为毛子，无短绒的称为光子。海岛棉的种子多数在一端有短绒，称为端毛子。

（2）生理特性：棉有喜温好光、无限生长和蕾铃脱落等习性。温度和光照对纤维成熟和强度的影响大。生长发育的适温为 25~30℃，早熟品种要求 10℃以上，积温不少于 2 900~3 100℃，持续期不少于 150d，夏季最热月份的日平均温度不低于 23℃；中熟品种积温至少 3 200~3 400℃，持续期在 200d 以上；晚熟品种积温超过 3 500℃，持续期在 220~250d。棉子吸足相当于风干重的 60% 的水分后，在 10~12℃开始萌动，温度高于 16℃时下胚轴伸长，子叶出土。开花、结铃和纤维发育要求温度在 20℃以上，低于 20℃时花粉不能正常发育，纤维的加厚受阻。但过高的温度也会抑制棉花生长发育，37~40℃以上时棉花花粉失去生活力，难以受精，造成大量蕾铃脱落。

棉花的原始类型均为典型的短日照植物，在温带夏季自然长日照条件下不能正常现蕾开花；若进行短日照（8~10h 光照）处理，可显著降低第 1 果枝节位，缩短生育期。许多海岛棉和晚熟的陆地棉品种对短日照也有一定要求，而早熟和中熟的陆地棉品种对日照长度的反应已不敏感，在长日照和短日照下均能正常发育。生育期间喜光照，不耐荫蔽，平均日照率宜在 60%。棉叶的光饱和点较高，为 7 万~8 万 lx，光补偿点为 1 000~2 000lx。棉是 C3 作物，光合生产率较低。一般认为群体最大叶面积系数为 3~4 时，较有利于光合产物积累。不同生育期对氮、磷、钾需要量不同。现蕾前需要的磷占总量的 3%~5%，钾占总量的 2%~3%；现蕾至开花需要的氮、磷占总量的 25%~30%，钾占 12%~15%；开花至吐絮需要的氮、磷占总量的 65%~70%，钾占 75%~80%。适宜生长在通气排水良好、土层深厚肥沃的土壤上。棉较耐盐碱，土壤 pH 以 6.5~8.0 为宜。水分对棉纤维长度有明显影响。因长期适应热带干旱气候条件而具有耐旱性。但由于生长期长、叶面积大，特别是生长中期正值高温季节，消耗水分较多，因而在光照充足、降雨量少的条件下，要有灌溉措施以满足棉花高产优质的要求。棉的蒸腾系数在不同自然气候条件下变幅较大，为300~1 000。

二、棉的质量评价

（一）棉花质量主要指标

（1）品级。品级是指棉花品质的级别。根据棉花的成熟程度、色泽特征和轧工质量，分为7个级，7级以下为级外。品级标准级是3级。

主体品级：含有相邻品级的一批棉花中，所占比例80%及以上的品级。同一批棉花中，除了主体品级的比例达到80%及以上外，还不允许有跨主体品级的棉花。不符者应挑包整理或协商处理（注：跨主体品级是指主体品级及其上下相邻品级之外的其他品级，即同一批棉花中，不能有与主体品级相差2个级及以上的棉花）。如：一批棉花中，①若1级占10%，2级占80%，3级占10%，该批棉花的主体品级是2级。②若1级占10%，2级占75%，3级占15%，则该批棉花无主体品级（没有占到80%及以上的级别），需重新整理。③若1级占90%，3级占10%，虽然主体品级1级的比例达90%，但有3级棉花存在，属跨主体品级1级的范围，该批棉花不符合国家标准的要求，需重新整理。

（2）颜色级。颜色级是依据棉花的黄色深度确定类型，依据反映出的明暗程度确定级别，通过类型和级别在颜色分级图中对应的区域确定棉花的颜色级。按照中国棉花颜色分级图，我国锯齿加工细绒棉共分为4种类型、13个颜色级，其中白棉3级为标准级。从类型来讲，白棉和淡点污棉使用价值较高；淡黄染棉由各种僵瓣棉和部分晚期次棉、污染棉、烂桃棉，或是淡点污棉变异而来，使用价值较低；黄染棉是在特殊情况下才会出现的，因多年存储变异，或回潮率大的籽棉未及时晾晒而变黄，这类棉花品质极低。

（3）轧工质量。轧工质量是棉花质量的一项重要指标，轧工质量的好坏，直接影响皮棉的品质和成纱，也关系到加工企业经营管理和纺织厂的用棉。根据皮棉外观形态粗糙程度、所含疵点种类及数量的多少，轧工质量分好、中、差3档。分别用P1、P2、P3表示。

（4）长度。长度是棉花最重要的内在质量指标之一，共分8级，28mm级为长度标准级，综合指标为平均长度。长度级30~32mm的棉花使用价值较高，25~26mm的棉花使用价值较差。

（5）长度整齐度。长度整齐度指数是重要的棉花质量指标，用以表示棉纤维长度分布均匀或整齐的程度，对纱线的条干、原棉制成率有重要影响，同时对纱线的强度也有影响。细绒棉按长度整齐度指数和使用价值从高到低依次分为5个档，分别是很高、高、中等、低、很低。长度整齐度指数很高档、高档的棉花使用价值较高。

（6）马克隆值级。马克隆值是棉花细度和成熟度的综合反映，是棉花主要的内在质量指标之一，与成纱质量有密切的关系。棉花的马克隆值越高，一般棉纤维成熟度越好；马克隆值过高，则成熟过度，纤维较粗，纤维抱合力差、成纱强力和条干均匀度不理想；马克隆值过低、细度过小、成熟不足，则容易产生有害疵点，织物染色性能差；只有马克隆值适中，棉花的细度适中、成熟适中，才具有最高的纺纱性能，获得较全面的使用价值。细绒棉的马克隆值共分3级5档，马克隆值级A级的使用价值较好，B级的使用价值正常，C级的使用价值较差。

（7）断裂比强度值。断裂比强度是重要的棉花内在质量指标，与纱线的成纱强力有很好的相关性，细绒棉按断裂比强度值和使用价值从高到低依次分5个档，即很强、强、中等、差、很差。断裂比强度很强档、强档的棉花使用价值较高。

（8）回潮率。过去叫作含水率，为了与国际接轨，改叫回潮率。含水率是指棉花中所含的水分与湿纤维质量的百分比，而回潮率是指棉花中所含的水分与干纤维质量的百分比。棉花公定回潮率为5。

（9）含杂率。皮辊棉为3.0%，锯齿棉为2.5%。

（10）危害性杂物。棉花加工过程中，不得混入危害性杂物。

（11）短纤维率。限量规定：品级标准级以上（即1级、2级）的棉花应小于或等于12%，最高不得超过18%；品级标准级及下一级（即3级、4级）的棉花应小于或等于15%，最高不得超过20%；其他品级棉花不作要求（注：用标准级以上、以下，而不用1级、2级、3级、4级来表示，主要是根据商检部门对外检验的需要所定）。

（12）棉结。限量要求：锯齿棉标准级以上每100g不超过500粒，标准级每100g不超过700粒，标准级以下不作要求。

（二）质量标识

新的国家标准规定，棉花质量标识按棉花类型、主体品级、长度级、主体马克隆值级顺序标示，6级、7级棉花不标马克隆值级。

类型代号：黄棉以Y标示，灰棉以G标示，白棉不作标识。

品级代号：1级～7级用"1"～"7"标示。

长度级代号：25mm～31mm，用"25"～"31"标示。

马克隆值级代号：A级、B级、C级分别用A、B、C标示。

皮辊棉、锯齿棉代号：皮辊棉在质量标示符号下方加横线"—"标示；锯齿棉不作标示。如：1级锯齿白棉，长度29mm，马克隆值A级，质量标识为：129A；

3 级皮辊白棉，长度 28mm，马克隆值 B 级，质量标识为：328B；

4 级锯齿黄棉，长度 27mm，马克隆值 B 级，质量标识为：Y427B；

5 级锯齿白棉，长度 29mm，马克隆值 C 级，质量标识为：527C；

6 级锯齿灰棉，质量标识为：G625。

我国棉花的标准等级 328B，简称为标准级 328B。

（三）参考标准

GB/T 398　棉本色纱线

GB/T 406　棉本色布

GB/T 2910.5　纺织品　定量化学分析　第 5 部分：粘胶纤维、铜氨纤维或莫代尔纤维与棉的混合物（锌酸钠法）

GB/T 2910.26　纺织品　定量化学分析　第 26 部分：三聚氰胺纤维与棉或芳纶的混合物（热甲酸法）

GB/T 6097　棉纤维试验取样方法

GB/T 6098　棉纤维长度试验方法　罗拉式分析仪法

GB/T 6099　棉纤维成熟系数试验方法

GB/T 6100　棉纤维线密度试验方法　中段称重法

GB/T 6498　棉纤维马克隆值试验方法

GB/T 7568.2　纺织品　色牢度试验　标准贴衬织物　第 2 部分：棉和粘①胶纤维

GB/T 9107　精制棉

GB/T 9996.1　棉及化纤纯纺、混纺纱线外观质量黑板检验方法　第 1 部分：综合评定法

GB/T 9996.2　棉及化纤纯纺、混纺纱线外观质量黑板检验方法　第 2 部分：分别评定法

GB/T 13777　棉纤维成熟度试验方法　显微镜法

GB/T 13783　棉纤维断裂比强度的测定　平束法

GB/T 16258　棉纤维含糖试验方法　分光光度法

GB/T 18080.1　纺织业卫生防护距离　第 1 部分：棉、化纤纺织及印染精加工业

GB/T 20392　HVI 棉纤维物理性能试验方法

GB/T 22208　船用垫片用非石棉纤维增强橡胶板试验方法

GB/T 22209　船用垫片用非石棉纤维增强橡胶板

GB/T 27793　抄取法无石棉纤维垫片材料

---

① 本书除标准名称中保留"粘胶"，其余均使用"黏胶"。

GB/T 29887　染色棉

GB/T 31007.1　纺织面料编码　第 1 部分：棉

GB/T 33729　纺织品　色牢度试验　棉摩擦布

GB/T 35931　棉纤维棉结和短纤维率测试方法　光电法

FZ/T 01012　棉花品种纺纱试验方法对棉纤维品质和成纱品质的评价

NY/T 3272　棉纤维物理性能试验方法 AFIS 单纤维测试仪法

SN/T 0311.2　进出口棉纤维含糖量检验方法　第 2 部分：色卡比色法

SN/T 2331　进出口棉纤维含糖检验方法　高效液相色谱法

DB13/T 1360　莱赛尔、棉纤维混纺产品纤维含量的测定

DB13/T 1361　莫代尔、棉纤维混纺产品纤维含量的测定

DB13/T 1362　竹材粘胶棉纤维混纺产品纤维含量的测定

DB13/T 1581　不锈钢纤维与涤纶 / 棉纤维混纺产品纤维含量的测定

DB65/T 3192　南疆膜下滴灌超高产棉田棉纤维品质保优栽培技术规范

第四节　废纺织棉

随着人们生活水平的不断提高，对纺织品的需求不断扩大，天然纤维早已不能满足人们的需求，人造纤维成了纺织原料中的主体，而且涤纶作为我国化纤行业中的最大品种，2010 年其产能已经达到 2 900 多万 t，占世界的 2/3 以上，而石油转换生产的聚酯纤维在人造纤维中占有重大比重，石油的紧张，又影响了聚酯纤维的生产。因此，涤纶纺织品的空间污染更加突出，大规模地回收涤纶纺织品再利用具有非常紧迫性。以废聚酯产品回收生产的再生聚酯纤维，既解决了对石油的直接依赖，又减少了白色污染，成为绿色纺织未来发展的一个主要方向。

目前的废旧棉纺织品处理方法主要包括机械法和化学法。机械法是将废旧纺织品不经分离直接加工成可纺出纱线的再循环纤维。棉纺织品的化学回收利用主要是将其作为纤维素原料，用于制备其他纤维素制品，如黏胶、纸等，或者将废旧纺织品焚烧转化为热量，用于火力发电回收再利用。机械法成本较低，应用广泛，但工艺流程长、能耗高、加工中极易产生高含尘空气和粉尘，且产品附加值低。热能法简单、成本低、回收彻底，但纤维素热值低，并且可能会造成环境污染。

棉纺织品的主要成分是纤维素，由碳、氢、氧 3 种元素组成，含碳量高达44.44%，可用于制备碳材料。将废旧棉纺织品转变为碳材料，不但可以回收利用废旧物质，提升其利用价值，同时为碳材料的制备提供了碳源。

第五节　进出口棉花贸易概况分析

一、我国和棉产大国的产量分析

早在 1862 年，中国商人郑观应就在《盛世危言》中宣扬工业化的必要性。35 年后，张謇响应了这一号召，在家乡南通建立纺纱厂。随后，一大批中国企业家与政府机构一道致力于引进西方技术，发展中国本土工业。第一次世界大战为中国工业发展赢得了难得的机会。1914 年后，中国棉花生产的增长速度是全球最快的，1914—1931 年，中国锭子数量激增 297%，是同期全球增速的 20 倍。廉价劳动力在中国 20 世纪工业化发展的过程中发挥了至关重要的作用。

中国的工厂拥有全球近一半的纱锭和织机，消耗世界原棉产量的 43%（整个亚洲消耗 82.2%）。棉花种植和纱线、棉布生产已经完全转移到了亚洲，凭借低工资和强大国家的结合，亚洲国家重新界定了棉花帝国的中心和边缘。

棉花是关系国计民生的重要战略物资，也是棉纺织工业的工业原料，产业链涉及许多行业。近年来，受经济结构调整等因素的影响，我国棉花种植面积呈下降趋势。2014 年，棉花种植面积达到 417.6 万 hm²，2019 年，中国棉花种植面积缩减至 333.9 万 hm²。棉花是我国重要的进口农产品。近年来，中国棉花产销缺口约为 250 万 t。国家棉花储备和进口棉花的年度拍卖弥补了这一缺口。

2013 年，中国棉花进口量为 415 万 t，进口值 84.4 亿美元。2016 年，在中国经济结构调整的背景下，纺织行业受到明显影响，棉花进口量和进口量均大幅下降，进口量为 90 万 t，进口值为 15.7 亿美元。2019 年，中国棉花产量下降。在国内纺织业稳步发展的情况下，中国棉花进口量为 185 万 t，进口值为 24.5 亿美元。

国家《关于国家储备棉轮换有关安排的公告》的出台增加了市场对棉花的需求，而纺织业较好的经济表现影响了对棉花原料的强劲需求。截至 2018 年 4 月，棉花价格反弹至 16 897 元/t。

2019—2020 年度全球棉花产量 2 670.9 万 t，消费 2 286.1 万 t，全球产量较消费多出 384.8 万 t，全球期末库存小幅减少 41.3 万 t，至 2 123.3 万 t，全球棉花市场处于供应宽松的格局；叠加一季度新冠病毒在全球范围内扩散，市场恐慌情绪蔓延，多国股市出现多次熔断现象，恐慌指标（VIX）一度攀升至 80.85，与年初相比涨幅 471%，各国纷纷采取封城、居家隔离等防疫措施，使得下游的需求一度降至冰点，洲际交易所（ICE）期棉主力合约出现断崖式下跌，在 3 月底最低跌至 48.35 美分/磅，为近 10 年来最低点。

2020—2021 年度主要出口国依然为美国、印度、巴西、澳大利亚 4 国。主要出口国中印度、巴西出口量较 2019 年大幅增加，澳大利亚出口量与 2019 年基本持平，美国出口量较 2019 年小幅减少；从期末库存看，印度和巴基斯坦较 2019 年度大幅增加，美国小幅增加，而巴西较 2019 年小幅减少。整体看全球棉花出口量较 2019 年明显增加，也处于近几年的高位，一方面是下游消费在持续改善，另一方面则是人民币汇率升值，大量国际棉花进口到中国，对国际棉价起到了一定支撑作用。

主产国方面，美国农业部（USDA）报告将美国 2020—2021 年度棉花产量预估下调 22 万 t，期末库存下调 9 万 t，2020—2021 年度，美国期末库存同比 2019 年近乎持平，而此前是累计库存的预期，预期转好。

印度方面，2020—2021 年度棉花期初库存预估下调了 29 万 t，期末库存下调 25 万 t。整体来看，2020—2021 年度，印度棉花产量同比增加 11 万 t，期末库存增加 76 万 t，库销比增加 5.6%，印度库存的基本面压力依旧比较大。

从全球供需情况来看，2020—2021 年度全球棉花产销基本处于紧平衡格局，主要产棉国美国产量大幅调减，印度产量虽然与 2019 年持平，但是大幅调增了消费，全球期末库存较 2019 年小幅下降 41.3 万 t，并且当前美棉出口及装运数据良好，这在一定程度上支撑了全球棉价。但是 2020 年主要产棉国印度，因 2019 年结转的期末库存较多，并且印度 2020 年受疫情影响较大，部分家纺类的订单回流中国，对印度本国的下游需求造成一定冲击，短期内印棉仍将承压运行，也在一定程度上拖累了全球棉花价格。

综合来看，在全球供需偏紧格局下，若宏观环境持续改善，尤其中美贸易关系若得到改善，叠加下游消费在持续恢复阶段，对于整体国际棉价相对偏乐观，大概率国际棉价重心上移。

2020—2021 年度中国棉花产量为 571 万 t，较 2019 年同期微幅减少 4 万 t。新疆棉花占全国棉花比重进一步扩大，2020 年新疆棉占比高达 90.54%，为近 8 年来最高点，主要受益于 2020 年国家对新疆棉区继续实施 18 600 元 /t 的棉花目标补贴政策，极大地稳定了疆内棉农的植棉意愿，而且 2020 年新疆天气整体良好，单产有保障，新疆产量整体与 2019 年持平或略增；而地产棉产量降幅较大的原因主要是植棉面积较 2019 年同期有所下滑以及 2020 年长江三角洲一带洪涝灾害频发对棉花的产量造成不利影响。

消费量方面，2020—2021 年度消费量较 2019 年同期小幅增加 65 万 t，至 810 万 t，再度回归 800 万 t 上方的年度消耗量；产销缺口达 239 万 t，计算 89.4 万 t 的进口棉，中国实际缺口 149.6 万 t，预期 2020 年度依然要靠进口解决。

2020 年度期末库存较 2019 年同期小幅下降 5.1 万～751.8 万 t。国储库存下降至 152.61 万 t，综上来看，产量及期末库存的调减叠加消费预期的回升，对棉价起到支撑作用。

2019 年 11 月 14 日国家粮食和物资储备局与财政部联合发布公告，计划轮入 50 万 t 新疆棉，时间：2019 年 12 月 2 日至 2020 年 3 月 31 日；截至 3 月底，实际轮入成交总量 37.16 万 t，按华融融达期货棉花研究中心统计的数据，一季度末国储库存总量约为 202.91 万 t。

2020 年 7 月 1 日开始，中储棉计划轮出储备棉总量为 50.4 万 t，截至 9 月 30 日，累计轮出成交总量为 50.3 万 t，成交率 99.8%，轮出结束后国储库存降至 152.61 万 t 的历史低位；低于国储棉安全警戒线，因此 2020 自 12 月 2 日起继续轮入新疆棉 50 万 t，但因内外棉价差处于高位未能轮入，短期内国储库存仍将维持低位，2020—2021 年度抛储概率降低，除非国家考虑轮入进口棉作为储备轮换，偏低国储库存在一定程度对国内棉价形成支撑。

美国、澳大利亚这两个棉花先进生产国，具有土地规模大、机械化率高、生产效率高，尤其是在生产环节技术集成度高，实现了优质品种一致性、种植方式精准性、机械采收高效性、加工质量均一性，除了单项技术的先进性，更重要的是整体技术集成体系完善、技术集成程度高，最大限度发挥了技术集成的生产优势，实现了由技术进度推动产业发展的效果。

澳大利亚棉花虽然起步较晚，但其具备优异的地理环境和自然环境，并且澳大利亚棉花生产的全过程，从整地、播种、浇水、施肥、喷药，到采收、运输、加工、包装都实现了机械化，人力投入少、生产效率高。澳大利亚棉花产业发展迅速。参照近几年的进口量数据可以明显发现，澳大利亚棉花占比逐渐上升，从 2005 年占总进口量的 6.89% 上升到如今占比为 20% 以上，进口量稳居所有国家前两位。见表 1-5。

表 1-5　2015—2019 年澳大利亚棉花进口量及占比

年度	进口量 / 万 t	总数占比 /%	进口国排名
2015	21.69	13.2	3
2016	26.87	30.1	1
2017	23.32	23.3	2
2018	38.39	28	2
2019	37.92	21.3	2

2019 年，澳大利亚棉花进口量有所下滑，主要原因并非国内需求减少，而是 2019 年下半年澳大利亚遭遇了较为严重的干旱，虽然澳大利亚已经普及了机械化灌溉，但高水价和水量受限依然限制了棉田的灌溉量。2020 年上半年，澳大利亚继续受干旱气候影响，产棉量进一步下降。

　　2020 年 9 月，美国农业部发布全球棉花供需预测月报。2021—2022 年度，全球棉花供应量与 2019 年同期持平，主要是由于产量的增加抵消了期初库存的减少。而期末库存下降，是由于消费量达到了 4 年来最高水平，预计产量为 2 600.5 万 t，较 2020—2021 年度上调 137.34 万 t。预计巴西、澳大利亚、马里、巴基斯坦、印度和土耳其的产量将增加，中国大陆的产量下调 43.6 万 t。预计全球消费量将增长 3.5%，至 2 645 万 t。全球期末库存下调 47.96 万 t，至 1 981.1 万 t，相当于使用量的 75%。2020—2021 年度，全球产量与 4 月份持平，但期初库存和消费量下调，全球期末库存下调 6.54 万 t。印度 2019—2020 年度和 2020—2021 年度产量共下调 26.16 万 t。中国大陆 2020—2021 年度产量上调 10.9 万 t，这反映了新疆的加工和检验数据。由于印度最近的纺织品出口和新冠疫情所造成的经济中断使该国的工厂使用量下调 17.44 万 t，2020 年 9 月全球消费量下调 9.57 万 t。

　　2021—2022 年度美棉供需预测显示，产量上调 52.32 万 t，但总供应量预计处于 5 年来的最低水平，出口和期末库存预计都低于 2020—2021 年度。预计产量为 370.1 万 t，种植面积为 1 200 万英亩（1 英亩≈4 047m²），高于过去 5 年的平均产量和亩产量。出口量下调 34.88 万 t，至 320.1 万 t。国内使用量上调 4.36 万 t，至 54.4 万 t，期末库存下调 4.36 万 t，至 67.5 万 t。陆地棉年度均价预计为每磅 75 美分，较 2020—2021 年度增长 10%。2020—2021 年度美棉产量略有下降。出口量上调 10.9 万～320.1 万 t，由于预期美国在全球贸易中所占比重上升，且期末库存下调 13.08 万～67.5 万 t。见表 1-6。

表 1-6　全球棉花供需预测月报　　　　　　　　　单位：万 t

地区	总供给			总消费		损耗	期末库存
	期初库存	产量	进口量	国内消费量	出口量		
美国	71.9	370.1	0.0	54.4	320.1	0.0	67.5
中亚五国	52.0	122.6	0.0	93.0	32.4	0.0	49.2
非洲法郎区	45.1	127.4	0.0	3.0	119.8	0.0	49.4
澳大利亚	40.7	84.9	0.0	0.9	69.7	0.0	55.1
巴西	266.3	288.5	0.7	67.5	196.0	0.0	291.8
印度	374.1	631.4	21.8	555.2	130.6	0.0	341.4
墨西哥	8.9	22.9	19.6	37.0	5.4	0.7	8.5
中国大陆	840.4	598.8	228.6	870.9	1.1	0.0	795.8
欧盟＋英国	6.3	39.2	13.1	13.9	37.0	0.7	6.7
土耳其	54.9	74.0	108.9	174.2	8.7	0.0	54.9
巴基斯坦	61.8	115.4	108.9	228.6	1.1	0.7	56.0

续表

地区	总供给			总消费		损耗	期末库存
	期初库存	产量	进口量	国内消费量	出口量		
印尼	10.7	0.0	54.4	54.4	0.2	0.0	10.7
泰国	2.2	0.0	12.0	12.0	0.0	0.7	1.7
孟加拉国	51.2	3.3	165.5	174.2	0.0	0.2	45.5
越南	24.2	0.0	165.5	163.3	0.0	0.0	26.6
全球	2 028.4	2 600.5	990.9	2 645.0	990.9	2.8	1 981.1

纺织品、服装出口方面，据海关总署数据，2021年1~4月，全国纺织品服装出口883.7亿美元，同比增长32.8%，较一季度出口增速下降11.2个百分点。其中，纺织品出口439.6亿美元，同比增长18%；服装出口444.1亿美元，同比增长51.7%。由于2020年同期正值海外疫情暴发初期，防疫物资出口基数较高，2021年4月我国纺织品出口121.5亿美元，同比减少16.6%，但较2019年4月（疫情前同期）出口仍增长25.6%；服装出口111.2亿美元，同比增长65.2%，相较于2019年4月出口增长19.4%。棉花和棉纱进口方面，2020年，我国棉花进口量创2015年以来新高，达到215.8万t；进口棉纱190万t，同比下降2.7%。

从进口来源国看，2020年美国超越巴西，再次成为我国棉花进口的最大来源国；越南依然是我国第一大棉纱进口国，2020年开始，巴基斯坦因棉纱出口中国实施"零关税"，进口量同比增长125.7%。2021年1~4月，我国进口棉花120万t，同比增长64%；进口棉纱80万t，同比增长31%。

棉织物出口方面，2020年，我国出口棉织物68.3亿m，同比下降13.9%。在棉织物出口同比大幅下滑的形势下，对菲律宾和尼日利亚出口量同比分别增长10.3%和85.6%。2021年一季度，我国出口棉织物3.02亿m，同比增长109.5%。

当前，国际贸易环境错综复杂，贸易格局发生深刻改变，挑战与机遇并存，全球经济正在复苏，但复苏步伐缓慢，全球消费需求回暖的时间和程度仍存在不确定性，国内市场消费需求升级，对纺织行业提出了更多、更高的要求，市场竞争加剧。行业发展存在棉花质量下降，产业安全存在隐患；企业用工短缺；融资难、融资贵；生产成本上升，订单不足等问题，但中国经济增长强劲，内需市场空间广阔，产业体系配套完备，我们有信心应对各类风险挑战。

二、共建"一带一路"国家棉花进出口贸易概况

共建"一带一路"国家是环球棉花生产的重要地区，很多国家棉纺织行业发达，是棉花消费最集中的地区，同时也是棉花消费最集中的地区。因此共建"一带

一路"国家棉花贸易活跃，尤其在棉花的进口贸易方面，是全球最重要的棉花进口地区，棉花消费总量占全球的 56% 以上（包括中国在内，则占到全球的近 90%）。这些国家中，主要的棉花进口国为孟加拉国、越南、土耳其、印度尼西亚（印尼）、巴基斯坦、印度、泰国和韩国。见表 1-7。共建"一带一路"国家棉花出口量不大，棉花出口合计占全球棉花出口总量的约 20%。共建"一带一路"国家中，主要的棉花出口国为印度、乌兹别克斯坦、土库曼斯坦、塔吉克斯坦、土耳其和巴基斯坦。见图 1-8。

表 1-7 共建"一带一路"国家主要的棉花进口国的棉花进口量

年度	孟加拉国	越南	土耳其	印尼	巴基斯坦	印度	泰国	韩国	中国
1999	17	7	52	45	10	35	37	33	3
2000	22	9	38	58	10	34	34	31	5
2001	26	9	65	51	19	52	41	35	10
2002	35	9	49	49	19	26	42	32	68
2003	39	12	52	47	39	17	37	28	192
2004	49	15	74	48	38	23	50	29	139
2005	53	15	76	48	35	9	41	22	420
2006	71	21	88	52	50	10	41	23	231
2007	78	26	71	59	85	13	42	21	251
2008	83	27	64	52	42	17	35	22	152
2009	87	37	96	59	34	10	39	22	237
2010	93	34	73	54	31	4	38	23	261
2011	74	35	52	54	20	13	27	25	534
2012	109	52	80	68	39	26	33	29	443
2013	115	70	92	65	26	15	34	28	307
2014	125	93	80	73	21	27	32	29	180
2015	139	98	92	64	72	23	28	26	96
2016	146	120	80	74	52	60	27	22	110
2017	151	148	86	74	63	37	23	22	111

表 1-8 共建"一带一路"国家主要的棉花出口   单位：万 t

年度	印度	乌兹别克斯坦	土库曼斯坦	塔吉克斯坦	土耳其	巴基斯坦
1999	2	91	17	7	5	9
2000	2	75	15	9	3	13
2001	1	76	10	11	3	4
2002	1	74	9	14	7	5

年度	印度	乌兹别克斯坦	土库曼斯坦	塔吉克斯坦	土耳其	巴基斯坦
2003	15	67	12	15	8	4
2004	14	86	8	13	3	12
2005	80	105	12	13	5	6
2006	106	98	17	12	7	5
2007	163	91	16	11	8	6
2008	51	65	14	7	3	8
2009	143	83	25	10	3	16
2010	109	58	16	8	3	15
2011	241	54	15	12	7	25
2012	169	65	17	14	5	10
2013	202	50	35	8	4	11
2014	91	57	33	10	5	11
2015	125	48	27	10	5	5
2016	99	33	19	7	7	3
2017	98	28	15	11	8	3

1. 共建"一带一路"国家棉花进口贸易

（1）孟加拉国

孟加拉国是全球很大的棉花进口国，从 21 世纪以后棉花进口量逐年增大，除了 2011 年有一定程度的下降，其余年份均保持了较高的增长速度，1999 年以来棉花进口增长速度平均达到 12.3%。2017 年孟加拉国棉花进口达到 161 万 t，2018 年达到 172 万 t。

在 2017—2018 财年的预算中，孟加拉国将服装业的企业税税率从 20% 降低到 12%。对于"绿色"企业，公司税从 20% 下降到 10%。为促进工厂安全作业，预制建筑和消防设备原材料的进口税率降至 5%。《2016 年纺织法案》的草案正在审查中，如果获得批准，它将要求新建的纺织和服装厂必须从纺织理事会获得许可证。该法案将赋予纺织理事会制定原材料质量标准的权力。

孟加拉国在进一步发展出口导向型的服装和纺织部门方面面临重大挑战。挑战包括港口容量不足、铁路和公路网络不健全、天然气和电力供应短缺以及国际机场货物处理能力不足。随着国际商业伙伴要求更高的供应和服务水平，这将带来较大的制约。

孟加拉国是牛仔布的集散地，牛仔布出口市场价值达到 20 亿美元，2021 年达到 70 亿美元。目前，32 家牛仔布厂家生产了 3.32 亿 m 的布料，其中大约 40% 满足本国服装厂需求，另外 60% 的牛仔布出口中国、印度和巴基斯坦。中国市场在孟加拉国牛仔布出口中占到 26% 的份额，墨西哥占到 25%，美国占到 12%。中国从牛仔面料生产转向高附加值面料的生产，为孟加拉国牛仔面料供应商创造了机会。孟加拉国牛仔布行业的潜力可能会鼓励投资的增长。

孟加拉国纺织业对棉花的需求几乎完全依赖进口。孟加拉国对聚酯、黏胶纤维、丙烯酸纤维、合成纤维和改性丙烯酸纤维进口不征收进口关税。纺织化学染料的进口关税是 5%。以出口为导向的加工厂可以免税地进口纱线和织物。包括纺织品在内的所有纺织原料的进口都没有配额。

（2）越南

越南是全球第二大的棉花进口国，从 21 世纪以后棉花进口量逐年增大，大部分年份均保持了较高的增长速度，1999 年以来棉花进口增长速度平均达到 17.1%。2017 年越南棉花进口达到 148 万 t，2018 年达到 168 万 t。国际市场（尤其是中国、韩国和土耳其）对棉纱强劲的需求，继续支撑着越南消费更多的棉花，以满足其不断扩张的纺织业的需求。

越南棉花进口主要来自美国、印度、巴西、澳大利亚和科特迪瓦。这些国家棉花进口总量占越南棉花供应总量的 70%～80%。

（3）土耳其

土耳其棉花进口保持了波动增长的态势，1999 年棉花进口量为 52 万 t，2009 年增长到 96 万 t，2017 年的进口量为 86 万 t。近年的棉花进口量保持基本稳定。土耳其进口的棉花中仍有约 47% 来自美国，其余从巴西、土库曼斯坦、希腊、伊朗等国家进口。

土耳其在 2017 年还进口了 18.9 万 t 棉纱和 3.88 亿 m² 的织物。虽然进口纱线的数量增长了约 21%，但纺织品进口也增加了 41%。土耳其的纱线来自中亚国家（如土库曼斯坦和乌兹别克斯坦），部分来自巴基斯坦和印度。从乌兹别克斯坦进口的棉纱比 2019 年增加了大约 76%。中国、巴基斯坦和土库曼斯坦是土耳其纺织品的主要供应国。

土耳其拥有庞大的纺织业产能，推动了对棉花的需求。由于国内棉花产量较低，GAP 开发项目进展缓慢，未来几年土耳其将继续进口棉花。

（4）印尼

从 20 世纪 80 年代以来，印尼棉花进口保持了较快的增长速度，1980 年棉花进口量为 11 万 t，1990 年增长到 32 万 t，2000 年进口了 58 万 t，2001—2010 年的 10 年间，印尼棉花进口比较稳定，进口量约为 50 万 t。2012 年后棉花进口开始较快增长，到 2017 年棉花进口量达到 74 万 t。

由于汇率疲软和合成纤维的竞争，导致印尼对棉花需求的下降，但印尼国内纺织品消费增加，棉花进口仍保持一定的增长，2018 年进口达到 76 万 t。当前，印尼棉花主要进口来源国是巴西，占到 47% 的市场份额，其次是美国、印度和希腊，分别占 35%、10% 和 4% 的市场份额。为了继续支持纺织业，印尼财政部对棉花实施零关税进口。为了保护国内市场不受廉价产品的冲击，印尼对棉纱和织物进口征收更高的进口税和增值税。

（5）巴基斯坦

巴基斯坦的棉花进口量不大，但从 21 世纪以后进口量开始有所扩大。1999 年棉花进口只有 10 万 t，到 2007 年进口量增长到历史最高的 85 万 t，随后棉花进口迅速下滑，到 2011 年进口量只有 20 万 t。2017 年巴基斯坦棉花进口量为 63 万 t。

巴基斯坦是棉花的净进口国，主要原因是对优质棉花的需求旺盛，以生产出口导向型优质纺织品。主要的棉花进口品种为陆地棉和长绒棉，以及中等长度的棉花。随着国内棉花生产的改善，2018 年巴基斯坦的棉花进口有所下降。

巴基斯坦对棉花进口的关税非常低。在棉花收获期间会征收关税，2017 年 7—12 月，政府对进口棉花征收 4% 的关税和 5% 的销售税，但不征收国内棉花的销售税。从 2018 年 1 月开始，进口棉花的关税和销售税降至零，以满足纺织业的棉花需求。巴基斯坦为了阻止从与印度接壤的陆地边境的棉花进口，增加了对敞篷卡车运输的植物卫生方面的检验措施。巴基斯坦更愿意通过集装箱海运的方式，在卡拉奇港口进口棉花。近年来，从印度进口的棉花有所减少，而从其他国家进口的棉花呈现出来源的多样化。

目前，巴基斯坦政府正在实施 2014—2019 年纺织政策。该政策旨在通过增加附加值，将纺织品出口额从 130 亿美元增加到 260 亿美元。纺织政策的措施主要包括预算支持、部分地方税的退税、纺织机械的免税进口、产品多样化、中小企业发展、制定国内劳动法、建立世界纺织中心、振兴巴基斯坦纺织城等项目。根据巴基斯坦国家银行的数据，到目前为止，纺织品出口额实际上已经从 135 亿美元下降到 124 亿美元。

20 世纪 90 年代中期以前，巴基斯坦的棉花贸易主要由国营棉花出口公司负责。巴基斯坦政府建立了"棉花出口公司（CEC）"来控制棉花的进出口，不让私营企业参与棉花贸易。直到 1988 年才放开了棉花的进出口贸易，私营企业可以直接从轧花厂购买棉花并且用于出口。1994 年以前，棉花出口还需要征收出口税，1994 年以后，棉花出口税取消。20 世纪 90 年代中期以后，巴基斯坦取消了国营棉花公司，开始推行私有化，棉花的生产、经营以及价格方面全面实行放开。2002 年以后，巴基斯坦在棉花进出口方面实行自由贸易政策，没有设定数量限制，不征收关税。

（6）印度

印度棉花贸易以出口为主，但每年也进口部分棉花。近年棉花的进口量在

30万t左右，部分年份的进口量较大，如在2016年进口了60万t。也有年份的进口量非常小，如2010年进口量只有4万t。

印度主要向中国、孟加拉国和几个东南亚国家出口中等以上长度的棉花（长度为25～32mm）。在国际价格合适的情况下，印度会进口超长绒棉和优质长绒棉（28～34mm），偶尔进口中或短绒棉（低于22mm）。过去几年，美国是印度棉花进口的主要来源国。印度纺织厂从美国进口皮马棉和陆地棉。由于印度气候温暖以及印度文化传统，棉花在印度通常是首选的纤维材料。混纺棉花也由于其耐久性和易于保养，在印度非常受欢迎。

（7）泰国

泰国棉花每年的进口量不大，每年的进口量约30万t。部分年份的进口量较大，如在2005年进口了50万t。也有年份的进口量非常小，如2017年进口量只有23万t。

由于进口棉纱的竞争以及现有的几家纺纱厂的关闭，泰国2018年的棉花进口仍保持在较低水平，只有23万t。现有的小型纺纱厂不愿增加棉花库存，同时棉纱的进口增加而出口下降，尤其是从越南棉纱进口与2019年相比增加了66%，泰国成为棉纱净进口国。

（8）韩国

韩国棉花每年的进口量不大，近年的进口量不到30万t，从20世纪90年代至今，棉花进口呈现明显下降趋势，如在1990年进口了45万t，2000年的进口量只有31万t，到2010年下降到23万t，2017年继续下降到只有22万t。韩国纺织行业近年延续了向海外投资的势头，主要是在中国和东南亚国家设立棉纺厂，而国内纺织业的规模则继续缩小，因此对棉花的消费降低，棉花进口逐年下降。

2.共建"一带一路"国家棉花出口贸易

印度是共建"一带一路"国家中最大的棉花出口国，也是全球第四大棉花出口国。2005—2013年，印度棉花出口量比较大，棉花出口呈现增长的趋势，如2011年棉花出口达到241万t。2014年以后印度棉花出口大幅度下降，近年的出口水平不到100万t。

乌兹别克斯坦是共建"一带一路"国家中第二大的棉花出口国，也是全球第八大棉花出口国。从1999年以来，乌兹别克斯坦棉花出口呈现先增长后下降的发展趋势。2005年以前出口呈增长趋势，2005年的出口量达到了105万t，2006年后出口逐年下降，到2017年只有28万t。

共建"一带一路"国家中棉花出口排在第三位的是土库曼斯坦，其出口量不大，出口量最多的2013年达到35万t，其余年份的出口大部分不到20万t，2014年后出口呈现快速下滑趋势，2017年出口量为15万t。

塔吉克斯坦的棉花出口大部分年份在 10 万 t 左右，变化不大。土耳其棉花出口量也很小，出口量不超过 10 万 t，2017 年的出口量为 8 万 t。巴基斯坦的出口也呈现先增长后下降的变化趋势，2011 年出口量高，达到 25 万 t，随后出现迅速下滑，2017 年的棉花出口只有 3 万 t。

二、影响棉花质量因素

（1）随着棉花市场化进程不断得到推进，大家已经注意到纺织企业配棉的需求，认识到不同棉花品种的内在纤维品质有很大区别，不再片面追求单产高、衣分高、抗病虫、色泽好的品种，开始注重棉花内在品质，棉花一致性不断得到加强。同时，新疆机采棉均是将原有的手摘方式的棉花按照机采的要求进行种植，始果始节位低、株型松散、成熟期较松散、纤维短、质量较差，不是机采棉的最佳选择品种，加工出的皮棉不尽如人意，在品种选择与新品种选育上有很大提升空间。

（2）栽培管理与交售流通环节：棉花栽培管理过程中，棉农盲目追求高密度，田间施肥种类单一，棉田残膜回收量甚少，或基本上不回收，导致残膜逐年增加，宜棉区耕地有限，棉田只能向非宜棉区扩张，加之劳力不足、管理粗放，并且我国多数区域棉田分散，规模化种植条件差，客观上导致质量指标的不一致。

在交售流通环节上，棉花采摘、运输过程中使用塑料编织袋的问题一直没有得到有效根治。此外，棉农在户外摊晒籽棉时，受环境条件影响，极易造成动物毛发及杂物混入，形成异性纤维。由于担心综合指标低的棉花卖不出去，棉农有意识地将优等棉花和低等棉花掺混在一起优劣混卖，形成资源浪费，造成棉花品质普遍中等偏下，高品质棉花匮乏。

（3）采摘方式的影响：我国大部分棉区采用的还是传统的手摘方式。棉农采摘棉花时较为粗放，按数量采摘、分级存放意识差，采集方式随意性大。部分棉农习惯揪桃剥棉，个别地区甚至还有拔秆剥桃的现象。近年来随着用工成本的大幅上升，棉花采摘雇工困难，棉花早采现象严重，少数地区一次性采摘，未成熟的棉桃被采，造成棉花质量下降。

同时，机采棉的快速发展有效降低了生产成本，但也带来含杂多、"三丝"多、长度短等质量问题。由于机采棉在采收过程中缺少对采收对象的选择性，极易将地膜残片等异性纤维一同收集，造成异性纤维增多、杂质偏大等问题。再加上后续加工中，为了除杂干净，过度烘干开清，造成了对棉花强力、长度等内在指标的损害，增加了短纤率，一定程度上降低了机采棉花的市场竞争力。

（4）棉花加工的影响：一方面，由于棉企加工利润越来越少，出现劳动用工减少、质量管理不到位现象。一些企业加工过程中未正确处理好产量和质量的关系，轧工速度控制不当、排杂不彻底或不排，导致棉花长度严重损伤，短纤含量增加，同时含杂较高，棉结、索丝较多。另一方面，随着棉花加工资格认定的取消，各类小包棉等无证企业有卷土重来之势，其质量意识淡薄，生产的小包棉多是白板包，一旦出现质量问题，不利于纺织企业维护权益，也不利于打击和追责。

第六节　棉花的未来发展方向及品质提升的展望

在国内，随着棉纺织自动化技术的不断突破，一系列先进装备包括清梳联、粗细络联、筒纱自动包装仓储系统、无梭织机、全流程信息化等技术装备，大幅提高了纺纱的劳动生产率，环锭细纱的万锭用工平均水平已从 20 世纪 80 年代的 300 人减少到 2000 年的 200 人，2015 年接近 70 人。其中，一批优秀企业采用全流程数字化、自动化、信息化、智能化生产线等，并采用机器人替代值守，最先进生产线每万锭用工仅为 15～25 人。随着棉纺织技术水平和装备的不断更新，纺织企业对纱线质量水平要求大幅提高，对原棉质量的要求也越来越高。据 2015 年中国棉纺织行业协会的调查结果，纺织企业首先关注的棉花质量指标是纤维长度、马克隆值、断裂比强度、长度整齐度指数、异性纤维含量、短纤维率和棉结含量等，其次才是颜色级和轧工质量。

（一）措施

（1）继续完善直补调控政策，稳定流通秩序。国家直补政策调节可以有效缓解市场因供求价格波动带来的周期性问题，起到稳定生产、保障供应的作用，完善直补政策调控，指导棉农和棉花经营者预先做好生产和经营计划，对保障棉花生产供应、稳定市场流通秩序将有积极的作用。

（2）继续深入推进棉花质量检验体制改革。在已取得的成果之上，进一步改进粗放型外延经济增长模式，往精细化内质方向发展，规范企业经营行为，增强企业质量竞争意识，提高企业质量管理水平，鼓励棉花加工企业采取多种形式与纺织、营销等部门挂钩，形成产供销一体化棉花产业运行模式。

（3）加大科技兴棉力度，稳定棉花农田生产，提高产业水平。加大机采棉育种工作，提供高品质机采棉种，继续推进机械化、集约化生产，在播种、采摘等环节采用高效机械化作业，从源头提高棉花质量。

（4）完善棉花在流通领域的需求，为棉花加工和纺织等多方搭建多种方式的供需平台。在供需缺口过大、资源紧缺的市场形势下，棉花经营者往往把争抢资源作为首要目的，忽视质量管理，从而对棉花质量造成冲击。

（5）继续发挥棉花质量监督检查的作用，防止市场形势波动对棉花质量造成冲击。受目前棉花产业链整体水平所限，棉花质量变化与市场形势走向的相关性较强，因此要继续加强棉花质量监督检查，积极实施棉花加工企业分类监督管理；督促棉花加工企业落实各项质量义务，减少市场波动造成收购、加工、流通过程中棉花质量的损失和人为破坏；密切关注棉花市场质量状况，加强棉花质量安全风险分析和隐患排查；继续加强对重点地区、重点企业监督检查，防止发生区域性、系统性质量风险，防止棉花可纺性降低。

（二）政策启示

（1）把握棉花生产布局的变化规律，进一步优化中国棉花生产布局。随着灌溉农业的发展，世界棉花生产布局不断向光热条件好、气候干燥的地区集中。中国棉花生产发生的区域变迁是与世界棉花生产布局的变化趋势一致的，体现了农业综合资源利用水平的提高。但是，目前中国棉花生产布局仍然存在一定问题，其主要表现是：一方面，仍然有大量棉花种植在光热条件较差、湿度较大的四川盆地；另一方面，在一些光热条件好、十分适宜种植棉花的地区（例如襄樊盆地、河南南阳盆地、鲁西北和鲁西南地区等），棉花种植面积较少，其区位优势没有得到充分发挥。因此，需要进一步优化中国棉花生产布局，以提高光热、土地等资源的利用效率。

（2）国家在优化棉花生产区域布局时，应根据各地区的经济、自然和技术等情况，对其进行分类指导和支持。具体说，对于自然灾害频繁暴发的长江流域和黄河流域棉区，今后应该培育和推广更多的耐低温、抗虫害能力强的棉花新品种，以减少自然灾害对棉花生产的负面影响。此外，针对长江流域和黄河流域棉区农户棉花种植规模较小、机械化作业水平较低等问题，今后，国家应该大力支持适用于这些地区棉花生产作业的专门机械的研制和推广。

（3）建立有效的农业保险制度和棉花保护价制度，化解棉花生产风险。中国棉花主产区位于亚热带的长江流域、暖温带和内陆干旱区。前两大棉区降水和热量的稳定性较差，自然灾害发生频率高，导致这些地区棉花单产波动较大，对农民种棉积极性有较大的负面影响。同时，棉花又是商品率极高的大田作物，棉农的生产行为受市场因素影响较大。因此，从长远看，国家需要建立一种有效的农业保险制度和棉花保护价制度，以转移和分散棉花生产的自然风险和市场风险，给予棉农长期、稳定的收入预期，将农民挽留在棉田上，以稳定中国主产区棉花的生产规模，保持中国棉花供给的长期稳定。

（三）政策建议

（1）为充分发挥棉花生产地区比较优势，根据比较优势原则合理布局，提高资源利用率，我国棉花生产布局需进一步调整优化。重点布局新疆棉区，适当发展其他棉区。2000年以来，我国棉花生产呈向新疆集中趋势，新疆作为新兴棉花主产区在全国棉花生产中占重要地位。此趋势符合比较优势原则，有利于棉花生产经营，但不利于可持续发展、规避市场和自然风险及保障棉花稳定供给。应适当控制新疆棉花总量，保证新疆棉区可持续发展。河北省和山东省具有一定资源禀赋比较优势和综合比较优势，而甘肃省棉花生产成本具有比较优势，应因地制宜，充分发挥其比较优势，适当在河北省、山东省和甘肃省发展棉花产业。

（2）充分利用地区特色，分类制定发展计划。国家在优化棉花生产区域布局时，应根据各省区社会经济条件、自然资源禀赋等实际情况，重点加大棉花生产优势省区棉花产业发展扶持力度，充分发挥优势省区资源禀赋优势，并促进各种资源要素向优势省区集中。同时，利用各省区特点，对其分类指导，加大科研力度，提高生产科技投入针对性。具体而言，新疆地区光热资源丰富，适合棉花生长，但新疆属于极度干旱地区，水资源短缺，棉花产业健康发展离不开节水灌溉技术的研究和推广；长江流域和黄河流域棉区应发挥社会经济优势，因地制宜培育和推广优良品种和机械化生产方式。

（3）降低生产成本，进一步提高优势产区比较优势。近年来，我国农业生产成本大幅提高，部分省区棉花生产成本高速增长，不仅影响棉农植棉收益，同时也制约地区棉花产业发展。因此，降低棉花生产成本并控制增长速度，对于提高棉花成本收益率和增强地区比较优势具有重要意义。在棉花生产优势省区，应加快推广棉花科学种植技术和规模化经营方式，控制棉花种植生产成本，提高农户植棉经济效益，进一步提高优势产区比较优势，促进我国棉花产业发展。

第二章　麻

第一节　麻的组成与分类

麻在这里指的是麻纤维，麻纤维是指从各种麻类植物取得的纤维，包括一年生或多年生草本双子叶植物皮层的韧皮纤维和单子叶植物的叶纤维。

韧皮纤维作物主要有苎麻、黄麻、青麻、大麻、亚麻、罗布麻和槿麻等。其中苎麻、亚麻、罗布麻等胞壁不木质化，纤维的粗细长短同棉相近，可作纺织原料，织成各种凉爽的细麻布、夏布，也可与棉、毛、丝或化纤混纺；黄麻、槿麻等韧皮纤维胞壁木质化，纤维短，只适宜纺制绳索和包装用麻袋等。叶纤维作物主要有剑麻、蕉麻等，叶纤维比韧皮纤维粗硬，只能制作绳索等。

麻纤维有其他纤维难以比拟的优势：良好的吸湿散湿与透气功能，传热导热快、凉爽挺括、出汗不贴身、质地轻、强力大、防虫防霉、静电少、织物不易污染、色调柔和大方、粗犷，适宜人体皮肤的排泄和分泌等。

一、麻纤维的组成

麻纤维的基本化学成分是纤维素，其他还有果胶质、半纤维素、木质素、脂肪蜡质等非纤维物质（统称为胶质），它们均与纤维素伴生在一起。要取出可用的纤维，首先要将其和这些胶质分离（称为脱胶）。各种麻纤维成分中纤维素含量在75%左右，和蚕丝纤维中纤维含量的比例相仿。

（一）纤维素

纤维素是麻纤维主要的化学成分，大分子的化学结构式和棉纤维相同，用黏度法测得苎麻纤维的聚合度为 $2\,000\sim2\,500$。

纤维素成分的存在为麻纤维提供了 3 项重要的化学性能，对获得具有可纺性能的麻纤维十分重要。

（1）纤维素的酸性水解性能。纤维素的酸性水解是指在适当的氢离子浓度、温度和时间下，纤维素大分子中的 $1,4-\beta$ 苷键会发生断裂，从而导致纤维素的聚合度降低，使纤维素的性质发生不同程度的改变。如水解后纤维素的聚合度下降、强力降低，在碱液中溶解增加，吸湿能力改变。因此在脱胶过程中，应遵循水解规律采取恰当的处理工艺参数。

（2）纤维素的碱性降解及碱纤维素生成。纤维素大分子在碱性条件下所发生的分子链断裂过程，称为碱性降解。碱性降解包含碱性水解和剥皮反应。碱性水解的程度与用碱量、温度、时间等有关，特别是温度，当温度超过150℃时，产生碱性水解作用，在温度较低时，碱性水解反应甚微。碱性水解会使纤维素的部分苷键断裂、聚合度下降。剥皮反应是一种聚糖末端的降解反应，当温度在150℃以下时，纤维素在碱性介质中就会发生剥皮反应。纤维素与浓碱作用时则生成碱纤维素。生成碱纤维素的条件与碱的种类、温度、浓度等因素有关。

苎麻纤维的碱变性即是利用生成碱纤维素的机理，来达到纤维改性的目的。

（3）纤维素的氧化。纤维素与氧化剂作用时，其大分子中的羟基很容易被氧化剂氧化，形成氧化纤维素。在大多数情况下，随着羟基的被氧化，纤维素的聚合度也同时下降，这种现象称为氧化降解。纤维素的氧化作用与氧化剂类别、用量、氧化温度及时间有很大关系，改变这些条件，会生成化学结构与性质不同的氧化纤维素。

（二）半纤维素

半纤维素不像纤维素那样是由一种单糖组成的均一聚糖，而是一群低相对分子质量聚糖类化合物。半纤维素多糖包括葡萄甘露聚糖、木聚糖和阿拉伯聚糖、半乳甘露聚糖等。其中葡萄甘露聚糖半纤维素对碱的对抗性最大，脱胶过程中最难除去。

半纤维素在麻的胶质中含量最高，是麻脱胶的主攻对象。由于半纤维素相对分子质量较纤维素小，因此对酸、碱、氧化剂的作用比纤维素更不稳定，大多数半纤维素能溶解在热碱液中。

（三）果胶物质

果胶物质是部分甲氧基化或完全四氧基化的聚半乳糖醛酸（果胶酸），果胶质的性质取决于甲氧基含量的多少及聚合度的高低。果胶质中未被酯化的羧基会与多价金属离子结合成盐，变成网状结构，降低溶解度，果胶物质对酸、碱和氧化剂作用的稳定性要较纤维素低。

（四）木质素

木质素是一种具有芳香族特性的结构单体为苯丙烷型的三维结构高分子化合物。木质素与半纤维素之间的主要联结是苯甲醚键、缩醛键等。半纤维素—木质素的键，在100℃、1%氢氧化钠溶液中是稳定的，这增加了脱胶时去除这两者的难度。木质素对无机酸作用稳定性极高，所以分析木质素含量的方法之一就是测定在

72%硫酸溶液中不被水解的残渣质量。但是木质素易氧化，氯化木质素易溶于碱液中。

（五）脂肪蜡质与灰分

脂肪蜡质指用有机溶剂从原麻中抽提的物质；灰分是植物细胞壁中包含的少量矿物质，主要是钾、钙、镁等无机盐和它们的氧化物。

二、麻纤维的分类

按照 GB/T 11951《天然纤维　术语》中的定义，麻纤维属于天然纤维，天然纤维按照来源分为动物纤维、植物纤维、矿物纤维。其中麻纤维属于植物纤维，细分为韧皮纤维和叶纤维。见表 2-1 和表 2-2。

表 2-1　韧皮纤维分类明细表（参照 GB/T 11951—2018）

名称	来源
大麻纤维	从大麻茎的韧皮部取得的纤维
黄麻纤维	从黄麻和长蒴黄麻茎的韧皮部取得的纤维
亚麻纤维	从亚麻茎的韧皮部取得的纤维
槿麻纤维	从槿麻茎的韧皮部取得的纤维
苎麻纤维	从苎麻茎的韧皮部取得的纤维
罗布麻纤维	从罗布麻茎的韧皮部取得的纤维

表 2-2　叶纤维分类明细表（参照 GB/T 11951—2018）

名称	来源
蕉麻纤维	从蕉麻的叶部取得的纤维
剑麻纤维	从龙舌兰属剑麻的叶部取得的纤维

（1）苎麻纤维。苎麻纤维是由一个细胞组成的单纤维，其长度是植物纤维中最长的，横截面呈腰圆状，有中腔，两端封闭呈尖状，整根纤维呈扁管状，无捻曲，表面光滑，略有小结节。

苎麻纤维是一种古老而又具有文化内涵的天然纤维，在我国天然纤维纺织发展史上占有重要的历史地位。根据史料记载："古者先布以苎始，棉花至元始入中国，古者无是也。所为布，皆是苎，上自端冕，下讫草服。"这足可以说明苎麻从古至今一直是中华儿女的主要衣着面料。

苎麻纤维作物苎麻，属于荨麻科的多年生宿根草本植物，我国是苎麻的主产国，苎麻又称"中国草"，在我国已有 6 000 余年栽培历史。我国苎麻种植面积及产量占世界总量 90% 以上，2014—2018 年中国苎麻总产量稳居在 10 万 t 左右［数据来源于联合国粮食及农业组织（FAO）］，世界上除了中国、巴西和老挝现有部分苎麻种植面积外，其他国家苎麻种植面积均未形成规模。

我国苎麻多产于温暖而雨量充足的南方各省，且我国生长的基本上都是白叶苎麻，剥取茎皮取出的韧皮称为原麻或生苎麻。脱去生苎麻上的胶质，即得到可进入纺织加工的纺织纤维，习惯上称之为精干麻，即纺织用麻纤维。

苎麻一年一般可收 3 次，第 1 次生长期约 90d，称为"头麻"，第 2 次生长期约 50d，称为"二麻"，第 3 次生长期约为 70d，称为"三麻"，南方个别地区一年可收 5 次以上。人们又根据苎麻采摘时期将其纤维大致分为 3 等：产于 5 月的苎麻称为春苎，所制成夏布多为细白夏布；产于 7 月的苎麻称为月苎，所制成的夏布次之，多为中等细白布；产于 10 月的苎麻称为寒苎，所制成的夏布品相最差，是人们常见的老粗布。

苎麻纤维主要应用于纺织服饰、建材、纤维膜、环境修复等领域，其中纺织是苎麻纤维最主要的应用领域。作为传统的纺织纤维，苎麻纤维具有如下特点：①苎麻纤维构造中的空隙大、透气性好、传热快、吸水多而散湿快，所以穿苎麻织品有凉爽感。②苎麻纤维强力大而延伸度小，它的强力是棉花纤维强力的 7～8 倍。③苎麻纤维不容易受霉菌腐蚀和虫蛀，而且轻盈，同容积的棉布与苎麻布相比较，苎麻布轻 20%。基于上述优点，苎麻纤维成为深受人们欢迎的夏季衣着用料。苎麻纤维可以纯纺，也可和棉、丝、毛、化纤等混纺，闻名于世的江西夏布和浏阳夏布就是苎麻纤维的手工制品。夏布是用苎麻以手工纺织而成的平纹布，是制作刺绣、饰品、蚊帐、衣料的上等材料。夏布是我国的特产，已有 300 多年的历史，产于江西、湖南、四川、广东、江苏等省。江西万载、湖南浏阳、四川隆昌并称我国三大夏布之乡，产品主要销往韩国、日本、菲律宾、马来西亚、越南、泰国、缅甸、印度、美国、墨西哥、加拿大、英国、法国、葡萄牙、埃及、南洋群岛等国家和地区。

麻纺企业利用苎麻纤维的特性，已开发出高档苎麻衬衫、西服、针织 T 恤、休闲裤、保健袜、床上用品、苎麻保健凉席七大系列 100 多种产品。苎麻纤维还可制成精美的手帕、台布、餐巾、窗帘、蚊帐、沙发面布、床单、枕套、窗帘、靠垫和室内装饰用布等流行于欧美和日本市场。由于苎麻纤维强力大而延伸度小，不易起霉和虫蛀，它还适用于做渔网、航海用具、消防用带、防雨布和各种工业用缝线、卷尺、绽带、吊绳、钢索芯子、传动带、机翼布、轮胎衬布、电线包皮、降落伞绳等。苎麻落棉和麻屑，可纺织床用毯子、地毯，制造高级纸张、人造丝原料、火药原料等。

在新兴领域应用方面，苎麻的应用价值也得到进一步挖掘。比如苎麻替代部分化纤制造复合材料用于汽车内饰、护板材料、公路护坡材料，生产可降解育苗基布用于工厂化育秧垫布，生产环保型麻地膜用于农作物覆盖，以及利用苎麻嫩茎开发青贮饲料、苎麻碎骨用于食用菌培养基等。

2018年我国亚麻及苎麻机织物出口金额超过10亿美元，苎麻产业在维持我国贸易收支平衡等方面具有重要作用。但苎麻产业规模小、机械化水平低以及人工成本高等因素成为制约苎麻产业发展的主要因素。

（2）亚麻纤维与胡麻纤维。亚麻与胡麻属同一品种。纺织用亚麻采取细株密植的方法，在植物半成熟时即收割，要求茎秆细长、少叉株甚至无叉株，这样获得的纤维不仅细，而且木质素含量低，纤维质量好。胡麻实际上就是油用亚麻或油纤两用亚麻的品种，所以，它的纤维品质比常规亚麻稍差。

亚麻纤维成束地分布在茎的韧皮部分，亚麻植株的茎有20～40个纤维束呈完整的环状分布，一个细胞就是一根纤维，一束纤维中有30～50根单纤维。在亚麻茎的不同部位，单纤维和束纤维的构造不同，根部单纤维横截面呈圆形或扁圆形，细胞壁薄，层次多，髓大而空心；亚麻茎中部的单纤维大多呈多角形，细胞壁厚，纤维束紧密，其纤维的品质在麻茎中是最好的，亚麻茎梢的纤维由结构松散的束组成，细胞较细。

亚麻是古老的韧皮纤维作物和油料作物。亚麻起源于近东、地中海沿岸，早在5 000多年前的新石器时代，已经栽培亚麻并用其纤维纺织衣料，埃及的"木乃伊"便是用亚麻布包盖的。亚麻在世界上种植范围较广，俄罗斯、比利时和我国东北、西北都是世界上的主要产区，适于在高纬度较寒冷地区生长。纺织用亚麻均为一年生草本植物，又称长茎麻，茎高60～120cm。油用型亚麻叫作胡麻，在我国有1 000多年的栽培历史。

亚麻纤维具有拉力强、柔软、细度好、导电弱、吸水排湿快、膨胀率大等特点，可以纺制高支纱，制造高级衣料。基于上述特点，亚麻纤维被广泛应用于织造亚麻面料或与其他如棉花、苎麻、化纤等混纺，织造服装和居家装饰用织物，如台布、窗帘、抽绣布、餐巾、各式衣服、床上用品等。此外，亚麻纤维在工业上主要织制水龙带和帆布等，用于包装、帐篷、油画等领域。

亚麻纺纱可采用干法纺纱或者湿法纺纱；亚麻短纤维可用于非织造布生产，如纸张，同时也可用来生产产业用纺织品，如绝缘材料；亚麻的下脚料可用来制作一些工业制品。目前，亚麻的一个新用途是作为汽车内部装饰，欧洲著名的汽车公司如宝马、奥迪在汽车内已采用由亚麻与涤纶混合的非织造布，在美国，短麻与其他纤维混合采用棉纺系统在机器上纺纱，意大利则购买使用由毛纺精梳系统纺纱的纤维，在法国，亚麻厂采用亚麻纤维散纤染色，然后在机器上进行成条、混条和湿法纺纱。

（3）大麻纤维。大麻纤维的横截面呈中空多角形，表面有少量结节和纵纹，无扭曲、无捻转。大麻纤维中有细长的空腔，并与纤维表面纵向分布着的许多裂纹和小孔洞相连，具有优异的毛细效应，使大麻纤维吸湿、排汗、透气性能好，同时大麻纤维细软，贴身穿着会觉得舒软爽身。以大麻帆布为例，经国家纺织品质量监督检验中心测试，其吸湿速率达到 7.431mg/min，散湿效率更高达 12.6mg/min。据测算，穿着大麻服装与棉织物相比，可使体感温度低 5℃左右。

大麻，又名汉麻、火麻和线麻，是属于桑科的一年生草本植物，高 1～3m，大麻有早熟、晚熟两个品种，早熟的纤维品质好，晚熟的纤维粗硬。多数大麻雌雄异株。雄株麻茎细长，韧皮纤维产量多，质佳而早熟。雌株麻茎粗壮，韧皮纤维产量低，成熟较晚。两者纤维皆可供纺织，麻子可食。我国人工种植大麻和用其纤维纺织大约始于新石器时代，而普及于商周之时。早在 2 000 多年前我国人民就对大麻雌雄异株的现象以及雌雄纤维的纺织性能有了较深的认识，称其雄株为"枲"或"牡麻"、雌株为"苴"或"子麻"。常用枲麻织较细的布，用苴麻织较粗的布。大麻变种较多，作为毒品的大麻主要是指矮小、多分枝的印度大麻。近年来，我国科学家进行品种改良，开发培育出"云麻 1 号""维云麻 2 号"等新品种。它们完全不具备提炼毒品的特性，属于公安部备案的无毒品种。

大麻纤维是一种珍贵的具有生态环保特色的天然功能性纤维资源，被称为"天然纤维之王"。目前大麻纤维已经进入中国人民解放军装备用纤维材料。大麻纤维具有吸湿、透气、舒爽、散热、防霉、抑菌、抗辐射等特性，可以单独做成服装面料，还可以与其他纤维混纺，在保留大麻独特属性的同时，还可以添加色彩多样、柔垂顺滑等风格。目前市面上存在着大麻纯纺纱以及大麻混纺纱，混纺纱类型包括双组分、三组分、四组分。

大麻纤维的长度和亚麻相仿，也必须制成工艺纤维（含胶的纤维束）纺纱。工艺纤维纺纱脱胶的程度决定了后续大麻纱线织物的品质，一般情况下，残胶率 12%以下、木质素含量 4% 以下的大麻纤维才符合纺纱的要求。近年来，由于生物脱胶技术的发展和相关绢、麻工艺的交叉引入，大麻纤维的用量逐渐增加，它有与亚麻相似的"无刺痒"风格，现已逐渐为消费者所接受。

从收割的大麻上剥取韧皮比较困难，需先脱去少量果胶方能使韧皮与麻骨分离，生产上称这一过程为沤麻（在苎麻制取上也有应用），实际上这是一种半脱胶工艺。大麻纤维本是洁白而有光泽的，但由于沤麻方法不同，色泽差异很大，有淡灰带淡黄色的，有淡棕色的，更有经硫酸熏白的。

（4）罗布麻纤维。罗布麻纤维光泽度优良，耐腐耐湿，耐磨耐拉，透气性好，是优良的纺织原料。罗布麻纤维长度略低于棉。

罗布麻别名红麻、茶菜花、红柳子、泽漆麻等，为夹竹桃科多年生宿根草本植物，是野生于盐碱地的纤维植物。罗布麻的叶、根、茎、花等器官均含多种功能成分，极具开发利用价值。民间采其嫩叶加工后代茶，亦作药用。茎皮剥取后可以制成高级的可纺纤维。罗布麻生态适应性强，主要分布在北半球的温带和寒温带地区，目前主要分布在中国、俄罗斯、加拿大、伊朗、阿富汗和印度等国家。在我国，罗布麻在古时称为"泽漆"，从而说明罗布麻类植物也是我国利用最早的植物之一，自汉末至今有 1 800 余年的历史。新疆维吾尔自治区是我国最大的野生罗布麻分布区。

经全脱胶的罗布麻纤维洁白，光泽极好，脱胶难度与大麻相仿。用传统纺麻的方法处理它并不理想，纤维的性能风格十分符合服用要求，但尚未形成合理的产品开发路线。由于罗布麻纤维在性能、风格上颇有特点，发展前景好。

（5）黄麻纤维与洋麻纤维。黄麻的单纤维是一个单细胞，生长在麻韧皮部内，由初生分生组织和次生分生组织分生的原始细胞经过伸长和加厚形成，黄麻从出苗到纤维成熟要经过 100～140d。黄麻的横截面是许多呈锐角且不规则的多角形纤维细胞集合在一起的纤维束，束纤维截面中含有 5～30 根单纤维，单纤维之间由较狭窄的中间层分开，中腔呈圆形或卵形。

洋麻纤维生长在麻茎韧皮部内，纤维细胞的发育可分为细胞伸长期、胞壁增厚期和细胞成熟期，洋麻纤维细胞从分化到成熟要 28～35d。洋麻单纤维横截面形状呈多角形或圆形，细胞大小不一。

黄麻属椴树科黄麻属，是一年生草本植物，又名络麻、线麻、荚头麻。主产国有孟加拉国、印度和我国。其中孟加拉国为世界第一大生产国。我国主产区为广东、浙江、台湾等省。黄麻属约有 40 个种。黄麻主要用作包装材料，传统包装袋麻袋即为黄麻制作。洋麻属锦葵科木槿属，是一年生草本植物，在热带地区也可为多年生植物。

（6）剑麻纤维与蕉麻纤维。剑麻纤维和蕉麻纤维均为叶纤维，分别是从剑麻、蕉麻的叶部取得的纤维。

剑麻又称西色尔麻，属龙舌兰科，原产于中美洲。世界上剑麻的主要生产国有巴西和坦桑尼亚，我国的剑麻主要产自南方省份。剑麻是多年生草本植物，一般两年后当叶片长至 80～100cm、有 80～100 片叶片时开始收割。开割太早，纤维率低，强度差；开割太迟，因叶脚干枯影响质量。剑麻也称作剑兰、龙舌兰等，属于叶脉纤维。其硬质纤维有拉力强、耐海水浸、耐摩擦、富有弹性等特性，可作渔业、航海、工矿、运输用绳索、帆布、防水布等原料。加工后的粕滓可作纸、酒精、醋等的原料。

蕉麻又称马尼拉麻，属芭蕉属，主要产地是菲律宾和厄瓜多尔，我国的台湾地区和海南省也有较长的栽培历史。蕉麻是多年生草本植物的叶鞘纤维，纤维的细胞表面光滑，直径较均匀，纵向呈圆形，横截面呈不规则的卵形或多边形。

第二节　麻的产地与分布

我国的主要麻类作物有苎麻、亚麻、红麻、剑麻、大麻等，还有大量的野生罗布麻和野生大麻。我国麻类作物分布很广，南起海南省的三亚，北到黑龙江的大兴安岭，西到新疆伊犁、东到江浙一带均有种植。苎麻主要分布在湖南、四川、湖北、江西等省，从海南北到山西的秦岭山脉均有种植。亚麻北起黑龙江，西到新疆，东到浙江，南到云南的文山地区均有种植，主要分布在我国黑龙江省。红麻分布在南起广东、北到黑龙江的广大地区，主要集中在淮河流域的河南、安徽等省，近年来东北地区红麻生产呈现良好的发展势头。剑麻主要分布在我国的广东、广西、福建、海南等沿海地区。大麻则以安徽、河南、山西、山东、云南等省较为集中。

苎麻原产我国，栽培历史悠久。根据各处古遗址的不断发掘，可以知道早在6 000年前就有粗麻编织物，还有4 700年前的苎麻织物残片，甚至出现2 700年前苎麻编织成的精致的袖口和领口等，1958年浙江省吴兴县新石器时代遗址中发现有苎麻纺织的平纹细布和两股三股拧成绳索，距今约4 700年。同时《诗经》中所记载的"东门之池，可以沤苎"足以证明当时智慧的华夏民族就已经利用生物脱胶技术处理苎麻韧皮纤维。我国苎麻较早传到朝鲜、日本等国，日本称之为"南京草"。1733年引到荷兰，1810年引到英国，1836年引到法国，1850年引到德国，1855年引到美国，1860年引到比利时，1920年传入巴西。欧美各国将苎麻称为"中国草"，国外栽培苎麻的时间比我国至少晚4 000多年。

目前我国苎麻主要种植在湖南、四川、湖北、江西、安徽、重庆等省（市），贵州、广西、浙江、江苏、福建、广东、云南、河南等省（自治区）也有少量种植。纤用亚麻是我国主要麻类纤维作物，种植面积和产量居世界第二位。我国1906年引种亚麻（纤用亚麻），至今已有近百年种植历史。黑龙江省是我国亚麻主产省份，其次是新疆维吾尔自治区，内蒙古、宁夏回族自治区也有一定亚麻种植面积。1998年，我国南方地区开始大面积从北方引种亚麻，发展南方冬季亚麻生产。剑麻主要种植在我国广东、广西、海南、福建、云南等亚热带地区，以广东和广西栽培面积最大。

苎麻种植条件随和，对环境有较强的适应性，适合大部分地貌，适合中国的多地土壤，由于我国幅员辽阔，根据气候的不同，一年中苎麻可以收割2～5次，但是由于长江流域的气候适宜，因此在长江流域一般是年收割3次，南方地区（例如广东、广西）每年则可采摘 4～5 次，但是长江以北则只能每年采摘 2 次。

早在 20 世纪 30 年代初我国就开始大量种植纤维用亚麻。目前，黑龙江省是我国纤维用亚麻主要生产基地，种植面积和产量占全国的 70% 以上，亚麻纺锭占全国 70%。随着科学技术进步、生产水平的提高和市场经济的不断发展，近几年来亚麻加工企业逐渐发展壮大，基本形成生产、推广、加工、销售、科研产业链，成为该省颇具实力并具有巨大发展潜力的经济支柱产业之一。同时亚麻在该省农业产业结构调整中占有极为重要的位置，亚麻产品也成为该省出口创汇传统产品。

史书载，被誉为"国纺源头，万年衣祖"的大麻起源于中国。20 世纪 90 年代，随着"绿色纺织品"的推广，低毒大麻（按照《国际毒品管理条例》规定，四氢大麻酚含量少于 0.3% 的大麻纤维可种植并应用在纺织领域）概念的提出和成功种植让大麻纤维凭借其优越的透气、杀菌、热湿舒适、耐气候等性能，作为一种优异的天然纺织材料再次出现在人们的视线中。此外，大麻在成长中因其自身的抗虫害能力而无须喷洒农药，更加符合生态纺织品的要求。大麻对生长环境的低要求性，保证了大麻可以被广泛种植在许多国家，如中国、法国、智利、俄罗斯、土耳其、美国和加拿大。

我国大麻种植面积与产量都居世界首位，大麻的种植自亚热带至北温带并且在全国范围内分布，但主要产区为长江以北。国内大麻种植主要在云南、黑龙江、安徽等地区，各地区因气候、土壤条件的不同，出产的大麻原麻性能也略有区别。

罗布麻主要分布于中国，中国罗布麻主要分布在北纬 35°～45°，由于罗布麻在中国分布的生态区域丰富多样，其形态和生态适应性方面都有一定的差异。中国罗布麻共有 3 个分布区，分别为北部红麻半干旱分布区、沿海及内地红麻半湿润和湿润分布区、西北内陆白麻和红麻干旱分布区。西北内陆白麻和红麻干旱分布区又可细分为 3 个分布亚区，分别为塔里木盆地和河西走廊典型干旱分布区、北疆的准噶尔盆地和伊犁谷地等准干旱分布区、柴达木盆地高寒干旱分布区。罗布麻在中国分布较广，但最集中的地方是新疆。在新疆，罗布麻的分布与当地气候条件有密切的关系，新疆罗布麻主要分布区有沙雅县罗布白麻产区、尉犁县罗布白麻产区、兴地罗布红麻基地、托布协罗布红麻基地、巴楚县罗布白麻产区、哈密罗布红麻零星分布区、艾比湖罗布红麻基地、伊犁罗布麻零星分布区和阿勒泰罗布红麻基地。

广东、广西、海南、福建等省（区）是我国剑麻主要生产基地，其种植面积占全国总种植面积的 80% 以上。

"麻"是中国历史最悠久的作物之一，麻文化是中华传统文化架构中非常重要的部分，也是东方服饰文明的重要标志。根据史料记载，麻的开始使用时间比棉花至少早了 9 000 年，比丝绸早了 5 000 年。麻类植物的韧皮纤维是我国历史上使用得最久远的纺纱原料，在陕西华县泉护村和河南三门峡庙底沟新石器遗址出土的陶器上，都曾发现有布纹痕迹，在甘肃临县大何庄和秦魏家新石器墓葬中，也曾发现有布纹痕迹。同时期江苏吴县草鞋山和钱山漾遗址还分别出土过葛布和苎麻布实物。经分析，这些实物布纹残痕每平方厘米皆各有经、纬线 10～11 根；葛布残片的经纱密度约为 10 根 /cm，纬纱密度约为 14 根 /cm，经纬纱线均为双股纱并捻，直径投影宽度为 0.45～0.5mm；苎麻布系平纹织物，有经纬纱密度分别为 24 根 /cm 和 16 根 /cm 以及 30 根 /cm 和 20 根 /cm 两种。这些实物充分表明我国早在新石器时代便已经具备一定水平的麻纺织技术了。

春秋战国时期，许多苎麻织品织制得非常精致，有的甚至可以和丝绸媲美。当时的权贵就常将精美的麻织物作为互相馈赠的贵重礼品。据《左传》记载，襄公二十九年（公元前 544 年），齐相晏婴亲手赠给郑相子产 10 匹齐国产的白经赤纬的丝织彩绸，而子产则把大量郑国产的雪白苎衣作为礼物，回赠给晏婴。长沙五星牌 406 号战国墓葬中，出土了几块采用平纹组织制作的麻衣残片，经鉴定，其经纱每 10cm 竟达 280 根，纬纱每 10cm 竟达 240 根，它比现在每 10cm 经纱 254 根、纬纱 248 根的龙头细布还要紧密 3.4%。我们知道布的密度和纱的细度密切相关，密度越大，纱线越细，纺纱者付出的劳动量也相应增加，这是精细的麻布可与丝绸等价的原因之一。

汉唐时期，随着麻纺织技术的进步和纺织工具的改进，麻纺织生产能力越来越强，生产量也越来越大。据史书记载，汉代妇女经常聚在一起自晨起至午夜连续不断织麻，有时一个月要做相当于 45d 的工作，因而织成的布也相应地增加。唐代将天下分为 10 道，据《新唐书·地理志》，唐的剑南道（今四川、甘肃、云南一部）、山南道（今陕西、四川、湖北、河南一部）多产葛布，江南道的福州、泉州、建州和淮南道（今河南、湖北、安徽一部）以及其他各道的许多地区都生产麻类或葛类织品。有一段时间各道州每年贡赋麻布和苎布的总数皆达 100 多万匹。最多的是天宝五年（公元 746 年），竟达 1 035 万余端。两端为一匹，约为 520 万匹。

宋以后，麻纺织生产有了进一步发展，出现了加捻卷绕同时进行的多锭大纺车，使纺纱效率大幅度提高，麻布生产不仅数量增大，麻织物品种和加工方法也更加丰富多彩。宋代麻织品的产地集中在南方，尤以广西为最，据说曾出现过"（广西）触处富有苎麻，触处善织布""商人贸迁而闻于四方者也"的情况。桂林附近生产的苎麻布因经久耐用，一直享有盛誉。广西雍州地区出产的另一种苎麻织物——练子，也非常出色，据周书记载，练子是由精选出的细而长的苎麻纤维制成，精细至极，用来做成夏天的衣服，十分清凉离汗。此外，江南地区生产的練巾也非常有名。

明清时期麻纺织生产规模虽比不上丝、棉生产，但在中原、东南、西南等地仍有麻布、苎布、葛布、蕉布的生产，这时期苎麻布在织造中往往大量地采用两种或两种以上不同纤维经纱进行交织，并涌现出很多性能和质量均佳的品种，如广东东莞市一带用苎麻和蚕丝交织制成的"色白若鱼冻"的鱼冻布，兼容了丝与苎麻的特点，织物柔软光滑，而且由于布中苎麻纱线残留了一些未脱净的胶质，洗涤时逐步脱胶，使得它又有"愈浣则愈白"的特点。又如福建漳州用苎麻和棉丝交织，由于两种纱的粗细不同，通体均具有明显的横条纹，织物风格和丝织平罗的横条纹有些接近，也或谓之为缎罗，虽然是平纹结构，却有特殊的视觉效应。

从古至今，麻类纤维都具有重要的地位及应用价值。随着人们对绿色、环保、安全舒适等方面要求的日渐增长，麻类纤维的应用价值越来越重要。

第三节　麻的一般特性与质量评价

一、麻纤维的一般特性

1. 离散型的纤维特征

除苎麻纤维是长纤维外，其他麻纤维都是长度很短的纤维，因此，实践中用半脱胶工艺，将纤维黏并成长度更长的"工艺纤维"（束），然后用它为"单体"来成纱，以期获得高级纱。这是除苎麻外，其他麻纤维的基本工艺。如能成功实施，亚麻可以成为和山羊绒、蚕丝一样高贵的纤维材料。

正是基于此工艺方法，所以在苎麻纺织工艺上有精干棉（全脱胶），在亚麻等纺织工艺上有打成麻（半脱胶）之分。

苎麻先要进行剥皮和刮青，即将麻皮从麻茎上剥下并刮去其表皮，将经过刮青的麻皮晒干得到丝状或片状的原麻，即商品苎麻，亦称为生麻；生麻在纺纱前还必须经过脱胶处理，把黏接在纤维间的胶类除去才能满足纺织加工的要求。脱胶后苎麻的残胶率控制在 2% 以下，其纤维称为精干麻，白色而富于光泽。

亚麻不能单纤维纺纱，必须制成束纤维的工艺纤维，同时，亚麻茎细，从韧皮部制取纤维不能采用一般的剥制方法，必须采取与苎麻不同的初加工方法。首先必须脱胶，使韧皮层中的纤维素类物质与周围的组织成分分开，以获得有用的纺织纤维。脱胶的方法有浸渍法与沤麻法两种，前者是浸在特定的处理液中脱胶，后者是在蒸汽的条件下进行。我国目前多用浸渍法。经过浸渍脱胶后的亚麻须先干燥，然后再用碎茎机将亚麻干茎中的木质部分压碎，使它与纤维层脱离，用打麻机去除掉碎茎后的麻骨，即获得可纺的亚麻纤维，称为打成麻，它是剩余果胶黏接起来的纤维束。另外从打麻机上清除掉下的落麻中亦含有 40% 左右可利用的粗纺织，称为粗麻。打成麻的长度、细度和强度是影响亚麻纱纺织加工的重要参数。打成麻的长度决定于亚麻的栽培条件和初加工，一般为 300～900mm；打成麻的线密度决定于纤维的分裂度，打成麻制成的工艺纤维截面中一般含有 10～20 根单纤维。

2. 纤维截面的形态特征

所有韧皮纤维的单纤维都为单细胞，外形细长，两端封闭，有胞腔，其包壁厚度和长度因品种和成熟度不同而有差异，截面多呈椭圆或多角形，径向呈层状结构，取向度和结晶度均高于棉纤维，因而，麻纤维的强度高而伸长小。而叶纤维则是由单细胞生长形成的截面不规则的多孔洞细胞束，不易被分解成单细胞。

3. 高强低伸型的纤维特征

麻纤维是一种高强低伸型纤维，其断裂强度为 5.0～7.0cN/dtex，而棉纤维为 2.6～4.5cN/dtex，蚕丝为 3.0～3.5cN/dtex。这主要是因为麻纤维主要是韧皮纤维，而韧皮纤维是植物的基本骨架，有较高的结晶度和取向度，而且原纤维又沿纤维径向呈层状结构分布。例如亚麻有 90% 的结晶度和接近 80% 的取向度。正因为它有这样高的结晶度和取向度，使麻纤维成为所有纤维中断裂伸长率最低的纤维。除此之外，这一结构特点使麻纤维获得很大的初始模量，比棉纤维高 1.5～2.0 倍，比蚕丝高 3 倍，比羊毛纤维高 8～10 倍，因此麻纤维比较硬，不轻易变形；但同时也使麻纤维成为弹性恢复率很差的纤维，即使只有 2% 的变形，弹性恢复率也只有 48%，而棉纤维和羊毛纤维在相同样大小的变形时，弹性恢复率能达到 74% 和 99%。

二、不同麻纤维微观结构

苎麻纤维的纵向外观为扁平形或圆柱形，以扁平形为主。有弧形弯曲，无卷曲。纤维表面光滑，有明显竹节和不连续的裂纹，纤维细度较均匀。苎麻纤维的横截面为椭圆形，有椭圆形或腰圆形中腔，胞壁厚度均匀，有辐射状裂纹。

亚麻纤维的纵向外观为扁平形或圆柱形，以圆柱形为主。纤维顺直，无卷曲。纤维表面光滑，有明显竹节，有的有沟槽。纤维条干的均匀程度较好。亚麻纤维的横截面随麻茎的部位不同而有所差异，一般为圆形、多角形或椭圆形，胞壁较厚，中腔较小。

大麻纤维的纵向外观复杂多样，既有不规则圆柱形，也有扁平带状、棱柱形。有的有天然扭曲酷似棉。纤维取向度差，相互纠结。纤维表面有的光滑，有的粗糙。有竹节但不明显，纤维粗细不匀。纤维头端较钝圆。大麻纤维横截面很复杂，多呈不规则的三角形、四边形、六边形、扁圆形、腰圆形或多边形。

黄麻纤维纵向表面顺直光滑，有光泽。一般呈束状，无扭曲，呈柱状结构。有不明显竹节和细密连续的长形条纹，纤维细度较均匀。黄麻纤维的横截面一般为五角形或六角形，中腔为椭圆形或圆形，胞壁厚度均匀。

罗布麻纤维细长顺直光滑，圆润透明，有丝一般光泽，一般呈规整的圆柱状结构，无扭曲。有不明显竹节和稀疏的长形条纹，纤维细度较均匀。罗布麻纤维的横截面一般为多边形或椭圆形，中腔较大。

（一）纵截面形态

1.条干形状

苎麻：大多数为扁平形，也有圆柱形，弧形弯曲，粗细较均匀。

亚麻：大多数为圆柱形，也有扁的，与苎麻相似，粗细较均匀。

大麻：杂乱无章，不规则圆柱体，部分为扁平带状，有卷曲，很像棉，粗细差异很大。

黄麻：较规则圆柱体，大多呈束状。

罗布麻：规则圆柱体，条干均匀，非常接近竹竿。

2.竹节

苎麻：结较粗，呈 X 形，凸起不明显，结之间的间距较大，稀疏分布。

亚麻：竹状结，凸起明显，结之间的间距较小，分布较密。

大麻：竹状结，凸起比较平缓，结的分布不均匀。

黄麻：无节。

罗布麻：竹状结，较明显，结的分布较均匀，间距较大。

3.纹路

苎麻：纵向有裂纹或沟槽，有许多"╳"形刀砍状横纹。

亚麻：大多数纤维表面光洁，部分纤维表面有沟槽或少许裂纹及刀砍状横纹。

大麻：圆柱形纤维表面光洁，有少许微孔，扁平形纤维部分粗糙，有的有竖纹或沟槽。

黄麻：有细密沟槽或竖纹。

罗布麻：大多数纤维表面异常光洁，部分纤维表面有沟槽。

4.头端形状

苎麻：尖锐。

亚麻：尖锐。

大麻：钝圆。

罗布麻：尖锐。

（二）横截面形态

1.几何形态

苎麻：椭圆形或扁圆形，有裂纹。

亚麻：圆形、椭圆形或多角形。

大麻：不规则的三角形、四边形、六边形、扁圆形、腰圆形或多边形。

黄麻：五角形或六角形。

罗布麻：圆形或椭圆形。

2. 中腔

苎麻：椭圆形或腰圆形，中腔较大。

亚麻：中腔很小。

大麻：中腔较大，呈椭圆形，占截面积的 $1/2 \sim 1/3$。

黄麻：椭圆形或圆形。

罗布麻：中腔较小。

3. 其他

苎麻纤维横截面有辐射状裂纹。

苎麻纤维的长度较长。

同一品种的麻纤维不同的产地，外观及结构形态有差异。

经过生产加工后的麻纤维受到损伤，外观形态发生变化。

三、麻类纤维的质量评价

1. 麻类纤维的质量评价主要指标为以下几种。

（1）长度和线密度

麻纤维的长度整齐度、线密度均匀度都比较差，所以纺得的纱线条干均匀度也差，具有独特的粗节，形成麻织物粗犷的风格。

（2）强伸性

麻纤维是主要天然纤维中拉伸强度最大的纤维，如苎麻的单纤维强度为 $5.3 \sim 7.9 cN/dtex$，断裂长度为 $40 \sim 55 km$，且湿强大于干强。亚麻、黄麻、槿麻等强度也较大。但麻纤维受拉伸后的伸长能力却是主要天然纤维中最小的，如苎麻、亚麻、黄麻的断裂伸长率分别为 $2\% \sim 3\%$、3% 和 0.8% 左右。

（3）吸湿性

麻纤维的吸湿能力比棉强，且吸湿与散湿的速度快，尤以黄麻吸湿能力更佳。一般大气条件下回潮率可达 14% 左右，故宜作粮食、糖类等包装材料，既通风透气，又可保持物品不易受潮。

（4）刚柔性

麻纤维的刚性是常见纤维中最大的，刚性过强，不仅手感粗硬，而且会导致纤维不易捻合，影响可纺性，成纱毛羽多。柔软度高的麻纤维可纺性能好，断头率低。

2. 国内外目前针对麻类纤维常用标准

我国目前针对麻类纤维的标准主要有国家标准（GB）、农业行业标准（NY）、地方标准（DB）等，详情如下：

GB/T 2910.22　纺织品　定量化学分析　第 22 部分：粘胶纤维、某些铜氨纤维、莫代尔纤维或莱赛尔纤维与亚麻、苎麻的混合物（甲酸 / 氯化锌法）

GB/T 5881　苎麻理化性能试验取样方法

GB/T 5882　苎麻束纤维断裂强度试验方法

GB/T 5883　苎麻回潮率、含水率试验方法

GB/T 5884　苎麻纤维支数试验方法

GB/T 5885　苎麻纤维白度试验方法

GB/T 5886　苎麻单纤维断裂强度试验方法

GB/T 5887　苎麻纤维长度试验方法

GB/T 5888　苎麻纤维素聚合度测定方法

GB/T 5889　苎麻化学成分定量分析方法

GB/T 7699　苎麻

GB/T 8235　亚麻籽油

GB/T 11951　天然纤维　术语

GB/T 12411　黄、红麻纤维试验方法

GB/T 13765　纺织品　色牢度试验　亚麻和苎麻标准贴衬织物规格

GB/T 13833　纤维用亚麻原茎

GB/T 13834　纤维用亚麻雨露干茎

GB/T 15031　剑麻纤维

GB/T 15681　亚麻籽

GB/T 16984　大麻原麻

GB/T 17260　亚麻纤维细度的测定　气流法

GB/T 17345　亚麻打成麻

GB/T 18146.1　大麻纤维　第 1 部分：大麻精麻

GB/T 18146.2　大麻纤维　第 2 部分：大麻麻条

GB/T 18146.3　大麻纤维　第 3 部分：棉型大麻纤维

GB/T 18147.1　大麻纤维试验方法　第 1 部分：含油率试验方法

GB/T 18147.2　大麻纤维试验方法　第 2 部分：残胶率试验方法

GB/T 18147.3　大麻纤维试验方法　第 3 部分：长度试验方法

GB/T 18147.4　大麻纤维试验方法　第 4 部分：细度试验方法

GB/T 18147.6　大麻纤维试验方法　第 6 部分：疵点试验方法

GB/T 18147.5　大麻纤维试验方法　第 5 部分：断裂强度试验方法

GB/T 18888　亚麻棉

GB/T 19557.6　植物新品种特异性、一致性和稳定性测试指南　苎麻

GB 19881　亚麻纤维加工系统粉尘防爆安全规程

GB/T 20793　苎麻精干麻

GB 30189　亚麻原料生产行业防尘技术规程

GB/T 31811　苎麻落麻

GB/T 32753　苎麻精干麻硬条（并丝）率试验方法

GB/T 32754　苎麻精干麻切段开松麻

GB/T 34783　苎麻纤维细度的测定　气流法

GB/T 34784　精细亚麻

GB/T 37304　亚麻剥麻机　作业质量

FZ/T 12049　精梳棉／罗布麻包缠纱

NY/T 243　剑麻纤维及制品回潮率的测定

NY/T 245　剑麻纤维制品含油率的测定

NY/T 1539　剑麻纤维及制品商业公定重量的测定

NY/T 2338　亚麻纤维细度快速检测　显微图像法

NY/T 2648　剑麻纤维加工技术规程

NY/T 3605　剑麻纤维制品　水溶酸和盐含量的测定

DB45/T 911　剑麻纤维加工技术规程

国际天然纤维组织（INFO）为天然纤维领域重要的国际组织，在麻类等天然纤维领域具有协调、决策、领导作用。截至 2019 年，INFO 成员主要包括中国、德国、英国、巴西、哥伦比亚、孟加拉国、印度、马来西亚、菲律宾、斯里兰卡、坦桑尼亚、赞比亚、肯尼亚、莫桑比克等，发展中国家数量占比超过 90%。

中国农业科学院麻类研究所是我国唯一国家级的麻类纤维研究的专业研究所，保存了 16 000 多份麻类种质资源，居全球首位，同时对麻类及同类天然纤维的育种、栽培、植保、机械化收获、生物加工与产品开发方面开展了深入研究，在多个领域处于全球领先地位。

第四节　废麻纺织原料

我国每年生产制造 5 000 多万 t 的纺织纤维，随之年产生废旧纺织品大概 2 000 万 t，其中 85% 的废旧纺织品通过焚烧或者掩埋的方式处理，15% 被简单地回收以再次利用。日益堆积的废旧纺织品，如果处理不当，不仅造成资源浪费，而且产生了环境污染的问题。

废旧纺织品来源与分类如下：

1. 源头方面

服装面料等在纺纱织造过程中，人为裁剪或者外力作用下产生零碎的残余废料。这些零碎的面料利用率不高，一般用来制作抹布或者填充絮料等。

2. 日常生活方面

主要有日常丢弃的衣服、日用家用装饰品等，这些废旧面料织造紧密、染色复杂，传统的方式就是采用简单地焚烧或深埋在土壤中的办法销毁，既是对资源的浪费，又会造成环境污染问题，效果很差。

3. 产业方面

包括一些产业用纺织品，如帐篷、帆布等，这些经过功能性等后整理加工的产业用纺织品，由于用途特殊，长期使用力学性能损伤严重，废弃后用作填充絮料或者其他下脚料，利用率极低。

用废弃原料"变废为宝"，减少对环境污染已成为行业共识，并已积极付诸实施，使我国纺织行业朝着循环利用纺织资源和绿色环保方向发展。

第五节　麻（原料）的用途和发展方向

一、麻的用途及现状

1. 麻的用途

麻类作物是我国传统经济作物，一直有较高的经济地位，在我国有着数千年的栽培历史，并孕育形成了独具中国特色的麻文化；麻类作物是我国继粮食、棉花、油料作物和蔬菜之后的第五大作物群。在我国历史上，麻类作物曾是"五谷"（粟、豆、麻、麦、稻）之一。新中国成立后，在农业"十二字"中，即粮、棉、油、麻、丝、茶等，排名第四。

与此同时，麻是传统的纤维作物，也是四大天然纤维之一。在众多的纺织纤维中，麻纤维是最具潜在功能的天然纤维。麻的种类很多，大面积栽培的麻类作物主要有苎麻、亚麻、黄麻、红麻、大麻、剑麻、蕉麻等。前5种为韧皮纤维，后2种为叶纤维。罗布麻多处于野生状态。这些麻类植物在纺织业和造纸业中扮演着重要角色。我国是世界麻纤维生产和纺织大国。我国的麻纺纤维生产量约占全球的12%，其中，亚麻和苎麻纺织的生产和贸易总量均居世界首位。

在科研上，我国麻类作物的独特优势受到国家的密切关注，1958年，为了长期稳定地开展麻类科学技术方面的研究，农业部成立了专业的麻类研究所，与全国其他麻类科研力量一道，通过从事苎麻、黄麻、红麻、亚麻与大麻等韧皮纤维作物的种植与初加工研究，服务生产，服务"三农"，满足了国家各个历史阶段对麻类科技发展的需要。进入 21 世纪以来，人类生存条件、生活质量、消费观念正在发生深刻变化，健康和环保成为时尚的主题。麻因其具有纯天然、可再生、能降解、透气舒爽、防霉抑菌、无污染的优良特性，其传统的纺织用途，顺应了时代潮流，不仅受到国内消费者的青睐，而且成为国家重要的出口创汇物资，出口创汇潜力和效益巨大。

除具有传统的纺织用途外，麻类作物还可用于造纸、建筑、制药、水土保持等方面。

麻纤维具有价廉质轻、自然降解、比强度和比模量高等特性，广泛应用于纤维增强复合材料的制备。例如，德国的 BASF 公司采用黄麻、剑麻和亚麻纤维为增强材料，与聚丙烯热塑性塑料复合，制备出麻纤维增强塑料毡复合材料（NMTS），其密度比玻璃纤维增强的热塑性塑料小 17%，而且不损失其翘曲性，加工方法简单，生产成本较低，产品被广泛应用于汽车工业、建筑工业、日用消费品等领域。

麻纤维在一定程度上可以代替化学纤维，利用麻纤维开发汽车用地毯底布、地毯、内壁装饰和汽车窗帘等，一方面可达到绿色、环保的目的；另一方面，采用麻纤维代替化学纤维，作为汽车用内饰材料具有防火性，可使乘客有更多的逃生机会。采用亚麻、红麻纤维可用来生产绝热制品和汽车内饰产品；以亚麻与合成纤维混纺，生产新的隔热和隔音产品；亚麻和红麻现被广泛用于制造针刺的汽车内装饰织物。

麻纤维可以自然降解，与环境和谐共处。以麻纤维为主要原料，采用无纺布制造工艺和特有的后整理工艺研制的环保型麻地膜，不但强度高，保温、保湿效果好，能有效促进农作物生长发育，而且使用后在土壤中的降解性能良好、无污染，并有培肥土壤的作用。由于麻纤维强度较好，麻地膜的抗拉强力大于纸地膜，适宜机械铺膜，有利于集约化生产，减轻劳动强度和降低生产成本。环保型麻地膜的推广应用可以解决塑料地膜导致的"白色污染"问题。

麻是生产纤维乙醇很有潜力的原料，其种植范围极广，我国北至黑龙江，南至海南，西至新疆，东至沿海都能种植，常年种植面积为（100～120）× $10^4 hm^2$。有研究表明，每公顷（hm^2）麻类作物干物质可生产 9t 工业用酒精，比玉米秆生产酒精的产率高出 42%，若将目前收获的麻类作物干物质全部用来生产酒精，可年产 1 749 × $10^4 t$，其能量相当于半个大庆油田；且麻类作物耐盐碱、耐干旱、耐涝，对土地的要求不高，适应性强，不与粮食争地。

麻类作物也可用作饲料。苎麻、黄麻、红麻富含植物蛋白，一般粗蛋白含量为

18%～20%，其中苎麻粗蛋白含量为 22% 以上。将麻类叶、茎等通过青贮或晒干后碾成干粉，可作动物饲料草蛋白质原料的来源。

虽然我国是麻类生产大国，且麻类作物具有多种用途，但是一些制约我国麻类产业发展的关键技术难题未得到根本性解决，近年来，受国内外各种因素的影响，我国麻类产业的发展存在一定的制约性。

2. 麻类作物现状

我国是麻类生产大国，麻产品及其混纺面料和服装出口，出口创汇年均超过 20 亿美元。中国是麻类资源最多的国家，各类麻种植面积 2 000 万亩。现在国际上形成了一种对麻纤维的你追我赶之势，美国是麻制品的最大消费国，但其麻类种植为零；欧洲是传统麻制品消费区域，不逊于美国；亚洲更是一个大市场，尤其中国，未来 20 年天然纤维消费量将超过 40%。非洲、澳洲也在与美、欧、亚争抢麻纤维市场份额，这种大趋势将持续影响整个 21 世纪。

近年来，我国麻类作物生产结构发生了一些变化。1985 年我国麻类作物播种面积高达 123.1 万 hm²，但后期呈现明显下降趋势，受整个产业的影响，各种麻类种植面积和产量均呈逐年下降趋势。苎麻为我国种植面积最大的麻类作物，面积和产量比重均占全国的 2/3 左右；亚麻变化较为明显，面积比重从 25.6% 降至不足 10.0%，产量比重从 41.1% 降至不足 14.6%；黄麻 / 红麻尽管面积和产量不断下降，但在整个麻类作物中比重呈上升趋势，面积比重从不足 11.8% 升至 17.3%，产量比重从 13.4% 升至 26.2%；大麻也呈缓慢上升趋势，面积比重从 5.3% 升至 7.6%，产量比重从 4.8% 升至 5.6%。见表 2-3。

表 2-3 1978—2018 年麻类作物种植面积及产量

年份	产量 / 万 t	种植面积 /hm²	年份	产量 / 万 t	种植面积 /hm²
1978	135.1	751 000	2009	31.9	115 000
1980	143.6	666 000	2010	24.2	91 000
1985	444.8	1 231 000	2011	22.3	79 000
1990	109.7	495 000	2012	19.6	69 000
1995	89.7	376 000	2013	17.6	63 000
2000	52.9	262 000	2014	16.5	58 000
2005	110.5	335 000	2015	15.6	54 000
2006	89.1	283 000	2016	18.1	54 000
2007	66.1	219 000	2017	21.8	58 000
2008	56.1	176 000	2018	20.3	57 000
注：数据来源于国家统计局。					

二、麻类产业的发展趋势

20世纪90年代以来，全球天然纤维年产 $2\,300\times10^4$ t，约占纺织纤维总量的43%，麻类纤维全球年产量 472×10^4 t。全球对天然纤维的需求量以每年8%的速度增长，麻类纤维织物的需求量更是以每年15%~20%的速度高增长。天然纤维已是发达国家的主导消费产品，所占比例高达70%~85%，麻纤维产品更是被发达国家所追求。

美国是麻类制品的最大消费国，其麻类种植面积很小，进口没有设限，麻织品需求持续增长，以麻代棉会在长时间内影响美国市场。欧洲是传统的麻织品消费区域，经济的全面拉动使之将与美国相当，无论是现在和未来，其麻织品市场都不会逊于美国。亚洲市场亦是一个持续发展的大市场。未来20年是我国全面建成小康社会的经济腾飞期，生存条件、生活质量、消费观念都将发生历史性的转变，天然纤维的消费在未来20年内，会上升到40%，将会同日、韩、新加坡等亚洲国家一道与欧美竞争份额。随着经济的发展，非洲、澳洲及世界其他国家市场亦会追赶流行刺激天然纤维和麻织品的消费，通过拓展市场，争抢份额，将会与美、欧、亚一起形成四分天下之势。然而，天然资源有限，人们对生命健康的珍爱，对绿色消费的渴望，对天然纤维织物的追求与日俱增，市场供需的反差增大，日益凸显出市场空缺和商机，这种大趋势将会影响全球。因此，全球市场的拉动，将使麻类产业成为潜力巨大的朝阳产业，带来麻类产业发展的历史机遇。

我国麻类产业存在多种制约发展的问题，包括麻类作物种植方式有待转变，麻类产业链不完善，麻类综合利用技术落后，加工环保问题突出、成本高等。

虽然存在上述问题和困难，但随着全球麻类发展大趋势及我国科学技术的进步，在不久的未来，我国的麻类种植能实现成片集中、农场化、标准化种植，改变以家庭小规模种植为主的现状，实现土地资源的优化配置和合理利用；麻类生产从整地、播种、施肥、灌溉和收获、脱粒、打捆等过程有机械化作业，提高生产效率。预计到2030年，可研究出高效、轻简、安全、性能可靠，且满足不同种植区域的麻类生产收剥机械，形成一整套的麻类收获加工技术和设备体系，基本实现麻类作物生产全程机械化，机械化种植率达到60%，机械化收获率达到50%。

第六节 麻（原料）进出口情况分析

虽然我国是麻类生产大国，拥有最丰富的麻资源，但麻产业链条不完整也很明显。在上游，育种、生产水平滞后于国际麻制品市场的发展，收麻剥麻靠手工，优质率低，优质品种覆盖率低，纤维含量低；在下游，生物脱胶技术未充分推广，初加工、染整技术和后处理工艺仍薄弱，终端制成品短缺。因此，我国麻原料进口依赖性较高，麻原料仍为主要进口产品，占进口总金额的 77.52%。

麻原料中主要进口的是亚麻和黄麻，我国优质亚麻原料三分之二需要进口，每年的进口数量是 18 万～20 万 t，黄麻原料更是 70% 从孟加拉国进口。见表 2-4。苎麻、大麻主要在国内种植，每年的产量为各 5 万 t 左右。

表 2-4　2014—2019 年亚麻、黄麻纤维进口数量统计

年份	亚麻纤维 /kg	黄麻纤维 /kg
2019	207 281 287	28 925 926
2018	199 799 745	32 864 579
2017	177 904 984	31 138 133
2016	165 092 472	23 780 991
2015	184 011 284	23 772 937
2014	166 476 883	33 689 179
注：数据来源于中华人民共和国海关总署。		

与此同时，我国的麻类产品主要以外销为主，内销比重很小。

我国纺织工业中亚麻、黄麻的 95% 以上依靠进口。由于亚麻的收割季在每年的 7 月，原产地的初加工完成一般在 9 月并且持续到第 2 年的种植季开始，因此，国内的亚麻纺纱厂都是根据自身的加工能力、订单需求、国内外假期等因素，有计划进口亚麻纤维。近 20 年来黄麻纤维加工产业已经转移到印度、孟加拉国等国家，成为当地的农业种植和纤维加工的主导产业和支柱产业。为了扶植本国黄麻加工产业的发展，印度、孟加拉国等国家制定政策限制黄麻纤维出口，也进一步导致了我国黄麻加工产业的萎缩，黄麻纤维的进口数量呈逐年下降趋势。随着国内农业种植结构的调整，国内的黄麻主产地华南地区已经没有大面积的黄麻种植，仅有浙江、湖南等少数黄麻加工企业按照生产需要有计划进口。

虽然我国亚麻黄麻原料主要依赖进口，但是我国是苎麻原产地，产量居全球首位，在贸易领域，2018 年我国亚麻及苎麻机织物出口金额超过 10 亿美元，苎麻产业在维持我国贸易收支平衡等方面具有重要作用。此外，虽然原料主要来源于进口，但是我国黄麻、红麻和剑麻生产居全球前列。我国也是全球重要的天然纤维消费国，基于麻类等天然纤维复合材料的生产居全球首位。我国在麻类及同类天然纤维领域的相关研究也居世界前列。

第三章　丝

第一节　丝的种类与组成

一、丝的种类

1. 按照丝织物外观与结构特征分类

按照丝织物外观与结构特征分为 14 大类，即绡、纺、绉、绸、缎、锦、绢、绫、罗、纱、葛、绨、呢、绒；35 小类，即双绉、乔其、碧绉、顺纡、塔夫、电力纺、薄纺、绢纺、绵绸、双宫、疙瘩、星纹、罗纹、花线、条、格、透凉、色织、双面、凹凸、山形、花、修花、有光、无光、闪光、亮光、生、特染、印经、拉绒、立绒、和服、大条、缂丝。

2. 按照纺织用途分类

按照纺织用途分桑蚕丝、柞蚕丝、木薯（蓖麻）蚕丝 3 大类。根据不同的原料、用途和加工方式，这三大类又分为厂丝、土丝、粗丝、双宫丝、柞蚕丝、木薯蚕丝、捻线丝、绢丝、绸丝等。这些种类的丝根据织物结构、性能、风格等加工成各类丝类下游产品，形成初级加工丝、双宫捻线丝、土丝捻线丝、柞蚕绢丝、木薯蚕绢丝、绢黏丝等。

3. 丝织物种类

丝织物有素织物与花织物之分。素织物是表面平正素洁的织物，如电力纺、斜纹绸等。花织物有小花纹织物（如涤纶绉）和大花纹织物（如花软缎等）。丝织物也可分为生织物与熟织物。用未经练染丝线织成的织物称为生织物。用先经练染的丝线织成的织物称为熟织物。织物是在织机上由相互垂直排列的两个系统的丝线（即经线与纬线），按一定规律互相交织而成的物体，在织物内，与绸边平行排列的丝线称为经线，与绸边垂直排列的丝线称为纬线。丝织物分类原则首先是以织物的组织结构为主要依据，其次以制造工艺如生织物、熟织物、加捻等为依据，另外是以织物实际形状为依据，目前丝织物可分为以下 14 个大类。

（1）纺类：应用平纹组织构成平正、紧密而又比较轻薄的花、素、条格织物，经纬一般不加捻。如电力纺、彩条纺。

（2）绉类：运用织造上各种工艺条件、组织结构的作用（如强捻或利用张力强弱或原料强缩的特性等），使织物外观能近似绉缩效果，如乔其、双绉。

（3）绸类：织物的地纹可采用平纹或各种变化组织，或同时混用其他组织，如织绣绸。

（4）缎类：织物地纹的全部或大部采用缎纹组织的花素织物，表面平滑光亮，手感柔软，如花软缎、人丝缎。

（5）绢类；应用平纹或重平组织，经纬线先练白、染单色或复色的熟识花素织物，质地较轻薄，绸面细密、平整、挺括，如塔夫绸。

（6）绫类：运用各种斜纹组织为地纹的花素织物，表面具有显著的斜纹纹路，如斜纹绸、美丽绸。

（7）罗类：应用罗组织经向或纬向构成一列纱孔的花素织物，如涤纶纱、杭罗。

（8）纱类：应用绞纱组织，在地纹或花纹的全部或一部分构成有纱孔的花素织物，如芦纱山纱、筛绢。

（9）绢类：采用平纹或绞纱组织或经纬平行交织的其他组织而构成有似纱组织孔眼的花素织物，经纬密度较小，质地透明轻薄，如头巾绡、条花绡。

（10）葛类：一般经细纬粗，经密纬疏，地纹表面少光泽，而又比较明显粗细一致的横向凸纹，经纬一般不加捻，如文尚葛、明华葛。

（11）呢类：用绉组织或短浮纹组织成地纹，不显露光泽，质地比较丰满、厚实，有毛型感，如素花呢。

（12）绒类：地纹和花纹的全部或局部采用起毛组织，表面呈现毛绒或毛圈的花素织物，如乔其绒、天鹅绒。

（13）绨类：用长丝作经、棉纱蜡线或其他低级原料作纬，地纹用平纹组成，质地比较粗厚的花素织物，如绨被面、素绨。

（14）锦类：外观瑰丽多彩，花纹精致高雅的色织多梭纹提花丝织物，如织锦缎、古香缎。

4. 丝织物的品名分类

（1）天然纤维

丝绸所含的天然纤维主要是蚕丝纤维，是熟蚕结茧时所分泌丝液凝固而成的连续长纤维，也称天然丝，是人类利用最早的动物纤维之一，包括桑蚕丝、柞蚕丝、蓖麻蚕丝、木薯蚕丝等。

蚕丝纤维是唯一得到实际应用的天然长丝纤维，由蚕分泌黏液凝固而成。蚕丝纤维因蚕的食性不同分成多种，其中有食桑叶形成的桑蚕丝纤维、食柞树叶形成的柞蚕丝纤维以及食木薯叶、马桑叶、蓖麻叶形成的其他野蚕丝纤维。

（2）人造纤维

人造纤维是指通过物理化学的方法制得的非天然纤维，分为再生纤维和化学纤维两种。再生纤维是用某些天然高分子化合物或其衍生物做原料，经溶解后制成纺织溶液，然后喷丝纺制成纤维状的材料。

化学纤维是利用石油、天然气、煤和农副产品作原料制成的合成纤维。丝绸中加入人造纤维，主要是为了使丝绸抗皱缩、防虫蛀、更易保存等。

5. 按丝绸的用途分类

（1）衣服类丝绸：在用途上丝绸深入各个领域，用来做衣服和帽子、围巾的叫作服用绸。

（2）装裱类丝绸：在装裱上为了增加其意境，丝绸也会成为突出其意境的一个亮点；女性的手提包上会用丝绸装饰其高雅尊贵之风，这种用作装饰类的丝绸都叫作装饰绸。

（3）工业类丝绸：在打字机里会用到色带，而色带前端的条状物体就是丝绸，柔软的丝绸能适应打印机繁重的工作压力，所以工业上使用的丝绸称为工业绸。

（4）医疗类丝绸：大家不曾了解的真丝人造血管和人造皮，其实原材料都来源于丝绸，准确点来说叫作保健绸。

如今制作丝绸已经不局限于手工，所以丝绸按加工方法被分为机织丝绸、针织丝绸和无缝织绸。机制丝绸一般通过机械加工，只需要在机器上调整经度和纬度的顺序即可；针织丝绸在某种程度上需要人工来完成，是通过线圈相套的原理完成制作的；无缝织绸本质上属于最低等的丝绸，多用一些废丝绸加工而成。

6. 按丝绸表面分类

不论是小提花机还是大提花机，只要是织成的丝绸都叫作提花绸；在织成的丝绸上用染料印上去花的丝绸叫作印花绸；丝绸的原材料都是纯色的蚕丝，满足不同人对颜色的需求而染成五颜六色的丝绸叫作染色绸；还有一种丝绸会在特定的部位有图案。扎染绸的设计和完工是需要技巧的。

7. 按丝绸的原材料分类

真丝绸是最名贵的丝绸种类，因为原材料是纯天然的蚕丝加工；人丝绸虽然也是丝绸的一种，但是其成分却由人造的丝混合而成；合纤绸采用的是合成的纤维，具备丝绸一定的柔软性能；交织绸是用两种或两种以上的原材料混合，这样的丝绸价格相对低廉。

二、丝的组成

由两根单纤维借丝胶黏合包覆而成。缫丝时，把几个蚕茧的茧丝抽出，借丝胶黏合成丝条，统称蚕丝。除去丝胶的蚕丝，称精炼丝。

丝胶（球蛋白）与丝素（纤蛋白）均属蛋白，但两者结构与氨基酸成分存有差异。丝素蛋白是蚕丝中主要的组成部分，占质量的 70%～73%，丝胶占 23%～25%，还有 5% 左右的其他介质。

丝胶是水溶性较好的球状蛋白质，将蚕丝溶解于热水中脱胶精炼，就是利用了丝胶的这一特性。由于丝胶和丝素的氨基酸组成不同，丝素为纤蛋白，丝胶为球蛋白，所以桑蚕所吐的丝全长可达 800～1 200m。

丝素约含 97% 的纯蛋白质，由 18 种氨基酸组成，其中主要含量最高的 8 种是人体所必需的氨基酸。蚕丝整体又属于多孔纤维，微粒子在显微镜下的结构类似活性炭分子筛（NK30AP）结构，丝肽构象：反平行 - 折叠结构。

蚕丝在酸碱作用下能被水解破坏，尤其对碱的抵抗能力更差，遇碱即膨化水解。蚕丝的耐盐性也较差，中性盐一般易被蚕丝吸收，使蚕丝脆化。

蚕丝的成分较复杂，是一种蛋白质纤维，含有 18 种对人体有益的氨基酸，接触皮肤能增进细胞的活力，还有防止血管硬化、抗衰老的功能，帮助皮肤维持表面脂膜的新陈代谢，可以保持皮肤滋润、光滑。

另外，蚕丝营养素具有降低血糖的功效，在现代技术的支撑下，让蚕丝食品化变成了现实，而且将蚕丝从食品的概念直接提升到了保健品的范畴。

第二节　丝产地与分布

丝绸指用蚕丝或人造丝纯织或交织而成的织品的总称。

在古代，丝绸就是蚕丝（以桑蚕丝为主，也包括少量的柞蚕丝和木薯蚕丝）织造的纺织品。现代由于纺织品原料的扩展，凡是经线采用了人造或天然长丝纤维织造的纺织品，都可以称为丝绸。而纯桑蚕丝所织造的丝绸，又特别称为真丝。

丝绸是中国的特产。汉族劳动人民发明并大规模生产丝绸制品，更开启了世界历史上第一次东西方大规模的商贸交流，史称"丝绸之路"。从西汉起，中国的丝绸不断大批地运往国外，成为世界闻名的产品。那时从中国到西方去的大路，被欧洲人称为"丝绸之路"，中国也被称为"丝国"。

丝绸的起源可以追溯到 5 000 年前的新石器时代。商周时期，已出现罗、绮、锦、绣等品种。秦汉以后，丝绸生产形成了完备的技术体系。唐宋之际，随着中外文化的交流和经济重心的南移，丝绸工艺技术和生产区域都产生了重大变化。明清两代，丝绸生产趋于专业化，织物品种更为丰富。

春秋至中唐的 2 000 多年是我国丝绸生产古典体系的成熟时期。此时，生产重心位于黄河中下游，绢帛成为政府赋税的重要内容。斜织机和提花机被广泛应用于丝织生产，各种织物应运而生，印花技术臻于完备，图案主题神秘并富有装饰性。

唐中叶至明清近 1 000 年间，我国丝绸生产在融汇了西方纺织文化的基础上形成了新的技术体系。束综提花机被广泛应用，缎、绒织物的出现使丝织品种更为丰富，图案风格趋于写实并富有吉祥寓意。丝绸业中心逐渐移至江南地区，生产呈现专业化趋势。海上丝绸之路成为丝绸贸易主要通道。

江苏省苏州市盛泽镇是我国最大的丝绸产地之一，该镇丝绸出口量占我国丝绸出口量的四分之一，质量比较好，盛泽镇位于苏州南部的吴江市，距苏州 60 多公里。盛泽镇有许多丝绸交易市场，据当地人讲，在盛泽镇舜新中路上买真丝服装一般是比较放心的，买真丝服装，一定要问清是否是真丝的，因为有些商家会用偷换概念的方法，用丝绸代替真丝，一般消费者认为丝绸就是真丝，就会买来真丝与化纤交织的服装，这种面料做的内衣，穿在身上非常不舒服。

鉴别真丝与化纤内行人可以凭手感，外行可以用火烧的方法，抽出几根丝用火烧一下，如果灰中有硬块就证明是化纤的，如果灰是很细的，又有些动物的臭味，就是真丝。

中国蚕丝产区分布极广。目前全国除西藏、青海、天津外，其余省、自治区、直辖市均有蚕丝生产。全国 2 000 多个行政县市中，有 1 300 多个县市拥有蚕丝生产。分布于这些产区的蚕类资源，除了家蚕外，还有柞蚕、蓖麻蚕、天蚕等经济蚕类。

根据中国蚕业区域研究，全国蚕区划分为 5 个大区、17 个亚区，而主要产区集中在长江流域的浙江、江苏、四川 3 省，其次是山东、重庆、安徽、广东、陕西、广西和湖北 7 省（市）。上述 10 省区 1998 年蚕茧产量占全国总产量的 92.9%，蚕丝产量占全国蚕丝总产量的 94.3% 左右。1999 年蚕茧总产量为 484 702t，生丝总产量为 55 990t。

四川省南充市是全国四大蚕桑生产基地和丝绸生产、出口基地之一。"巴蜀人文胜地，秦汉丝锦名邦"。南充丝绸具有 3 000 多年的历史。南充是西部地区唯一被中国丝绸协会授予"中国绸都"称号的城市。该市位于四川东北部，是川东北经济、商贸、金融、科教、文化信息中心，也是四大蚕茧丝绸生产基地之一。南充目前的生产销售量、生产制成品销售量、丝绸出口创汇为西部地区第一名。全市已具有桑、蚕、茧、丝、绸、绢和印染、针织、服装、丝毯、丝绸床上用品、蜀绘丝绸工艺品、丝织机械、丝绸科研、教学以及内外销售等门类齐全的生产体系，是西南地区最具规模、最配套的茧丝绸产区。

浙江省湖州市素以"丝绸之府""鱼米之乡"闻名全国。湖州丝绸有着悠久的历史传统，自远古以来盛名不衰。湖州缦绢远销国内外，享有"衣被天下之美誉"。

　　我国丝绸产地与蚕丝产地基本一致。长江中下游太湖流域为我国最大丝绸产地，产量占全国一半，主要集中于苏州、杭州、湖州三大绸市。还有绍兴、南京、嘉兴、镇江和常州等。四川盆地是我国第二丝绸产区，生丝产量仅次于浙江。第三大丝绸产区在珠江三角，以纱绸为主。

　　我国丝绸的主要产地有：浙江、江苏、四川、山东、广西。丝绸消费遍及全球，中国和巴西是世界丝绸市场蚕茧和生丝主要出口供应国，中国、日本、韩国、印度、泰国是世界丝织物主要出口供应国，中国、日本和韩国还是世界丝绸市场丝绸服饰的主要出口供应国。法国、意大利、德国等主要通过进口生丝和绸缎等原料经深加工后供应国内外消费。中国丝绸行业发展势头迅猛，丝绸产量居全球第一位，其中茧丝和绸缎可以主导国际市场生产和价格走势。产业主要分布在江浙、两广、山东、安徽、四川，不同区域产业之间协同作用有待提升。

第三节　丝的一般特性与质量评价

　　丝的一般特性与质量评价如下：

　　（1）舒适感。真丝绸是由蛋白纤维组成的，与人体有极好的生物相容性，加之表面光滑，其对人体的摩擦刺激系数在各类纤维中是最小的，仅为7.4%。

　　（2）吸湿性、放湿性好。蚕丝蛋白纤维富集了许多胺基、氨基等亲水性基因，又由于其多孔性，易于水分子扩散，所以它能在空气中吸引水分或散发水分，并保持一定的水分。在夏季，又可将人体排出的汗水及热量迅速散发，使人感到凉爽无比。正是由于这种性能，真丝物品更适合与人体皮肤直接接触。

　　（3）保暖性。丝绸不仅具有较好的散热性能，还有很好的保暖性。因为蚕丝纤维之间有空隙，这些空隙中存在着大量的空气，这些空气阻止了热量的散发，使丝绸具有很好的保暖性。

　　（4）抗紫外线。丝蛋白中的色氨酸、酪氨酸能吸收紫外线，因此丝绸具有较好的抗紫外线功能，而紫外线对人体皮肤是十分有害的。

第四节　废丝纺织原料

一、纺织原料的种类

　　（1）化纤纤维：涤纶短纤、锦纶短纤、丙纶短纤、腈纶短纤、黏胶短纤等。

（2）纱线类：纯棉纱、人棉纱、纯涤纱、锦纶纱、腈纶纱、丙纶纱、亚麻纺织原料、纱、苎麻纱以及各种原料的混纺纱和多组分的纱线等。

（3）长丝类：涤纶 DTY、涤纶 FDY、涤纶 POY、锦纶 DTY、锦纶 FDY、锦纶 POY、丙纶长丝、黏胶长丝、氨纶丝、醋酸纤维等。

注：DTY 指低弹丝，FDY 指长丝，POY 指预取向丝。

对棉纺类企业来说，纺织原料自然是指棉型纤维，如棉花。

纺织废丝（弃边纱）是非织造纺织的原材料，通常重新开松，经无纺设备生产无纺布，90% 产品用于生产无纺布。

非织造材料的发展原因有以下几个方面：

（1）传统纺织工艺与设备复杂化，生产成本不断上升，促使人们寻找新技术。

（2）纺织工业下脚料越来越多，需要利用。

（3）化纤工业的迅速发展，为非织造技术的发展提供了丰富的原料，拓宽了产品开发的可能性。

（4）很多传统纺织品对最终应用场合针对性差。

二、人工合成纤维产品

1. 人工合成纤维布料

人工合成纤维布料以黏胶纤维及醋酯纤维为主导，也有铜氨纤维等，人工合成纤维能够生产加工延展丝和短纤维，这种纤维多用以与其他纤维混纺，织出的布料优点为绵软、舒服，具透气性，冬天暖和夏季凉爽，触感优良；缺点为易皱。

2. 有机化学纤维

（1）棉纶：断裂伸长率是纺织中最大的，有"超强力老大"之称；耐磨性能是纺织纤维中最大的；延展性修复率很高，但延展性变位系数低，因此棉纶纺织物衣着易变形；吸水性差，夏天衣着用纯棉纶纺织品透气性能差，会觉得炎热、难受；耐温性差，180℃就逐渐变软，因此整烫温度不可以超出 150℃，不适合用开水泡洗；耐光性差，经日光直射 16 周后，纤维色调变黄，超强力降低 50%，因此棉纶产品不适合太阳底下长期暴晒；久穿易起毛。耐腐蚀性优良，常温状态下较低浓度的强碱、强酸对棉纶抗压强度无甚危害；相对密度小，比其他纺织纤维都轻；染色性优良；主要用以做棉袜、运动衫裤、毛毯等。

（2）涤纶：别名为聚酯纤维，断裂伸长率较高；延展性非常好；织出的布料经高温定形后，规格平稳，保型性、抗皱紧肤性均非常好；洗后不发皱；耐磨性能仅次棉纶；一般涤纶丝吸水性较弱，但改性材料后的空心或异型涤纶布种类有非常好的物理学吸水性。

（3）锦纶：锦纶纤维的特性很像羊毛绒，因此叫"生成羊毛绒"。锦纶相对密度小，比羊毛绒还小，纺织物透气性好。

特性：耐日光性与耐气候性非常好（居第一位），吸潮差，上色难。主要用途：关键作民用，可纯纺也可混纺，做成多种多样料子、针织毛线、绒毯、运动装，也可做人造毛皮、长毛绒、膨体纱、水带、阳伞布等。

（4）丙纶布：丙纶布纤维是普通有机化学纤维中较轻的纤维。它几乎不吸潮，但具备优良的芯吸能力，抗压强度高，做成纺织物规格平稳，耐热性差，便于脆化脆损。主要用途：能够做成织袜、蚊帐布、被絮、防寒保暖填充料、尿不湿等。

（5）无机物纤维：以矿物为原料做成的有机化学纤维，种类有夹层玻璃纤维、石英玻璃管纤维、硼纤维、瓷器纤维和金属材料纤维等。

（6）氨纶丝：延展性最好时，抗压强度最差，吸潮差，有不错的耐光性、耐酸性、耐碱性、耐磨性。主要用途：氨纶丝运用它的特点被普遍地应用于内衣、女性用内衣内裤、休闲套装、运动装、短袜、连体袜、纱布等为主导的纺织行业、诊疗行业等。氨纶丝是追求完美炫酷及便捷的性能卓越面料所必不可少的高弹力纤维。氨纶丝比原貌可伸展 5～7 倍，因此衣着舒服、触感绵软，而且不发皱，可持续保持原先的轮廓。

（7）黏胶：黏胶是一般化学纤维中吸潮最强的，染色性非常好，衣着舒适度好，延展性差，湿态下的抗压强度、耐磨性能很差，因此黏胶不耐洗，规格可靠性差。比重大，纺织物重，耐碱性不耐酸性。黏胶纤维主要用途普遍，基本上全部种类的纺织品都会采用它，如涤纶丝作内衬、漂亮绸、旗子、飘带、车胎帘子线等；短纤维作仿棉、仿毛、混纺布、交错等。

3. 天丝棉纤维

天丝棉纤维是一种新式木浆素纤维，100% 天然原材料，在物理学功效下生产制造全过程无毒性、零污染，非常容易于土壤中溶解。故"天丝棉"被称作"21 世纪的翠绿色纤维"。其结合了纯天然纤维的优势与人工合成纤维的作用，集棉的舒适度、黏胶的吸潮垂悬性、涤纶布的超强力、真丝面料的触感于一身，其独特性更优，具备洒脱的炫酷、丰硕绵软的手感、纺织物表层呈素雅光泽度、纺织物纹路更为清楚等特性。天丝棉与其他纤维混合，能够提升各种各样纺织品的增加值，并达成不一样的实际效果。如与棉混合，则使纤维更柔、更具有光泽度，设计风格独具一格；与涤纶布混合，为其增加一份纯天然层次感，产生舒服的触感；与延展性纤维混合，使可塑性提升。

4. 棉仿麻

棉仿麻选用纯棉高支色丁面料纱，再经高捻，令衣服的触感有着麻质的清新，又有丝光棉高雅的光泽度。

5. 毛竹纤维

毛竹纤维是一种再生性绿色植物纤维，选用竹纤维生产制造的布料，具备清凉、丝滑、吸潮速干等特性。毛竹纤维以纯天然毛竹为原料，是继第三代再造纤维素纤维莫代尔木浆纤维后的 21 世纪低碳环保纤维。

（1）工艺性能：具备纯天然的抑菌效果，皱褶易平抚、耐磨性能好、不形变、抗压强度高、规格平稳、高精度，各类性能指标好于纯天然纤维。

（2）有机化学特性：有不错的耐碱性、防污腐、易清洗和维护保养，数次清洗仍能维持其服饰原来规格外观，使服饰更为朴素自然。

（3）吸水性能：多微孔板构造、吸潮导汗、透气性抑菌、抗静电、不黏不压身，其性能参数是大部分有机化学纤维无可比拟的。

（4）上色特性：上色特性均强于棉纤维，适合多种多样染剂，着水洗色牢度好，颜色富鲜丽。

（5）纺织特性：竹纤维是微孔板打卷纤维，适合多种多样高支多层梭纺织，织出的布料经梳理后尼龙布料光滑、颜色靓丽匀称、触感丰腴细致、轻巧、悬垂性好，最合适贴身衣着的内衣、衬衣、T恤布料的生产制造纺织。

6. 酷美丝

酷美丝属新科技多功能性有机化学纤维布料，是专为消费者的舒爽舒服所构想的商品。能将体内湿气排出肌肤，进而减少人体神经中枢的温度。酷美丝面料做成的服饰便于维护保养，能够用水清洗，可脱干风干，并且永葆绵软，不容易使皮肤不适。该类衣服裤子不容易缩水形变，不容易因残余汗水而致衣服发霉。经久耐用、透气性好、排热快。

7. 徕卡

徕卡是美国一家公司创造发明的一种人工合成弹性纤维，可随意变长 4～7 倍，回弹性不错，但不可以独立应用，能与其他一切人工合成及纯天然纤维交错应用，不更改纺织物的外形，是一种看不到的纤维，能显著改进纺织物特性，现被普遍用以制作内衣、健身运动及休闲服。

第五节　丝（原料）的用途和发展现状

一、丝（原料）的用途

近年来，以蛋白质为主要成分的绢丝，除了在衣料领域发挥其优质的纤维功能外，还通过各种化学或物理上的处理方法开发出各种新的功能性材料，拓宽了蚕丝的新用途。

（1）医疗领域。作为构成绢丝成分的丝素和丝胶，通过浓硫酸处理，能获得与肝磷脂相同的物质，具有抗凝血活性、延缓血液凝固时间的作用，可开发血液检查用器材或抗血栓性材料。用同样方法改变若干加工条件，可将富于吸水与保水性能的绢丝加工成高级水性材料或其他生理保健用品。此外，将绢丝通过高分子化学合成处理，使钙或磷与绢丝凝聚，可开发出骨科治疗上的"接骨材料"。同样通过化学处理之后，也可开发人工肌腱或人工韧带。以绢丝为原料的丝素膜，还可制成治疗烧伤或其他皮伤的创面保护膜。

（2）工业领域。加工成微粒的丝粉，除用于化妆品或保健食品的添加剂外，还可制成含丝粉的绢纸或食品保鲜用的包装材料和具有抗菌性的丝质材料。丝素膜除用于加工隐形眼镜片外，还可将细至 0.3μm 的丝粉与树脂混合，开发出被称为"丝皮革"的新产品。将丝粉调入某些涂料中制成的高级涂料，用来喷涂家具用品，能增加器物的外观高雅与触感良好的效果，被广泛用于各种室内装潢。

二、中国丝绸业的发展现状

丝绸是中国几千年文化的积淀，是华夏文明的见证和骄傲。在新世纪，丝绸又被赋予了新的理念和内涵，传统而又现代的技术演绎，使丝绸产品不断推陈出新。

丝绸素有纺织世家"皇后"之称，象征拥有者独特地位，体现穿着者典雅品位。尽管丝绸仅占纺织纤维总耗量千分之一，属纺织大家族中的小行业，但80% 用于出口的中国丝绸业被列为"2004 年度中国典型出口导向型产业"，其原料资源得天独厚的优势及产品颇强的国际性均无与伦比。

然而，中国在开发丝绸产品之多元化及其多样性方面与世界纺织先进、发达国家相比，尚存距离，在全球经济一体化的变革进程中，进一步繁荣业已辉煌了数个世纪的"丝绸之路"乃当务之急，更是必由之路。

中国丝织行业之生产设备及其技术在近几年中获得了全面升级，发展历程可概括为从喷水到喷气、从单喷到多喷、从平机到提花、从中速到高速。

无梭织机从 20 世纪 70 年代开始发展，喷水、剑杆、片梭、喷气及多梭箱等织机机型陆续面世。80 年代后，无梭织机与电脑、传感技术和变频调速等现代化尖端科技结合，进一步强化了此类织机对小批量、多品种生产的适应性，同时也全面提升了产品外观与内在质量。

近年来，随着中国丝绸行业工艺技术水平的不断进步，科技创新步伐也得以加快，尤其是电脑、电子商务平台和现代化信息处理获得全方位充分利用。最典型的实例是，电脑的普及使得缫丝工艺彻底淘汰了沿袭百年之久的立缫车，进而在很大程度上提升了丝绸行业自动缫丝的水平。

江苏盛泽是闻名遐迩的绸都，在设备更新上堪称中国之最。20 世纪 80 年代盛泽从国外进口大批先进的丝织印染装备，还同时引入了世界一流的现代高新技术，进而获得了新的发展动力。目前，盛泽已经拥有6万余台无梭织机，成为中国无梭织机密集度最高的丝织生产基地。

国外丝绸进口设备普遍采用电脑程序控制。从市场信息到产品的花样、色彩、织物结构的设计，从缫丝到织绸、印染等生产和管理领域，都能找到电脑的身影。利用电脑监测和辅助手段，可充分实现小批量、多品种的企业经营模式。机电一体化更成为国际纺机发展主要特色，几乎所有提花机和大圆机等都已安装了电子提花装置。

而今，丝绸加工设备在中国乃至世界仍面临的问题是：怎样圆满解决远古与现代的结合、传统与创新的结合、继承与开拓的结合、流程与科技的结合、电子与织造的结合、印染与环保的结合、优质与效率的结合、发展与生态的结合以及品种与实用的结合，适应配以高速引纬率、积极式送经、快捷换轴、新颖开口式、超宽织机幅、可编化程序、智能化控制、微电子技术和高自动化水平的织造机械，包括集机、电、液、气一体化的现代整经技术等前道装备以及微悬浮体染色、数码印花工艺、生物酶处理与等离子加工等后整理装置。

在原料应用领域，中国科研也取得了骄人的业绩，如破译家蚕基因组之谜，成功地培育出天然彩茧；攻克了自动缫丝真空渗透煮茧技术难关；完全掌握了蚕丝纤维之超微结构；针对强制牵引所形成的家蚕丝拉伸性能之深入研究并获取成果；制丝副产品中萃取丝胶和丝素获得推广应用；成功开发膨体弹力真丝等全真丝差别化纺织新材料；电子纺丝法制备丝素功能性纳米纤维；丝绸用环保型新染化料与助剂及配套工艺相继问世等。

织物结构方面，丝绸防皱、防缩、防褪色等相关研究已取得了阶段性成果，并应用到了重磅丝绸、真丝乔其、仿真丝化纤绸、电脑绣花丝绒等，使产品附加值倍增。

丝绸纺织技术复合化也不断取得进步，主要体现在：化学纤维的复合技术和加工技术；天然纤维相互间的混纺复合；天然纤维和化学纤维间的复合；多种功能整理的复合；多种织物的复合，如双层粘贴复合、镶拼复合、"三明治"式复合等。

中国丝绸业优势与差距并存。目前，中国丝绸出口企业主要以量的增长来争夺国际市场份额，一定程度上加剧了国内丝绸市场价格的混乱。由于出口价格连年下滑，而今丝类及其绸缎出口价格只相当于10年之前的50%～60%。实际上，中国丝与绸的出口近年来一直陷于量升价跌的怪圈。

虽然中国丝绸业拥有原料生产供应方面甚佳的有利条件，但在国际上却一直没有知名度颇高及市场占有率可观的品牌，国际上对中国丝绸的客观评价仍滞留在"中国的坯绸只有经过意大利后处理或法国精加工之后，方能荣登昂贵高雅时装服饰之列"。

为此，自 2002 年起，中国丝绸协会开始注重高档丝绸标志批准注册工作。在此基础上，2004 年国内丝绸行业将 5 种牌号的全真丝丝绸产品（茶花、万事利、富润、金富春和鑫缘）列为"中国名牌"，授予首批 17 家企业（涉及真丝围巾与领带和丝绸服装等加工企业）高档丝绸标志使用权。显而易见，中国丝绸业已走上以品牌推动产业升级之路。

高档丝绸标志的实施与推广，一方面足以显示中国政府对进一步强化国产丝绸产品在世界市场之竞争力的坚定意志和支持力度，另一方面也充分表明中国丝绸企业的产品正在进入一个从廉价低级产品向高端产业链领域升华的全新时期。

第六节 丝（原料）进出口情况分析

茧丝绸行业上游种桑养蚕，中游蚕茧收烘、缫丝加工、绢纺丝织、丝绸印染，下游进行服装制造、箱包制造、对外贸易。中国是全球茧丝绸原料的主产地，蚕茧和生丝产量占全球产量的比例均超过 70%，居世界第一位。

2018 年我国丝绸行业企业经营效益较好，全国 711 家规模以上丝绸企业实现主营业务收入 805.92 亿元，较上年同比增长 0.50%。

我国丝绸终端产品品牌化不足、附加值低，国际市场竞争能力相对较弱，丝绸产品工艺设计和生产管理与意大利、法国等存在较大差距。欧盟和印度的丝绸制成品在出口额中占比最高，而我国丝绸制成品出口额占比非常小，2019 年 1—10 月，全国 666 家规模以上丝绸企业实现主营业务收入 557.93 亿元，较上年同比下降 4.40%。

近年来，中国正逐步由生丝、坯绸原料的最大出口国，向丝绸终端商品生产和出口国转变。2019 年中国真丝绸商品出口结构中，丝绸制成品占比 54%，为出口额占比最高的丝绸商品。

根据智研咨询发布的《2020—2026 年中国丝绸行业市场全景调查及投资价值预测报告》数据显示：2019 年我国丝绸类商品实现出口额 21.69 亿美元，同比下滑 26.66%，占我国纺织品服装出口额的 0.8%；进出口总额为 24.09 亿美元，同比下降 24.33%，占我国纺织品服装进出口总额的 0.81%。

从 2016—2019 年中国丝绸商品进出口情况来看，欧盟和美国仍是我国真丝绸商品最主要出口市场，但与 2018 年相比，市场份额占比均有小幅下降，列第三、四位的印度和中国香港市场份额占比较上年均有所增长。2018 年列出口市场第三位的尼日利亚 2019 年未进入前十位。2019 年前五大出口市场中仍有一非洲国家上榜，为埃塞俄比亚。排名前五位的市场依次为：欧盟（占比 23.73%）、美国（占比 14.69%）、印度（占比 7.45%）、中国香港（占比 6.46%）、埃塞俄比亚（占比 6.32%）。

进口方面，我国虽然不是进口大国，但近年来的进口额呈现出缓慢增长的态势，从 2016 年的 1.99 亿美元增长至 2019 年的 2.39 亿美元。与 2018 年相比，2019 年丝类进口占比提升，真丝绸缎进口占比下降，丝绸制成品占比稳定。丝类进口同比增长 24.32%，占比 10.27%，进口数量同比增长 19.68%，进口单价同比增长 3.87%；真丝绸缎进口同比下降 9.17%，占比 12.82%，进口单价同比增长 10.77%；丝绸制成品进口同比增长 6.36%，占比 76.23%，进口单价同比增长 12.06%。我国丝绸主要进口来源地仍为欧盟，2019 年，欧盟仍以接近七成占比稳居首位。2018 年列第四位的韩国跌出前五，乌兹别克斯坦同比增长显著，列第五位。真丝绸商品进口前五位来源依次为：欧盟（同比增长 9.47%，占比 69.59%）、中国（同比下降 21.91%，占比 10.72%）、印度（同比增长 18.61%，占比 5.4%）、东盟（同比增长 37.08%，占比 2.63%）、乌兹别克斯坦（同比增长 119.08%，占比 2.26%）。

出口方面，中国是世界上最大的丝绸产品生产国和出口国，丝绸产品在国际市场上保持着明显的数量优势及质量优势，在国际市场上具有较强竞争优势。从 2005 年开始，随着世界纺织品服装贸易配额的取消，丝绸贸易进入"后配额时代"，我国丝绸出口所面临的国际环境也发生了巨大的变化。2017—2019 年，全球经济环境下降，对作为零售商品的丝绸类商品也产生了较大的影响。我国外贸环境错综复杂，以欧美国家为主要市场的丝绸类商品出口额出现连续下降趋势。2019 年，我国丝绸类商品实现出口额 21.69 亿美元，同比下滑 26.66%，占我国纺织品服装出口额的 0.8%；进出口总额为 24.09 亿美元，同比下降 24.33%，占我纺织品服装进出口总额的 0.81%。从出口结构看，与 2018 年相比，2019 年三大类出口降幅均明显扩大。2019 年 1～12 月，丝类出口同比下降 19.74%，占比 18.46%，出口数量同比下降 5.46%，出口单价同比下降 15.11%；真丝绸缎出口同比下降 7.7%，占比 27.54%，出口单价同比下降 2%；丝绸制成品出口额下降 35.35%，占比 53.99%，出口单价同比下降 7.82%。

据海关统计，2020 年 1～9 月丝绸商品出口 31.1 亿美元，与 2019 年同期比对有所增加，增幅为 6.8%。前 9 个月丝绸商品进口为 16.7 亿美元，对比 2019 年同期减少了 10.7%。具体情况分析如下：

（1）从出口商品结构看，原料性商品与去年同期相比呈量增价跌的走势仍然持续，而制成品出口有升有降，总体变化不大。原料性商品中，厂丝代替蚕茧成为下降幅度最大的商品。厂丝前 9 个月出口数量 1 170.4t，下降 48.1%，金额 2 097.9 万美元，降幅 60.2%；而蚕茧以出口 132.7t，下降 46.3%，金额 86.4 万美元，降幅 56.8% 居第二位。几种主要丝类商品中，降幅较大的还有废丝出口 1 764.1t（下降 17.2%），金额 1 750.1 万美元（下降 42.3%）；绢纺纱线出口 3 392.5t（下降 10.8%），金额 5 165.3 万美元（下降 31.9%）；丝纱线出口 2 745.8t（下降 10%），金额 5 909.8 万美元（下降 27.3%）。土丝出口 969.6t（下降 1.5%），金额 1 674.2 万美元（下降 23.2%）。前 9 个月保持出口增长的商品有其他生丝、双宫丝和其他桑蚕丝。其中其他生丝增幅最大，出口数量 1 204.5t（增幅 511.7%），金额 1 951.5 万美元（增幅 355.1%）；其次为其他桑蚕丝，出口数量 1 955.6t（增幅 63.6%），金额 3 358.6 万美元（增幅 22.6%）；双宫丝出口数量 4 582.5t（增幅 38.7%）；金额 7 691.2 万美元（增幅 10.6%）。绸类商品前 9 个月出口 16.4 亿美元，继续保持高增长，增幅为 28.5%。但是真丝绸出口 2.4 亿美元，降幅达 7.6%。出口增长的主要来源仍然是人丝绸和合纤绸。其中人丝绸出口 3 706.9 万美元，增长达 46.4%；合纤绸出口 13.6 亿美元，增幅为 37.8%。可见现阶段，国际市场上人丝绸和合纤绸相比真丝绸来说仍然具有更广阔的市场。同时，无论是合纤绸，真丝绸，还是人丝绸，其价格相对 2019 年同期来说都是呈下降趋势的，这个现象也表现在原料性商品中。这一特点和 8 月份我国丝绸出口情况是相似的。由此可见，国际经济增长放缓对出口，特别是原料性商品出口的负面影响仍然存在着。丝绸制成品中，丝绸服装仍然是出口创汇的主要产品。出口额达 9.6 亿美元，降幅相比 8 月略有下降，为 14.2%。其中针织服装出口 4.1 亿美元，同比下降了 9.2%；梭织服装出口 5.4 亿美元，降幅为 17.7%。服装的价格相对去年同期仍然略有上升，增幅为 2.4%。从真丝绸商品出口构成上来看，茧丝原料占 10%、绸缎占 53%、制成品占 37%。

（2）从出口市场看，几个主要市场仍然占据着主要份额。分析前 9 个月我国丝绸商品出口主要市场，美国仍然居于第一位，出口金额 6.9 亿美元，同比下降了 1.54%。其次为中国香港 2.98 亿美元，增长 4.01%；日本 2.56 亿美元，增长 10.52%；阿联酋 1.9 亿美元，增长 101.42%；而印度则以 1.73 亿美元，增长 45.07% 居于第五位。美国：前 9 个月美国从我国进口丝绸商品累计 6.9 亿美元，保持了第一大市场的地位。由于美国对我国原料性商品需求不大，因此其增长主要来自服装的拉动。前 9 个月丝绸服装对美国出口为 6.1 亿美元，增长 54%。可见，美国作为我国服装等制成品出口主要市场的地位是非常稳固的。印度：前 9 个月蚕丝类商品对印度出口数量 7 595t（增长 50%），金额 1.22 亿美元（增长 13.89%），仍然是我国蚕丝类出口第一大市场。但是商品价格仍然没有走出低迷的阴影，平均单价 16.06 美元 /kg，同比下降 23.96%。双宫丝对印度出口 3 903t（增长 96.16%），金额 6 485 万美元（增长 55.09%），然而单价仍然走低，比 2019 年同期下降了 20.94%。欧洲：欧洲市场主要是意大利和德国，但是在前 9 个月的丝绸商品出口排名中，意大利和德国分别排在第六位和第八位。其中对意大利出口 1.64 亿美元，降幅为 0.4%；对德国出口 1.3 亿美元，比 2019 年同期增长了 18.51%。两个国家的同比都比前 8 个月的统计有大幅增长，这是否能够作为市场复苏的信号还有待进一步观察。日本：日本是我国蚕丝类商品出口第三大市场，前 9 个月对日出口蚕丝类商品

2 672t（增长 25.37%），金额 4 759 万美元（增长 2.19%）。坯绸对日本出口 1 126 万 m，金额 2 008 万美元，出口数量和金额分别比 2019 年同期增长 50% 和 25%，单价下跌了 16.82%，高于对全球坯绸出口单价降幅 4 个百分点。

（3）从出口省（市、区）来看，情况与 8 月大体相同，大多数省（市、区）出口下降，部分省（市、区）下降较大。全国有 20 个省（市、区）出口呈现不同程度的下降，有 11 个省（市、区）出口增长。出口增长的 11 个主要省（市、区）中，处于增长前三位的是黑龙江、青海和河南，分别为 399.45%、276.71% 和 184.24%。虽然出口增长最大的三个省和 8 月份的统计相同，但是增长比例却大幅下降。可见由于出口基数的不断加大，出口增长越来越困难。综合上述分析可见，现阶段我国丝绸商品出口情况仍不容乐观，国际市场对丝绸需求仍显疲软，造成目前国内丝价持续下滑，创多年来的新低。

第四章　毛

第一节　毛的种类和组成

毛在这里指的是毛发纤维，是动物毛囊生长的具有多细胞结构、由角蛋白组成的纤维，包括真毛、粗毛和死毛 3 种。根据有无髓层又可分为无髓毛纤维和有髓毛纤维，可用于纺织的称其为毛纤维，有发毛和绒毛两种。

一、毛的种类

毛纤维是纺织工业的重要原料。一般来说，针对毛纤维主要有以下几种分类方式：

1. 按动物品种来源分类

GB/T 11951《天然纤维　术语》中对毛纤维的分类是按照动物品种、来源进行分类的，这一分类方式也是目前消费者接受度比较高的一种分类方式。服装纤维含量标签上常见的羊毛、兔毛、貉子毛等标注，也是来源于这一分类方式。具体分类情况如表 4-1 所示。

表 4-1　毛按照动物品种分类明细表（参照 GB/T 11951）

品种	来源
绵羊毛	从绵羊身上取得的纤维
羊驼毛	从羊驼身上取得的纤维
安哥拉兔毛	从安哥拉兔身上取得纤维
山羊绒	从山羊身上取得的绒纤维
骆驼毛、骆驼绒	从骆驼身上取得的纤维
原驼毛	从原驼身上取得的纤维
美洲驼毛	从美洲驼身上取得的纤维
马海毛	从安哥拉山羊身上取得的纤维
骆马毛	从骆马身上取得的纤维
牦牛毛、牦牛绒	从牦牛身上取得的纤维
牛毛	从牛身上取得的纤维

品种	来源
河狸毛	从河狸身上取得的纤维
鹿毛	从鹿身上取得的纤维
山羊毛	从山羊身上取得的纤维
马毛	从马身上取得的纤维
兔毛	从家兔身上取得的纤维
野兔毛	从野兔身上取得的纤维
水獭毛	从水獭身上取得的纤维
河狸鼠毛	从河狸鼠身上取得的纤维
海豹毛	从鳍足科海豹身上取得的纤维
麝鼠毛	从麝鼠身上取得的纤维
驯鹿毛	从驯鹿身上取得的纤维
水貂毛	从水貂身上取得的纤维
貂毛	从貂身上取得的纤维
黑貂毛	从黑貂身上取得的纤维
鼬鼠毛	从鼬鼠身上取得的纤维
熊毛	从熊身上取得的纤维
银鼠毛	从银鼠身上取得的纤维
北极狐毛	从北极狐身上取得的纤维

按照这种分类方式，基本上从哪种动物身上取得的毛，就会直接以这种动物的名称命名毛纤维的名称，比较特殊的是马海毛，这种毛是特指从安哥拉山羊身上获得的毛纤维。

2. 按纤维粗细和组织结构分类

按照这种分类方式，可分为细绒毛、粗绒毛、刚毛、发毛、两型毛、死毛和干毛，具体情况如下：

（1）细绒毛：直径为 8～30μm（上限随不同品种有差异，如骆驼细绒毛上限为 40μm），无髓质层，鳞片多呈环状，油汗多，卷曲多，光泽柔和。异质毛中的底部绒毛，也为细绒毛。

（2）粗绒毛：直径为 30～52.5μm，无髓质层。

（3）刚毛：直径为 52.5～75μm，有髓质层，卷曲少，纤维粗直，抗弯刚度大，光泽强，亦可称为粗毛。

（4）发毛：直径大于 75μm，纤维粗长，无卷曲，在一个毛丛中经常突出于毛丛顶端，形成毛辫。

（5）两型毛：一根纤维上同时兼有绒毛与刚毛的特征，有断断续续的髓质层，纤维粗细差异较大，我国没有完全改良好的羊毛多含这种类型的纤维。

（6）死毛：除鳞片层外，整根羊毛充满髓质层，纤维脆弱易断，枯白色，没有光泽，不易染色，无纺纱价值。

（7）干毛：接近于死毛，略细，稍有强力。绵羊毛纤维有髓腔。当在 500 倍显微镜投影仪下观察，髓腔长 25mm 以上、宽为纤维直径的 1/3 以上的为腔毛。粗毛和腔毛统称为粗腔毛。

3. 按取毛后的原毛的形态分类

（1）被毛：剪下的毛粘连在一起形成毛被（封闭式毛被，根、梢都连开放式毛被，根连梢不连）。

（2）散毛：剪下的毛是散乱的。

（3）抓毛：在脱毛季节用铁梳抓下的毛。

4. 按纤维类型分类

（1）同质毛：毛被中只含有一种粗细类型的毛。

（2）异质毛：毛被中含有不同粗细类型的毛（死毛、粗毛、绒毛）。

5. 按剪毛季节分类

（1）春毛：春天剪的毛，这类毛的毛长、底绒多、毛质细，品质最好。

（2）秋毛：秋天剪的毛，这类毛的毛短、绒少，品质较差。

（3）伏毛：夏天剪的毛，一般伏毛的品质是排名最差的。

6. 按加工程度分类

（1）污毛：原毛或原绒。

（2）洗净毛：洗净后的毛。

（3）无毛绒：仅有绒的毛纤维。

7. 其他分类方式

毛还有其他的一些分类方式，如按照使用价值分类，按照粗腔毛含量分类等，大家在使用过程中可以根据实际情况进行分类。

二、毛的组成

毛纤维均是由角蛋白组成的，不同动物来源的毛纤维其组织可能稍有差异，这里针对常见的几种毛纤维分析其具体组成情况。

1. 羊毛的组成

羊毛纤维的结构是由鳞片层、皮质层和髓质层组成，可分为 3 种不同的类型。一种是由鳞片层、皮质层和髓质层 3 个部分构成的，叫有髓毛，又称死毛或粗毛；

一种是由鳞片层、皮质层 2 个部分构成的，没有髓质层，这种毛叫无髓毛，又称为真毛、绒毛或细毛；还有一种则是由鳞片层、皮质层和髓质层 3 个部分组成的，但髓质层呈断续状态，而不是通根纤维都有髓质层，这种毛叫两型毛，又称半细毛。

鳞片层是羊毛纤维的最外一层，由薄而透明的角蛋质鳞片所组成，形状如鱼鳞片覆盖在纤维外面，基本有 3 种覆盖方式：环状覆盖、瓦状覆盖和龟裂状覆，使纤维呈现出明显的锯齿形。鳞片层的主要作用是保护羊毛不受外界条件影响（如化学药剂、日光等的腐蚀）而引起性质变化，还可降低机械性的磨损，也是产生缩绒性的主要原因之一。另外，鳞片排列的疏密和附着程度，对羊毛的光泽和表面性质有很大的影响。

皮质层在鳞片层的里面，是羊毛纤维的主要组成部分，和鳞片层之间以细胞间质紧密联结在一起，它直接影响纤维的化学、物理和机械性能，皮质层越厚的纤维，其强度、弹性、韧性和伸长度愈高，反之愈差。

髓质层是纤维的内层，在显微镜下观察，髓质层呈暗黑色。髓质层是由结构松散和充满空气的角蛋白细胞组成，细胞间相互联结较差。这对纤维的强度、着色性能都有很大的影响，所以，有髓毛在纺织上的使用价值比较低。

羊毛纤维的化学成分是角质蛋白，平均含量为 97%，还有极少量的色素和矿物质。角质蛋白是由 20 多种不同的氨基酸组成的一种高分子化合物，含有碱性的氨基（—NH_2）和酸性的羧基（—$COOH$），毛纤维大分子间依靠分子引力、盐式键、二硫键和氢键等相结合。

2. 羊绒的组成

山羊绒的生态结构与羊毛相似，其外形接近于椭圆形的柱状体膜表面的鳞片没有羊毛的清晰，鳞片边缘呈钝齿型，类似于环状包覆于纤维的柱体，覆盖间距比羊毛大，鳞片较羊毛薄且张口角度小。

3. 兔毛的组成

兔毛包含绒毛和粗毛，由鳞片层、皮质层、髓质层组成，绒毛和粗毛均有髓质层，无毛髓的绒毛很少。鳞片层在纤维的外层，且毛髓较宽，呈多列块状，含有空气。

鳞片是兔毛纤维的表面结构。兔毛的鳞片数量少，翘角小，表面光滑，摩擦系数小，光泽好，易于毡缩。鳞片在毛干表面的覆盖形式多呈长斜条状，也有冠状、水纹状。同一根兔毛，从手根到手尖，鳞片的形态不断变化。两型毛的某一二个部位，鳞片结构与粗细会突变。鳞片表面凹凸不平，折射出别致的色感。鳞片呈对接状，对接点少，鳞片之间黏合也较紧，故兔毛纤维表面光滑，抱合力小。鳞片表面有少量的油脂和尘埃，还有部分黏着物。

兔毛的皮质层是构成纤维强力、弹性等物理性能的主体部分，由正、偏皮质细胞组成，多呈不规则地混杂分布，其卷曲性、强力、弹性较差。

绝大多数兔毛都有髓腔，故密度小，在纺纱中易飞毛；吸湿、保暖性优于其他动物纤维。

不同类型兔毛纤维的鳞片层、皮质层和髓质层比例不同。绒毛的根部和末端无毛髓，随着纤维直径的增加，出现点状髓，然后呈单列管状的髓腔。细毛的髓腔列数增多，比例增加。横断面的形状，绒毛呈不规则的多边形，细毛呈椭圆形或腰形，粗毛呈哑铃状。

4. 牦牛毛的组成

牦牛毛同样包含绒毛和粗毛，牦牛毛有髓毛少，且毛髓小。绒毛有不规则弯曲，鳞片呈环状紧密抱合，粗毛卷曲比羊毛少，接近平直，部分有连续毛髓，毛皮层表面没有鳞片。

5. 骆驼毛的组成

骆驼毛主要是指取自双峰驼身上的毛纤维。骆驼毛同样包含细毛和粗毛，细毛称为骆驼绒，粗毛称为骆驼毛，两者常以混合毛形式存在。细绒毛的表皮鳞片虽可见但不清晰，粗驼毛属于有髓纤维，表皮鳞片极少。

6. 羊驼毛的组成

羊驼亦称驼羊，原产于南美洲的安第斯山脉，共同祖先为原柔蹄类动物。羊驼毛的毛干呈圆柱状，毛干表面被覆以一层鳞片状毛小皮细胞，呈环形盘绕并紧贴毛干。毛小皮细胞间的界限清楚，排列走行有序，有的呈横向走向，有的呈斜向走向，彼此扣合紧密。

第二节　毛的产地与分布

纺织工业中最常用的毛纤维来源于绵羊，统称为羊毛。近几年，随着消费者对服装品质的需求不断提高，毛作为原材料的纺织产品越来越多样化。本章主要将羊毛、羊绒、兔毛、驼毛等常见毛纤维作为主要分析对象。

一、羊毛的产地与分布

羊毛指的是覆盖在绵羊身上的毛。人类利用羊毛可追溯到新石器时代，由中亚向地中海和世界其他地区传播，遂成为亚欧的主要纺织原料。早期，羊毛纤维的应用与书写的发展息息相关。为制作羊皮纸，要先从生皮上去除羊毛（或茸毛），然后才可以进行抻拉和干燥。约公元前 1800 年，巴比伦王国的羊毛业举世闻名，且已经开始把食用羊和毛用羊分开培育。最古老的羊毛面料可追溯到公元前 1500 年，是在丹麦的一个沼泽地区发现的。

中世纪，羊毛是英格兰最主要的出口贸易商品，钟爱"纺织得如蜘蛛网一般细腻"的英国羊毛服装。1331年，爱德华三世鼓励编织巧匠迁移至英国，他们同后代成为英国服装业占支配地位的角色。爱德华对编织巧匠的态度，使得英国服装的国际声誉迅速上升。在14世纪和15世纪，英国由羊毛原料出口商变成了优质羊毛服装的制造商和出口商。

8世纪，第一批美利奴羊从摩洛哥被带到西班牙。西班牙畜羊业者为获得更细的羊毛纤维开始对羊群进行挑选培育，结果大获成功。西班牙因此颁布法令禁止美利奴羊的出口，违者以死论处。只在1765年西班牙将几头美利奴羊作为恩赐之礼，赠与荷兰萨克森选侯，但六头原本应送给荷兰国王的美利奴羊却被送抵南非开普敦。不到两年的时间，荷兰国王写信要求将羊寄送给他，对于非洲的羊毛贸易来说幸运的是，卫成部队遵照信中旨意，留下了大批羊羔后代。英国占领开普敦后，英国兵霸占了美利奴羊群。1805年，乔治国王命John McCarthur将美利奴羊群卖到澳大利亚。1807年，第一捆澳大利亚羊毛以商业营利目的出售到英国，不久之后，大规模澳大利亚羊毛贸易开始兴起。

1850年，牧羊业被引入新西兰，推动了新西兰的经济发展。约克郡纺织厂对澳大利亚和新西兰羊毛的需求量也随之逐渐增多。1951年，新西兰经历了历史上最大的经济繁荣时代之一，直接影响了美国对朝鲜战争的政策。美国为完善其战略储备，大量买进羊毛，一夜之间使得新西兰的羊毛价格涨了3倍。

20世纪20年代，英国依然是全球最大的羊毛进口国，进口量占全球羊毛产量的一半。此时杰尼亚开始从澳大利亚收购超细羊毛。意大利也一直都是澳大利亚19μm以下超细羊毛的主要购买国。

如今，各主要羊毛生产国绵羊数量都在下降，包括澳大利亚、英国、新西兰、南非以及阿根廷。目前世界羊毛生产的优势在南半球。大洋洲原毛产量占世界原毛总量的40%左右。澳大利亚主要生产细毛，新西兰主要生产半细毛，个体产毛量年平均达5.0kg。南美洲的产毛水平也较高。我国绵羊个体毛量只有2.2kg，远低于澳大利亚、新西兰绵羊个体产量，与世界平均水平相比仍有较大差距。

二、羊绒的产地与分布

羊绒是从山羊身上梳取下来的绒毛，其中以绒山羊所产的绒毛质量为最好。世界山羊绒生产国主要有中国、蒙古国、伊朗、印度、阿富汗和土耳其，其中，中国产量占世界总产量的50%～60%，而且质量也最好，主要产地为内蒙古、新疆、辽宁、陕西、甘肃、山西、宁夏、西藏、青海等省（区）。

内蒙古自治区年产羊绒4 200t，主产于鄂尔多斯市、巴彦淖尔盟、阿拉善盟、锡林郭勒盟和赤峰市，全区羊绒产量和质量均居我国首位。

西藏自治区年产羊绒592t，主产于阿里、那曲、日喀则地区，集中分布在日土、改则、革吉、尼玛、文部、班戈等县，其中日土、改则品质较优。

新疆维吾尔自治区年产羊绒810t，主产于北疆的阿勒泰、塔城和青河地区，南疆的阿克苏、喀什、和田地区以及东疆的哈密、巴里坤等地，其中北疆各地产量大且品质较好，南疆、东疆次之。

青海省年产羊绒420t，主产于海西州的都兰、乌兰及德令哈等地，海北州产量大且品质较好。

甘肃省年产羊绒410t，主要集中在肃北、肃南以及庆阳市的环县、华池、合水等地。

河北省年产羊绒400t，主产于太行山区及北部的张家口地区和承德地区，较多集中在定县、唐县、易县等地。

辽宁省年产羊绒310t，以盖州为中心，辐射辽东半岛，主产于盖州、庄河、岫岩、本溪、辽阳、凤城、宽甸、瓦房店等地。

山东省年产羊绒280t，主产于泰山和沂蒙山周围地区，集中产于泰安地区和淄博地区。

陕西省年产羊绒780t，主产于陕西北部的延安地区和榆林地区，其中榆林地区羊绒品质较好。

宁夏回族自治区年产羊绒390t，主要集中在贺兰山东麓的银北地区和六盘山附近地区，惠农、平罗、银川市郊、中卫、海原、西吉、固原等地产量较大。

山西省年产羊绒710t，主要分布在吕梁、忻州、临汾三个地区，主产于五寨、岢岚、离石、兴县、隰县、石楼、永和等地。

三、兔毛的产地与分布

兔毛是指从家兔身上剪下来的毛。兔毛在纺织业中占有重要地位。从20世纪70年代开始至今兔毛一直是我国重要农产品出口的拳头产品，中国兔毛原料和兔毛制品的生产供应为世界第一，在世界的供应和国际贸易中占90%以上。

中国长毛兔的养殖历史已有半个多世纪，20世纪70～90年代是发展高峰时期，曾被称为"全民养兔"阶段，兔毛的生产量为15 000t左右，最高年份为20 000多t，每年出口量保持在6 000～8 000t，最高的1994年出口量为12 000t。21世纪以来，随着市场的变化和纺织工业的不断发展，畜牧业生产区域也发生了变化，长毛兔的养殖开始相对集中，兔毛生产量年保持在8 000～12 000t，同时出口不断减少，每年在4 000～6 000t，最少年份出口在2 000t左右，而国内使用兔毛不断增加，2012—2014年国内用量为5 000～7 000t，20世纪90%的兔毛都用于原料出口为主，而目前国内使用量占 60% 以上。

长毛兔养殖长期以来分散零星，规模较小。而近几年来，长毛兔养殖向规模化、专业化方向发展，浙江、山东、安徽等地已有不少养殖户饲养量为 3 000～5 000 只，这些大户年产兔毛均超过 10t。近几年，南方随着工业化、城市化的推进，长毛兔养殖已受到挤压，而中西部地区饲料资源丰富，劳动力成本相对较低，而长毛兔饲养又是短、平、快的项目，不少中西部地区作为精准扶贫的项目来推广，山东、四川、安徽、河南已成为兔毛的重要产区，贵州省普安地区在近几年引进发展长毛兔产业，通过政府的有关政策支持，引导农户养殖长毛兔，实行精准扶贫，发展趋势很快。

四、羊驼毛的产地与分布

羊驼原产于亚马孙河上游海拔 3 000～6 500m 的安第斯山脉的秘鲁中部，栖息于海拔 4 000m 的高原，以高山棘刺植物为食。对于 -18～22℃ 的高海拔环境和干旱沙漠环境有很好的适应能力，羊驼毛以其独一无二的质量与色泽特点而闻名于世，深受欧美、日本消费者的青睐。

第三节　毛的一般特性与质量评价

一、羊毛的一般特性

羊毛的主要成分为角蛋白，它由多种氨基酸残基构成，后者可联结成呈螺旋形的长链分子，其上含有羧基、胺基和羟基等，在分子间形成盐式键和氢键等。长链之间由胱氨酸的二硫键形成的交键相联结。羊毛的化学结构决定羊毛的特性。如毛纤维大分子长链受外力拉伸时由 α 型螺旋形过渡到 β 型伸展型，外力解除后又恢复到 α 型，其外观表现为羊毛的伸长变形和回弹性优良。

羊毛纤维的直径，不用说羊毛的种类，还有年龄，甚至同一头羊，也因体表的部位或饲料的不同而有差异。美利奴羊毛纤维的直径通常在 20～50μm，表皮层的厚度是其 1/50。皮质层具有对盐基性染料亲和率高的正皮质层，和对酸性染料亲和率高的偏皮质层，它们沿着纤维轴向并列地组合在一起，这就是双层结构。这两种皮质层因化学组分稍有差异，造成微细结构的不同，使羊毛纤维卷曲。正皮质层位于卷曲的外侧，偏皮质层位于内侧。两种皮质层由各自的锭锤形细胞集积组成，这些细胞由巨原纤的集合体所构成，而巨原纤由许多结晶性的微原纤以一定的规律存在于无定形的基质中而成（但是，在偏皮质层中，巨原纤之间的界限并不明显）。各部分的直径大致为：皮质细胞 2μm，在正皮质层一侧的巨原纤 0.2μm，微原纤 75Å。

羊毛具有较强的吸湿能力，这与其分子长链上的一些基团有关。羊毛较耐酸而不耐碱，是由于碱容易分解羊毛胱氨酸中的二硫基，使毛质受损。氧化剂也可破坏二硫基而损害羊毛。

洗净羊毛在热水、缩剂和机械力的作用下，会产生缩绒现象，使羊毛紧密地结合成毡状体，这种现象称为羊毛的缩绒性。

一般情况下，弱酸或低浓度的强酸对羊毛纤维无显著的破坏作用，而高浓度的强酸在高温下，就有显著的破坏作用，其破坏程度与溶液的 pH 有关。当 pH<4 时，就开始有较明显的破坏；当 pH<3 时，破坏作用更明显。经酸处理后的羊毛纤维的化学性质，最显著的变化是增加了吸酸吸碱的能力。碱对羊毛纤维的作用剧烈而又复杂。可破坏角朊主键和支键的某些氨基酸，尤其是使胱氨酸破坏而分裂形成新键，在 pH>10 时，羊毛受损伤较重。羊毛受到碱的损伤后，纤维颜色发黄，强度下降，手感粗糙。

二、羊绒的一般特性

羊绒具有不规则的稀而深的卷曲现象，由鳞片层和皮质层组成，没有髓质层，鳞片密度为 60～70 个/mm，纤维横截面近似圆形，直径比细羊毛还要细，平均细度多在 4～16μm，细度不匀率小，约为 20%，长度一般为 35～45mm，强伸长度、吸湿性优于绵羊毛，集纤细、轻薄、柔软、滑糯、保暖于一身。纤维强力适中，富有弹性，并具有一种天然柔和的色泽。山羊绒对酸、碱、热的反应比细羊毛敏感，即使在较低的温度和较低浓度酸、碱液的条件下，纤维损伤也很显著，对含氯的氧化剂尤为敏感。

羊绒纤细、柔软保暖，属于动物纤维中最细的一种，阿尔巴斯羊绒细度一般在 13～15.5μm 之间，自然卷曲度高，在纺纱织造中排列紧密，抱合力好，所以保暖性好，是羊毛的 1.5～2 倍。羊绒纤维外表鳞片小而光滑，纤维中间有一空气层，因而其质量轻，手感滑糯。羊绒纤维细度均匀、密度小，横截面多为规则的圆形，吸湿性强，可充分地吸收染料，不易褪色。与其他纤维相比，羊绒具有光泽自然、柔和、纯正、艳丽等优点。羊绒纤维由于其卷曲数、卷曲率、卷曲恢复率均较大，宜于加工为手感丰满、柔软、弹性好的针织品，穿着起来舒适自然，而且有良好的还原特性，尤其表现在洗涤后不缩水，保型性好。

三、兔毛的一般特性

兔毛是纺织工业所使用的特种动物纤维，具有独特的理化、纺织性能。兔毛纤维属于异质纤维，习惯上粗细混用，随着兔的品种、饲养地、饲养条件不同，兔毛的绒毛、细毛、粗毛、两型毛的比例差异很大。

市场上的兔毛随等级不同，平均细度及离散程度不同。有人认为高等级的兔毛长度大，粗毛较多，直径偏粗，细度离散较小。

兔毛纤维比较细，长度对纺纱和产品品质有较大的影响。长度愈长，可纺支数愈高，成纱强度愈好，纺纱时断头率愈低。因此，长度是兔毛分级很重要的指标。兔毛的长度取决于品种、饲养方法、营养水平、取毛方法以及两次取毛的间隔时间等。近年来，随着纺织工艺的改进，对兔毛长度的要求也降低，甚至出现将肉兔的毛混入纺织的现象。

兔毛纤维的比电阻值略高于羊毛，静电现象同羊毛纤维比较，并不太严重。兔毛纤维由于鳞片张角小，顺逆摩擦系数无论是静摩擦还是动摩擦皆小于羊毛。

兔毛为多孔性结构，髓腔中充满空气，粗细不一，中空结构差异大，比重有较大的变化，范围为 $1.16 \sim 1.22 \mathrm{g/cm^2}$；绒毛为 $1.31 \mathrm{g/cm^2}$，绝大部分为粗毛时比重可降至 $1.084 \mathrm{g/cm^2}$。因比重较小，呈蓬松状，纤维间形成微空气层，因此兔毛具有良好的保暖性。

四、羊驼毛的一般特性

羊驼毛的细度由于品种的不同，在细度上也存在差异，即使同一品种的羊驼毛粗细也有差异，主要原因是羊驼毛一般每年剪 1 次，受夏季干旱气候条件影响，造成了细度上的差异。2 年剪毛的毛丛长度为 $20 \sim 30 \mathrm{cm}$，少数毛丛长度范围为 $10 \sim 40 \mathrm{cm}$。其整齐度优于羊毛，即离散系数比羊毛低，短毛率也比羊毛低。羊驼毛的卷曲数少于羊毛，特别是苏利羊驼毛更少，卷曲率也很小。羊驼毛强力随品种不同差异很大。一般来说，羊驼毛的强力较高。羊驼毛的表面比较光滑，其摩擦系数、摩擦效应都比羊毛小。纤维的缩绒性能与纤维的摩擦性、细度、卷曲度及热收缩性有关。羊驼毛的顺逆摩擦系数差异较小，卷曲少，所以羊驼毛的缩绒性比羊毛差。羊驼绒毛韧性为绵羊毛的 2 倍，长毛型的单根纤维可延伸 40cm，其弹性为所有天然纤维之最。羊驼毛无毛脂，杂质极少，毛被中粗毛较少，净绒率达 90%。绒毛部分是空心的，直径 30μm 左右，既有很高的绝缘性，又非常轻盈柔软，绒毛细长，毛层浓密，保暖性特佳。羊驼毛色泽鲜艳柔和，不会褪色，有棕、灰、白、黑等 6 种基本色调，22 种不同的天然颜色从纯白、极浅的黄色到巧克力褐色，灰色基调从银色到暖玫瑰灰色及黑色，可制成各种色彩的毛织品。羊驼绒毛容易染色，可与丝绸、细羊毛混纺做各种衣料。

五、马海毛的一般特性

马海毛的细度随着羊龄的增长而变粗，纯种马海毛直径大多在 20μm 以上，马海羔毛及幼年马海毛质量最优，其直径在 10～40μm，平均直径为 28.2μm。成年马海毛的直径稍粗，为 25～90μm，平均细度为 35μm。

美国规定马海毛纤维平均直径小于 23μm 的为优级细毛，大于 43μm 的为低级粗毛，其品质随山羊年龄的增长而下降。马海毛纤维的长度也与羊龄有关，最长纤维可达 235mm，最短的只有 40mm，一般为 120～150mm。纤维卷曲的形态与组成毛纤维的正、偏皮质细胞的分布情况有关，由于马海毛呈皮芯结构，少量偏皮质细胞为芯，因此纤维卷曲数一般为 2～7 个 /10mm，卷曲形态呈螺旋形或波浪形。

马海毛的吸湿性与羊毛接近，马海毛在水中吸收的水分可达其干燥质量的35%，在一般高温下，马海毛也含 10%～20% 水分（我国马海毛洗净毛的公定回潮率定为 14%）。由于马海毛纤维能吸收汗液和空气中的水分，因此穿着其制成的服装感到特别舒适，又由于鳞片表层的拒水性，液态水不易沾染，因而衣料不会变湿。同时，连接纤维与水的弱化学键可以释放出热量，产生吸湿放热反应，当空气温湿度发生变化时，服装可起到储热库的作用，提高了服装的保暖性和舒适性。

马海毛单纤维的强伸度在特种动物毛中是最高的，细度为 24.6μm 的马海羔毛的平均断裂强度为 15.41cN，均方差为 9.96，不匀率为 65%，相对断裂强度为24.46cN/tex；平均断裂伸长率为 39.20%，均方差为 1.80，变异系数为 22.90%。对35.2μm 的成年马海毛而言，纤维平均断裂强力为 30.65cN，均方差为 17.30，变异系数为 56.02%，相对断裂强度为 23.95cN/tex；平均断裂伸长率为 39.54%，均方差为 1.62，变异系数为 20.52%。马海毛的光泽与白度是一项重要的品质指标，均好于羊毛。马海毛的电阻为 $1.83 \times 10^{8} \Omega$，为羊毛的 1.54 倍，产生静电现象较严重。根据测定，马海羔毛的平均电阻为 $1.43 \times 10^{11} \Omega$，比电阻为 $4.16 \times 10^{11} \Omega \cdot cm$，是羊毛的 4.12 倍。马海毛的密度为 1.32g/cm³，与牦牛绒和 70 支羊毛相同。

马海毛的耐弯曲疲劳性和耐磨损性均比羊毛差，马海毛对酸碱的反应稍比羊毛敏感，对氧化剂和还原剂的敏感程度与羊毛差不多，马海毛与染料的亲和力很好，使染色更加鲜艳。马海毛的白度较好，在大气中不易受腐蚀而发黄。

六、牦牛毛（绒）的一般特性

牦牛毛纤维形态差别较大，品质优劣相差悬殊，其理化性能也不一致，一般牦牛毛（绒）吸湿率比羊毛略低，比电阻比山羊绒小。其粗毛的平均直径达到 52.5μm，长度为 113mm；两型毛平均直径范围为 25.0～52.5μm，长度为 60～70mm，绒毛平均直径为 25.0μm，长度为 35～45mm。牦牛毛（绒）的长度、强度、弹性、光泽、吸湿性、保暖性比羊毛好，化学性能与羊毛相似。

牦牛绒是特种纤维，平均长度为 26～30mm，平均细度为 18～22μm。牦牛绒手感柔软滑润，吸湿透气，更重要的是耐磨性和抗起球效果要优于羊绒。牦牛绒和羊绒一样，也有白绒、青绒和紫绒之分，不过颜色有区别，白牦牛绒呈灰白色，青牦牛绒呈紫色或褐色，而紫牦牛绒呈深褐或黑色。白牦牛绒原材料非常少，近年来仅作为观赏物种。

七、毛类纤维的质量评价

由于毛类纤维均由角蛋白组成，根据最终用途（如服装、面料、毛毯、装饰用纺织品等）的不同，所涉及的质量评价会有所不同，但整体而言基本评价指标如下：

1.物理性质指标

毛类纤维的物理性质指标主要有细度、长度、弯曲、强伸度、弹性、毡合性、吸湿性、颜色和光泽等。

2.化学性质指标

毛类纤维的化学性质指标主要为 pH、含碱量、含酸性、可萃取物质、化学残余物等。

3.国内外针对毛类纤维常用标准

目前，对羊毛的检测与评价方法主要来自国际毛纺织组织（IWTO）、国际标准化组织（ISO）、国际羊毛局（IWS）、美国、澳大利亚、新西兰、法国、德国、英国、俄罗斯、日本和中国。

（1）我国常用标准

我国目前针对毛纤维的标准主要有国家标准（GB）、出入境检验检疫行业标准（SN）、纺织行业标准（FZ）以及我国与部分国家和地区签署的购买协议条款，详情如下：

GB 1523　绵羊毛

GB/T 6500　毛绒纤维回潮率试验方法　烘箱法

GB/T 6977　洗净羊毛乙醇萃取物、灰分、植物性杂质、总碱不溶物含量试验方法

GB/T 6978　含脂毛洗净率试验方法　烘箱法

GB/T 7569　羊毛　含碱量的测定

GB/T 7570　羊毛　含酸量的测定

GB/T 7571　羊毛　在碱中溶解度的测定

GB/T 10685　羊毛纤维直径试验方法　投影显微镜法

GB/T 11603　羊毛纤维平均直径测定法　气流法

GB/T 13832　安哥拉兔（长毛兔）兔毛

GB/T 13835.1 兔毛纤维试验方法 第 1 部分：取样

GB/T 13835.2 兔毛纤维试验方法 第 2 部分：平均长度和短毛率 手排法

GB/T 13835.3 兔毛纤维试验方法 第 3 部分：含杂率、粗毛率和松毛率

GB/T 13835.4 兔毛纤维试验方法 第 4 部分：回潮率 烘箱法

GB/T 13835.5 兔毛纤维试验方法 第 5 部分：单纤维断裂强度和断裂伸长率

GB/T 13835.6 兔毛纤维试验方法 第 6 部分：直径 投影显微镜法

GB/T 13835.7 兔毛纤维试验方法 第 7 部分：白度

GB/T 13835.8 兔毛纤维试验方法 第 8 部分：乙醚萃取物含量

GB/T 13835.9 兔毛纤维试验方法 第 9 部分：卷曲性能

GB/T 14269 羊毛试验取样方法

GB/T 14270 毛绒纤维类型含量试验方法

GB/T 16254 马海毛

GB/T 16255.1 洗净马海毛

GB/T 16255.2 洗净马海毛含草、杂率试验方法

GB/T 19722 洗净绵羊毛

GB/T 21030 羊毛及其他动物纤维平均直径与分布试验方法 纤维直径光学分析仪法

GB/T 21293 纤维长度及其分布参数的测定方法 阿尔米特法

GB/T 22282 纺织纤维中有毒有害物质的限量

GB/T 24317 拉伸羊毛毛条

GB/T 24443 毛条、洗净毛疵点及重量试验方法

GB/T 25885 羊毛纤维平均直径及其分布试验方法 激光扫描仪法

GB/T 35025 羊驼毛

GB/T 35935 动物毛纤维平均直径与分布试验方法 激光扫描纤维直径分析法

GB/T 35936 牦牛毛

FZ/T 21001 自梳外毛毛条

FZ/T 21009 短毛条

FZ/T 21013 马海毛毛条

FZ/T 21014 兔毛毛条

SN/T 0188（所有部分） 进出口商品衡器鉴重规程

SN/T 0473 进出口含脂毛检验规程

SN/T 0478 进出口洗净毛、碳化毛检验规程

SN/T 0479 进出口羊毛条检验规程

SN/T 1304 进出口含脂毛毛丛长度和强度检验方法

SN/T 2140.1　纺织原料净毛量试验方法　第 1 部分：洗净毛

SN/T 2141.1　纺织原料细度试验方法　第 1 部分：气流仪法

SN/T 2159　羊毛条疵点检测方法　疵点仪法

SN/T 2629　进出口纺织原料公量检验方法

SN/T 3702.2　进出口纺织品质量符合性评价　抽样方法　第 2 部分：纺织原料

SN/T 3981.8　进出口纺织品质量符合性评价方法　纺织原料　第 8 部分：羊毛

中国纺织品进出口总公司　购买羊毛和毛条一般交易条款

中国—澳大利亚—新西兰　羊毛交易标准合同

中国—澳大利亚羊毛联合工作小组　购买羊毛、洗净毛、碳化毛、毛条等一般交易条款

（2）国际毛纺织组织标准

国际毛纺织组织（IWTO）是代表世界毛纺织贸易和行业利益的团体，于 1929 年在巴黎成立，现总部设在比利时的布鲁塞尔，目前有 20 多个成员国作为 IWTO 的正式成员，中国毛纺织行业协会于 1998 年代表中国加入 IWTO，以中国国家委员会的身份参加 IWTO 的活动。IWTO 中的标准与技术委员会负责毛纺织业的标准化活动，该委员会又分为原毛组、制条组、纱线和织物组、特别议题组 4 个专业小组，分别负责制定相关的 IWTO 标准。

IWTO 标准即《毛纺织测试方法标准及测试方法草案》（红皮书），IWTO 制定的标准绝大多数为试验方法标准，涉及羊毛原料各项规格参数指标的试验方法、毛纱线和毛织物的部分理化性能及服用性能试验方法。其中针对原毛部分的标准主要有：

IWTO　钻芯取样检验规则

IWTO　洗净毛与碳化毛公量检验规则

IWTO-7　从抓毛样品中分取毛丛样

IWTO-12　Sirolan- 激光扫描纤维直径

IWTO-19　原毛钻芯样品的毛基和植物性杂质基的测定

IWTO-20　散毛与毛条毡缩性能的测定方法

IWTO-28　气流仪测定原毛钻芯样的平均纤维直径的方法

IWTO-30　毛丛长度和强度的测定方法

IWTO-31　原毛交货批并批证书的计算

IWTO-33　洗净毛或炭化毛的绝干重量与计算发票重量的确定

IWTO-38　从毛包中抓取含脂毛样品的方法

Draft TM-45　用钻芯样品测定羊绒净绒率

IWTO-47　光学纤维直径分析仪（OFDA）测定羊毛纤维平均直径及其分布的方法

IWTO-56　原毛颜色测定方法

IWTO-57　用光学纤维直径分析仪（OFDA）测定羊毛和马海毛中的有髓毛含量的方法

IWTO-58　扫描电子显微镜对特种动物纤维、羊毛及其混合物的分析方法

DRAFT TM-16　用维拉（WIRA）单纤维长度仪测定羊毛纤维长度的方法

针对毛条部分的标准主要有：

IWTO　羊毛条公量检验规则

IWTO-6　气流仪测定精梳毛条平均直径的方法

IWTO-8　显微投影仪测定羊毛纤维直径分布及羊毛和其他动物纤维髓化百分比的方法

IWTO-10　二氯甲烷萃取精梳毛条、商业洗净毛或碳化毛可溶物的方法

IWTO-17　纤维长度及其分布参数的测定方法

IWTO-18　使用电容式测试仪测定纺织纱条均匀度的方法

IWTO-32　毛纤维束强力测试方法

IWTO-34　羊毛条烘箱绝干重量、计算发票重量和销售重量的测定

IWTO-35　毛条颜色的测定方法

IWTO-41　电容法测定洗净毛、炭化毛、毛条或精梳短毛的发票重量

IWTO-55　用光学疵点仪（Optalyser）对毛条疵点自动计数分类的方法

Draft TM-1　梳片式纤维长度仪测量羊毛纤维巴布长度和豪特长度的方法

Draft TM-13　对比照明法计数毛条中的有色纤维的方法

Draft TM-16　维拉纤维长度仪测试羊毛纤维长度的方法

Draft TM-24　精梳毛条疵点测试的通用和方法

Draft TM-60　羊毛条中纤维端特征作为纺织品皮肤舒适度指南的测试方法

化学性质的检测方法主要有：

IWTO-2　羊毛水萃取液的 pH 值的测定方法

IWTO-3　羊毛含酸量测试方法

IWTO-10　二氯甲烷萃取精梳羊毛、商业洗净毛或炭化毛可溶物质的方法

DraftTM-4　羊毛在碱中溶解度的测试方法

Draft TM-11　羊毛在尿素 - 亚硫酸盐溶液中的溶解度的测试方法

Draft TM-15　羊毛水解产物中胱氨酸的比色测定方法

Draft TM-21　测定羊毛中碱含量的方法

Draft TM-43　使用近红外线分析法对洗净毛或毛条进行溶剂萃取测试

Draft TM-49　含脂毛化学残留物测试方法

Draft TM-61　羊毛纱及羊毛混纺纱中石油醚可萃取物的测试方法

（3）国际标准化组织

国际标准化组织（ISO）于1947年2月23日成立。ISO负责除电工、电子领域和军工、石油、船舶制造之外的很多重要领域的标准化活动。ISO的最高权力机构是每年一次的"全体大会"，其日常办事机构是中央秘书处，设在瑞士日内瓦。中央秘书处现有170名职员，由秘书长领导。ISO的宗旨是在世界上促进标准化及其相关活动的发展，以便商品和服务的国际交换，在智力、科学、技术和经济领域开展合作。ISO通过其2 856个技术结构开展技术活动，其中技术委员会（简称TC）共255个、分技术委员会（简称SC）共611个、工作组（WG）2 022个、特别工作组38个。针对羊毛等产品也有专门的技术委员会，其制定的标准主要如下：

ISO 137　羊毛纤维直径的测定　投影显微镜法

ISO 1136　羊毛纤维平均直径的测定　透气性法

ISO 920　羊毛纤维长度的测定　梳片式长度仪法

ISO 2648　羊毛纤维长度的测定　电容式长度仪法

ISO 2646　羊毛纤维长度的测定　投影仪法

ISO 2647　羊毛有髓纤维含量：投影显微镜法

ISO 2649　用电子均匀度仪测定毛条粗纱和细纱线密度短片段不匀率的方法

ISO 2916　羊毛含碱量

ISO 3073　羊毛含酸量

ISO 3072　羊毛在碱中溶解度

ISO 2913　用比色法测定羊毛水解物的胱氨酸加半胱氨酸的含量

ISO 2915　用纸电泳法和比色法测定羊毛水解物中磺基丙氨酸的含量

ISO 3074　精梳毛条中二氯甲烷可溶性物质的测定

（4）美国关于毛类纤维相关标准

美国早在1926年就通过农业部发布了绵羊毛分级标准，目前其发布的关于毛类纤维的标准有8项，分别为：

①美国法定标准绵羊毛的分级

②绵羊毛定级的测定方法

③绵羊毛毛条的分等

④绵羊毛毛条定等的测定方法

⑤含脂马海毛的分级

⑥含脂马海毛定级的测定方法

⑦马海毛毛条的分等

⑧马海毛毛条定等的测定方法

美国的材料与试验协会也陆续发布了关于羊毛和毛条的标准，包括物理性能试验方法、化学性能试验方法以及规格标准，详情如下：

ASTM D4845　有关羊毛的术语

ASTM D1234　含脂羊毛毛丛长度取样和试验方法

ASTM D2525　测定羊毛水分的取样方法

ASTM D1060　测定成包羊毛净毛率的钻孔取样方法

ASTM D584　原毛中羊毛含量试验方法　实验室规模

ASTM D1334　原毛中羊毛含量试验方法　商业规模

ASTM D2720　各种商业批洗净毛毛条和落毛的商业重量和净毛率计算的推荐方法

ASTM D2130　纤维直径：投影显微镜法

ASTM D1282　纤维直径：气流仪法

ASTM D6466　纤维直径：激光扫描仪（Sirolan-Laserscan）法

ASTM D6500　纤维直径：光学纤维直径分析仪（OFDA）法

ASTM D1234　纤维长度：毛丛长度尺量法

ASTM D519　毛条中纤维长度试验方法：梳片式长度仪法

ASTM D1575　洗净毛和粗梳毛条中纤维长度试验方法：梳片式长度仪法

ASTM D1294　1英寸（25.4mm）隔距长度羊毛束纤维拉伸强力和断裂强度试验方法

ASTM D2524　平束法铭英寸（3.2mm）隔距长度羊毛纤维断裂强度试验方法

ASTM D1576　羊毛水分的试验方法　烘箱法

ASTM D2462　羊毛水分测定方法　甲苯蒸馏法

ASTM D2118　确定羊毛和毛制品标准商业含水量的方法

ASTM D2968　用投影显微镜法测定羊毛和其他动物纤维中有髓纤维和死毛的方法

ASTM D1770　检验羊毛条中毛粒、植物质和有色纤维的方法

ASTM D4510　计数羊毛和其他动物纤维内部的部分裂缝的测试方法

ASTM D2816　山羊绒中粗毛含量的测试方法

ASTM D4120　粗纱、粗梳条子和精梳毛条中纤维抱合力的测试方法（动态试验）

ASTM D2612　粗梳条子和精梳毛条中纤维抱合力的测试方法（静态试验）

ASTM D1113　测定洗净毛内植物质和其他碱性不溶物杂质的方法

ASTM D1283　羊毛碱溶解度试验方法

ASTM D1574　羊毛和其他动物纤维内可萃取物的试验方法

ASTM D2165　羊毛和其他动物纤维水萃取物 pH 值试验方法

ASTM D2252　羊驼毛型号细度的规格

ASTM D2817　山羊绒中粗毛的最高含量的规定

ASTM D3991　羊毛或马海毛的细度分级规定

ASTM D3992　羊毛或马海毛条的细度分级规定

4. 羊毛产品的质量评价

按照我国国家标准，对羊毛产品的评价主要依据 GB 1523《绵羊毛》。该标准规定了绵羊毛的型号、规格（等级）、技术要求、检验方法、检验规则以及包装、标志、贮存和运输，适用于绵羊毛（包括超细绵羊毛、细绵羊毛、半细绵羊毛、改良绵羊毛、土种绵羊毛）的生产、交易、加工、质量监督和进出口检验中的质量鉴定。

这一标准在制定过程中引用了国标及 IWTO 标准中对羊毛的检测方法，包括直径、强度等。

参照这一标准对羊毛品质样品取样方法为：采用开包方式扦取，在毛包两端和中间部位分别随机扦取足能代表本批羊毛品质的样品。品质样品的取样数量为每 20 包取 1 包，从中取出不少于 1kg 样品，不足 20 包按 20 包计。100 包以上每增加 30 包增取 1 包，不足 30 包按 30 包计。每批样品总质量不少于 15kg。取样后针对同质羊毛的型号、规格分类如表 4-2 所示。改良羊毛技术要求见表 4-3。

表 4-2　同质羊毛按型号、规格分类及考核指标

型号	规格	考核指标						
		平均直径范围 /mm	长度			粗腔毛或干死毛根数百分数 /% ≤	疵点毛质量分数 /% ≤	植物性杂质含量 /% ≤
			毛丛平均长度 /mm ≥	最短毛丛长度 /mm ≥	最短毛丛个数百分数 /% ≤			
YM/14.5	A	<15.0	70					1.0
	B		65					
	C		50					
YM/15.5	A	15.1～16.0	70					1.0
	B		65					1.5
	C		50					
YM/16.5	A	16.1～17.0	72	40	2.5	粗腔毛 0.0	0.5	1.0
	B		65					1.5
	C		50					
YM/17.5	A	17.1～18.0	74					1.0
	B		63					1.5
	C		50					

续表

| 型号 | 规格 | 平均直径范围 /mm | 长度 | | | 粗腔毛或干死毛根数百分数 /% ≤ | 疵点毛质量分数 /% ≤ | 植物性杂质含量 /% ≤ |
			毛丛平均长度 /mm ≥	最短毛丛长度 /mm ≥	最短毛丛个数百分数 /% ≤			
YM/18.5	A	18.1～19.0	76					1.0
	B		63					1.5
	C		50					
YM/19.5	A	19.1～20.0	78	40	2.5		0.5	1.0
	B		70					1.5
	C		50					
YM/20.5	A	20.1～21.0	80					1.0
	B		7.2					1.5
	C		55					
YM/21.5	A	21.1～22.0	82			粗腔毛 0.0		1.0
	B		74					1.3
	C		55					
YM/22.5	A	22.1～23.0	84	50	3.0			1.0
	B		76					1.5
	C		55					
YM/23.5	A	23.1～24.0	85				2.0	1.0
	B		73					1.5
	C		60					
YM/24.5	A	24.1～25.0	88					1.0
	B		80					1.5
	C		60					
YM/26.0	A	25.1～27.0	90	60	4.5	干死毛 0.3		1.0
	B		82					1.3
	C		70					
YM/28.0	A	27.1～29.0	92					1.0
	B		84					1.5
	C		70					

续表

型号	规格	考核指标						
		平均直径范围 /mm	长度			粗腔毛或干死毛根数百分数 /% ≤	疵点毛质量分数 /% ≤	植物性杂质含量 /% ≤
			毛丛平均长度 /mm ≥	最短毛丛长度 /mm ≥	最短毛丛个数百分数 /% ≤			
YM/31.0	A	29.1～33.0	110					1.0
	B		90					1.5
YM/35.0	A	33.1～37.0	110					
	B		90					1.0
YM/41.5	A	37.1～46.0	110	70	4.5	干死毛 0.3	2.0	1.3
	B		90					
YM/50.5	A	46.1～55.0	110					1.0
	B		90					1.5
YM/55.1	A	55.1	60	—	—	干死毛 1.3		—
	B		40	—	—	干死毛 5.0		—

表 4-3　改良羊毛技术要求

等别	毛丛平均长度 /mm	粗直毛或干死毛根数百分数 /%
改良一等	≥60	≤1.5
改良二等	≥40	≤5.0

按照该标准，检验项目包括洗净率、净毛率、洗净毛量、净毛公量、平均直径、毛丛平均长度、最短毛丛长度、最短毛丛个数百分数、粗腔毛、干死毛根数百分数、疵点毛质量分数、植物性杂质含量。检验以批为基础进行，收购环节的检验可采用主观检验方法进行，如有争议则以客观检验结果为准。

组批规则为：成包组批应由同产地、同型号、同规格及相邻型号、相邻规格的羊毛组成，成批打包。同一批中相邻规格羊毛的比例不得超过 30%，否则应拆包整理，若交易一方另有要求的，也可协商解决。

如出现不合格情况，以下情况接受申请复检：

（1）交易双方的一方对检验结果有异议需要复验时，应在收到质量凭证和货物后的 15 个工作日内，向交易双方协商同意的检验机构或交易双方行政区划的共同上级专业检验机构提出申请。

（2）复验应在接到复验申请后的 15 日内进行。复验用备样进行。

（3）复验样品的扦取应在交易双方及检验机构三方认可后进行。

复检规则如下：

公量：复验结果与原验结果允许有 3% 的误差。误差未超过 3%，以原验结果作为质量凭证；超过 3%，以复验结果作为质量凭证。

平均直径：复验结果与原验结果允许有 3% 的误差。误差未超过 3%，以复验结果作为质量凭证；超过 3%，以复验结果作为质量凭证。

平均长度：复验结果与原验结果允许有 5mm 的误差。误差未超过 5mm，以原验结果作为质量凭证；超过 5mm，以复验结果作为质量凭证。

粗腔毛、干死毛：复验结果与原验结果允许有 0.1% 的误差。误差未超过 0.1%，以原验结果作为质量凭证；超过 0.1%，以复验结果作为质量凭证。

出现下列情况之一者不予复验：①申请复验羊毛的检验证书与其名称、批号、包数、质量、产地、牧场（或牧户）、检验项目、检验结果之一项不相符者；②超过规定的复验有效期者；③无法提供原质量凭证者；④申请复验的货包质量达不到原货未开包批质量的 50% 者。

5. 马海毛产品的质量评价

GB/T 16254《马海毛》规定了马海羔毛、成年马海毛的术语和定义、分类、要求、仪器和用具、检验方法、检验规则、包装、标志、贮存和运输要求，适用于马海羔毛、成年马海毛的生产、交易、加工、使用和质量鉴定。

检验以批为单位进行分等，马海羔毛、成年马海毛的要求见表4-4。

表4-4 马海羔毛及马海毛的质量评价指标

类别	等级	平均直径 / μm	死毛含量 /%	毛丛自然长度 / mm	含草率 / %	毛丛卷曲数 / （个 / 100mm）	外观特征
马海羔毛	特等	≤25.0	≤3	≥75	≤1	>2	自然白色，光泽明亮而柔和，手感光滑细爽，毛质均匀，毛丛呈螺旋形或波浪形卷曲
	一等	25.1～30.0					
	二等	>30.0			≤2		
成年马海毛	特等	≤35.0	≤3	≥85	≤1	>2	自然白色，光泽明亮，手感滑爽，毛质均匀，毛丛呈螺旋形或波浪形卷曲
	一等	35.1～40.0					
	二等	40.1～45.0					自然白色，有光泽，手感尚好，大波浪形
	三等	45.1～52.0					自然白色，有光泽，手感尚好，有小撮姜黄色毛尖，纤维趋于平直
	四等	>52.0		≥65			光泽暗，手感硬而粗糙，毛丛散乱

马海毛以平均直径、毛丛自然长度、含草率、死毛含量为考核指标，以其最低一项等级作为该批马海毛的等级；以毛丛卷曲数和外观特征为参考指标。

GB/T 16255.1《洗净马海毛》规定了洗净马海羔毛与洗净成年马海毛的要求、仪器和用具、检验方法、检验规则、包装、标志、贮存和运输要求等，适用于洗净马海羔毛和洗净成年马海毛的生产、交易、加工、使用和质量鉴定。

该标准以平均直径、手排长度、含杂率、含草率为考核指标，以其最低一项等级作为该批马海毛的等级，以其外观特征、回潮率、含油脂率为参考指标，具体要求如表4-5所示。

表4-5　洗净马海羔毛及马海毛的质量评价指标

类别	等级	平均直径 /μm	手排长度 /mm	含杂率 /%	含草率 /%	回潮率 /%	含油脂率 /%	外观特征
马海羔毛	特等	≤25.0	≥70	≤1.5				自然白色，光泽明亮而柔和，蓬松
	一等	25.1~30.0						
	二等	>30.0						
成年马海毛	特等	≤35.0	≥75		≤0.8	≤17.0	0.3~1.0	自然白色，光泽明亮，蓬松
	一等	35.1~40.0						
	二等	40.1~45.0						自然白色，有光泽，蓬松
	三等	45.1~52.0		≤2.0				自然白色，有光泽，蓬松
	四等	>52.0	≥50					自然白色，光泽暗，蓬松

洗净马海毛中不得混入非动物纤维和其他动物纤维。以产品的外观特征、回潮率、含油脂率为参考指标。草刺毛、黄残毛、印记毛、杂色毛、毡并毛和边肷毛不得混入洗净马海毛内。检测中依据的公定回潮率为15%、公定含油脂率为1%。

6. 兔毛产品的质量评价

GB/T 13832《安哥拉兔（长毛兔）兔毛》规定了安哥拉兔（长毛兔）兔毛的分类、技术要求、检验方法、检验规则及检验证书、包装、标志、贮存、运输的要求，适用于安哥拉兔兔毛的质量评定。

安哥拉兔兔毛按粗毛率分为Ⅰ类和Ⅱ类。Ⅰ类安哥拉兔兔毛的粗毛率≤10%，Ⅱ类安哥拉兔兔毛的粗毛率>10%。

Ⅰ类安哥拉兔技术指标包括平均长度、平均直径、粗毛率、松毛率、短毛率和外观特征6项，如表4-6所示。

表4-6 Ⅰ类安哥拉兔的质量评价指标

级别	平均长度 / mm ≥	平均直径 / μm ≤	粗毛率 /% ≤	松毛率 /% ≥	短毛率 /% ≤	外观特征
优级	55.0	14.0	8.0	100.0	5.0	颜色自然洁白，有光泽，毛形清晰、蓬松
一级	45.0	15.0	10.0	100.0	10.0	颜色自然洁白，有光泽，毛形清晰、较蓬松
二级	35.0	16.0	10.0	99.0	15.0	颜色自然洁白，光泽稍暗，毛形较清晰
三级	25.5	17.0	10.0	98.0	20.0	自然白色，光泽稍暗，毛形较乱

Ⅱ类安哥拉兔兔毛的技术指标包括平均长度、粗毛率、松毛率、短毛率和外观特征5项，如表4-7所示。

表4-7 Ⅱ类安哥拉兔的质量评价指标

级别	平均长度 / mm ≥	粗毛率 /% ≤	松毛率 /% ≥	短毛率 /% ≤	外观特征
优级	60.0	15.0	100.0	5.0	颜色自然洁白，有光泽，毛形清晰、蓬松
一级	50.0	12.0	100.0	10.0	颜色自然洁白，有光泽，毛形清晰、较蓬松
二级	40.0	10.1	99.5	15.0	颜色自然洁白，光泽稍暗，毛形较清晰
三级	30.0	10.1	99.0	20.0	自然白色，光泽稍暗，毛形较乱

Ⅰ类兔毛以平均长度、平均直径和外观特征作为主要考核指标，Ⅱ类兔毛以平均长度和外观特征作为主要考核指标，两类均以主要考核指标中低的一项定级，其余指标有两项及以上不符合的则降一级。如产品不符合表4-6和表4-7规定的最低分级技术要求，但有使用价值的安哥拉兔兔毛为级外毛。产品中不能混有肉兔毛、獭兔毛等其他动物毛。笼黄毛、虫蛀毛、重剪毛、草杂毛、癣毛和结块毛应分拣且单独包装。

7. 牦牛毛的质量评价

本书对牦牛毛的质量评价依据为GB/T 35936《牦牛毛》。牦牛毛按其天然颜色分为3类：白牦牛毛、黑牦牛毛和紫牦牛毛，不同颜色的牦牛毛混合时，以深色定类，针对其颜色的分类规定见表4-8。

表 4-8   牦牛毛颜色分类规定

颜色类别	外观特征
白牦牛毛	毛纤维呈白色或灰白色
紫牦牛毛	毛纤维呈紫色或浅褐色
黑牦牛毛	毛纤维呈黑色或深褐色

牦牛毛按颜色分类，每类分别按毛丛自然长度、绒毛含量、草杂含量、死毛含量及外观特征分为特等、一等、二等、三等，低于三等的为等外。分等规定见表4-9。

表 4-9   牦牛毛等级质量评价指标

等级	毛丛自然长度 /mm	绒含量 %	草杂含量 %	死毛含量 %	外观特征
特等	≥25	≤1	≤0.5	≤1	纤维长而顺直，颜色纯正，光泽柔和，手感滑爽有弹性，有微量杂质，净毛率高
一等	≥20	≤3	≤1.0	≤1	纤维较长且顺直，颜色纯正，光泽柔和，手感滑爽有弹性，有较少的杂质，净毛率较高
二等	≥15	≤3	≤1.0	≤3	
三等	≥10	≤3	≤3.0	≤3	纤维较短，手感粗糙，光泽较暗，含较多的杂质和混色毛，净毛率较低

牦牛毛以毛丛自然长度、绒毛含量、草杂含量及死毛含量为考核指标，以各项目的最低值定等。外观特征为参考指标。牦牛毛中不应混入非动物纤维。草刺毛、黄残毛、印记毛、杂色毛、毡并毛应拣出单独包装。牦牛毛质量计算以净毛公量为依据。

8. 羊毛毛条的质量评价

一般羊毛毛条的质量评价依据为 FZ/T 21001《自梳外毛毛条》。该标准规定了自梳外毛毛条的术语和定义、技术要求、试验方法、检验规则、包装和标志等，适用于鉴定自梳外毛毛条的品质。

自梳外毛毛条的品等，按其物理指标和外观疵点的检验结果综合评定，并以其中最低项评定等级，分为一、二两个品等，低于二等品为等外品。定等指标包括毛条的细度变异系数、加权平均长度、长度变异系数、30mm 及以下短毛率、质量不匀率以及外观疵点（毛粒、毛片、草屑、异色毛），以其中最低品等作为该批自梳外毛毛条的品等。毛条的单位质量、单位质量允差是生产厂的保证条件，不符合规定者，应做等外品处理。供需双方可按合同约定，未规定的按表4-10执行。

表 4-10 自梳外毛毛条物理质量评价指标

细度分档规格 μm	等级	物理指标							
		平均细度范围 /μm	细度变异系数 /% ≤	豪特长度 /mm ≥	豪特长度变异系数 /% ≤	30mm 及以下短毛率 /% ≤	单位质量 g/m	单位质量允差 /（g/m） ±	质量不匀率 /% ≤
13.5	1	13.1～14.0	20.0	63.0	50.0	15.0	20.0	±1.0	2.0
	2		21.0	60.0	50.0	20.0	20.0	±1.0	3.0
14.5	1	14.1～15.0	20.0	63.0	50.0	15.0	20.0	±1.0	2.0
	2		21.0	60.0	50.0	20.0	20.0	±1.0	3.0
15.5	1	15.1～16.0	21.0	63.0	50.0	15.0	20.0	±1.0	2.0
	2		22.0	60.0	50.0	20.0	20.0	±1.0	3.0
16.5	1	16.1～17.0	21.0	63.0	50.0	14.0	20.0	±1.0	2.0
	2		22.0	60.0	50.0	19.0	20.0	±1.0	3.0
17.5	1	17.1～18.0	21.0	65.0	50.0	14.0	20.0	±1.0	2.5
	2		22.0	62.0	50.0	19.0	20.0	±1.0	3.0
18.5	1	18.1～19.0	21.0	65.0	50.0	14.0	20.0	±1.0	2.5
	2		22.0	62.0	50.0	18.0	20.0	±1.0	3.0
19.5	1	19.1～20.0	22.0	68.0	50.0	13.0	20.0	±1.0	2.5
	2		23.0	65.0	50.0	16.0	20.0	±1.0	3.0
20.5	1	20.1～21.0	22.0	68.0	48.0	12.0	20.0	±1.0	2.5
	2		23.0	65.0	50.0	15.0	20.0	±1.0	3.0
21.5	1	21.1～22.0	23.0	70.0	48.0	12.0	20.0	±1.0	2.5
	2		24.0	65.0	50.0	15.0	20.0	±1.0	3.0
22.5	1	22.1～23.0	23.0	70.0	48.0	12.0	20.0	±1.0	2.5
	2		24.0	65.0	50.0	14.0	20.0	±1.0	3.0
23.5	1	23.1～24.0	24.0	70.0	48.0	10.0	20.0	±1.0	2.5
	2		25.0	65.0	50.0	12.0	20.0	±1.0	3.0
24.5	1	24.1～25.0	24.0	72.0	48.0	10.0	20.0	±1.0	2.5
	2		26.0	67.0	50.0	12.0	20.0	±1.0	3.0
25.5	1	25.1～26.0	24.0	72.0	48.0	10.0	20.0	±1.0	2.5
	2		26.0	67.0	50.0	12.0	20.0	±1.0	3.0
26.5～27.5	1	26.1～28.0	25.0	75.0	48.0	8.0	20.0	±1.5	3.0
	2		27.0	70.0	50.0	10.0	20.0	±1.5	4.0
28.5～29.5	1	28.1～30.0	25.0	78.0	48.0	7.0	20.0	±1.5	3.0
	2		27.0	72.0	50.0	10.0	20.0	±1.5	4.0

细度分档规格 μm	等级	物理指标							
		平均细度范围 /μm	细度变异系数 /% ≤	豪特长度 /mm ≥	豪特长度变异系数 /% ≤	30mm 及以下短毛率 /% ≤	单位质量 g/m	单位质量允差 / (g/m) ±	质量不匀率 /% ≤
30.5～31.5	1	30.1～32.0	26.0	78.0	48.0	7.0	20.0	±1.5	3.0
	2		28.0	72.0	50.0	10.0	20.0	±1.5	4.0
32.5～33.5	1	32.1～34.0	26.0	78.0	48.0	5.0	20.0	±1.5	3.0
	2		28.0	72.0	50.0	8.0	20.0	±1.5	4.0
34.5～35.5	1	34.1～36.0	26.0	80.0	48.0	5.0	20.0	±1.5	3.0
	2		28.0	72.0	50.0	8.0	20.0	±1.5	4.0
36.5～37.5	1	36.1～38.0	26.0	80.0	48.0	5.0	20.0	±1.5	3.0
	2		28.0	72.0	50.0	8.0	20.0	±1.5	4.0
38.5～40.5	1	38.1～41.0	26.0	85.0	48.0	5.0	20.0	±1.5	3.0
	2		28.0	75.0	50.0	8.0	20.0	±1.5	4.0

自梳外毛毛条除了物理指标要求外，还有外观疵点要求，详情见表 4-11。

表 4-11　自梳外毛毛条外观疵点要求

细度规格 μm	等级	外观疵点				
		平均细度范围 μm	毛粒 只 /g ≤	毛片 只 /m ≤	草屑 只 /g ≤	异色毛根 /g ≤
13.5	1	13.1～14.0	5.0	0.4	0.3	0.01
	2		7.0	0.6	0.5	0.02
14.5	1	14.1～15.0	5.0	0.4	0.3	0.01
	2		7.0	0.6	0.5	0.02
15.5	1	15.1～16.0	5.0	0.4	0.3	0.01
	2		7.0	0.6	0.5	0.02
16.5	1	16.1～17.0	4.0	0.4	0.35	0.02
	2		6.0	0.6	0.55	0.02
17.5	1	17.1～18.0	3.0	0.4	0.35	0.02
	2		5.0	0.6	0.55	0.02
18.5	1	18.1～19.0	3.0	0.4	0.35	0.02
	2		5.0	0.6	0.55	0.02

续表

细度规格 μm	等级	平均细度范围 μm	外观疵点			
			毛粒 只/g ≤	毛片 只/m ≤	草屑 只/g ≤	异色毛 根/g ≤
19.5	1	19.1～20.0	2.5	0.3	0.4	0.02
	2		4.5	0.5	0.6	0.02
20.5	1	20.1～1.0	2.5	0.3	0.4	0.02
	2		4.5	0.5	0.6	0.02
21.5	1	21.1～22.0	2.5	0.3	0.4	0.02
	2		4.5	0.5	0.6	0.02
22.5	1	22.1～23.0	2.2	0.3	0.4	0.02
	2		4.0	0.5	0.6	0.02
23.5	1	23.1～24.0	2.2	0.3	0.4	0.02
	2		4.0	0.5	0.6	0.02
24.5	1	24.1～25.0	2.2	0.3	0.4	0.02
	2		4.0	0.5	0.6	0.02
25.5	1	25.1～26.0	2.2	0.3	0.4	0.02
	2		4.0	0.5	0.6	0.02
26.5～27.5	1	26.1～28.0	2.0	0.4	0.4	0.02
	2		3.0	0.6	0.6	0.02
28.5～29.5	1	28.1～30.0	2.0	0.4	0.4	0.02
	2		3.0	0.6	0.6	0.02
30.5～31.5	1	30.1～32.0	2.0	0.4	0.4	0.02
	2		3.0	0.6	0.6	0.02
32.5～33.5	1	32.1～34.0	2.0	0.4	0.4	0.02
	2		3.0	0.6	0.6	0.02
34.5～35.5	1	34.1～36.0	1.5	0.4	0.4	0.02
	2		2.5	0.6	0.6	0.02
36.5～37.5	1	36.1～38.0	1.5	0.4	0.4	0.02
	2		2.5	0.6	0.6	0.02
38.5～40.5	1	38.1～41.0	1.5	0.4	0.4	0.02
	2		2.5	0.6	0.6	0.02

除以上要求外，毛条各规格的一等品中辛基酚聚氧乙烯醚与壬基酚聚氧乙烯醚的含量总和应＜100mg/kg；毛条中不允许存在异性纤维；自梳外毛毛条的公定回潮率为18.25%，公定含油脂率为0.634%；成包时回潮率不大于20%，含油脂率不大于1%。

9. 兔毛毛条的质量评价

国内兔毛毛条主要的质量评价标准为 FZ/T 21014《兔毛毛条》。该标准规定了兔毛毛条的术语和定义、技术要求、试验方法、检验规则以及包装、标志、运输、贮存等，适用于鉴定纯兔毛纤维制成的毛条产品品质。

兔毛毛条根据纤维平均细度分档，毛条的平均细度不符合其规定的指标范围时，应按其相应的细度作升降处理。兔毛毛条的品等，按其物理指标和外观疵点的检验结果，分为一、二两个品等，低于二等品为等外品。毛条的单位质量是生产厂的保证条件，不符合规定者，应作等外品处理。如供需双方另有合约规定者，可按合约规定执行。兔毛毛条以加权平均长度、20mm 及以下短毛率、质量不匀率、粗毛率以及外观疵点（毛粒、皮屑）为定等指标，以其中最低品等为该批毛条的品等；以毛条的细度变异系数和长度变异系数，单位质量允差等作为参考指标，详情见表 4-12。

表 4-12　兔毛毛条质量评价指标

| 细度规格 µm | 等级 | 物理指标 | | | | | | | | 外观疵点 | |
		平均细度范围 /µm	细度变异系数 % ≤	加权平均长度 mm ≥	长度变异系数 % ≤	20mm 及以下短毛率 /% ≤	单位质量允差 g/m ±	质量不匀率 % ≤	粗毛率 /% ≤	毛粒 只 /g ≤	皮屑 只 /g ≤
13	1	14.00 及以下	24	48.0	37	8.0	1.0	2.0	0.4	2.5	2
	2		24	40.0	37	10.0	1.0	3.0	0.5	3.5	3
14	1	14.01～15.00	24	48.0	37	7.0	1.0	2.0	0.5	2.5	2
	2		24	40.0	37	8.0	1.0	3.0	0.6	3.5	3
15	1	15.01 及以上	24	50.0	37	5.0	1.0	2.0	0.6	2.5	2
	2		24	40.0	37	8.0	1.0	3.0	0.7	3.5	3

除此要求以外，兔毛毛条成包时的回潮率不应大于18%，含油脂率不应大于1.5%。

10. 马海毛毛条的质量评价

我国马海毛毛条主要的质量评价标准为 FZ/T 21013《短毛毛条》。该标准规定了马海毛毛条的术语和定义、技术要求、试验方法、检验规则以及包装、标志、运输、贮存等，适用于鉴定纯马海毛纤维制成的毛条产品品质。

马海毛毛条根据纤维平均细度分档，毛条纤维的平均细度不符合其规定的指标范围时，应按其相应的细度作升降处理。马海毛毛条的品等，按其物理指标和外观疵点的检验结果，分为一等、二等两个品等，低于二等品为等外品。毛条的单位质量是生产厂的保证条件，不符合规定者，应作等外品处理。如供需双方另有合约规定者，可按合约规定执行。加权平均长度、30mm及以下短毛率、质量不匀率、外观疵点（草屑、毛粒）为定等指标，以其中最低品等为该批毛条的品等。

马海毛毛条以毛条的细度变异系数和长度变异系数、单位质量允差、异色毛等，作为参考指标。相关要求见表4-13。

表4-13 马海毛毛条质量评价指标

细度规格 µm	等级	物理指标							外观疵点		
		平均细度范围 µm	细度变异系数 % ≤	加权平均长度 mm ≥	长度变异系数 % ≤	30mm及以下短毛率/% ≤	单位质量允差 g/m ±	质量不匀率/% ≤	异色毛根/g ≤	草屑只/g ≤	毛粒只/g ≤
25	1	25.5及以下	28	90	35	3.5	1.0	3.0	0.02	0.11	2.00
	2		28	80	35	5.0	1.0	4.0	0.02	0.22	3.00
26	1	25.6～26.5	28	90	35	3.5	1.0	3.0	0.02	0.11	2.00
	2		28	80	35	5.0	1.0	4.0	0.02	0.22	3.00
27	1	26.6～27.5	28	95	35	3.5	1.0	3.0	0.02	0.11	2.00
	2		28	85	35	5.0	1.0	4.0	0.02	0.22	3.00
28	1	27.6～28.5	28	95	35	3.5	1.0	3.0	0.02	0.11	2.00
	2		28	85	35	5.0	1.0	4.0	0.02	0.22	3.00
29	1	28.6～29.5	30	100	35	3.0	1.0	3.5	0.02	0.11	2.00
	2		30	85	35	4.5	1.0	4.5	0.02	0.22	3.00
30	1	29.6～30.5	30	100	40	3.0	1.0	3.5	0.02	0.11	2.00
	2		30	85	40	4.5	1.0	4.5	0.02	0.22	3.00
31	1	30.6～31.5	30	100	40	3.0	1.0	3.5	0.02	0.11	2.00
	2		30	85	40	4.5	1.0	4.5	0.02	0.22	3.00
32	1	31.6～32.5	30	105	40	3.0	1.0	3.5	0.02	0.11	2.00
	2		30	90	40	4.5	1.0	4.5	0.02	0.22	3.00
33	1	32.6～33.5	32	105	40	3.0	1.0	3.5	0.02	0.11	1.55
	2		32	90	40	4.5	1.0	4.5	0.02	0.22	2.55
34	1	33.6～34.5	32	105	40	2.5	1.0	3.5	0.02	0.11	1.55
	2		32	90	40	4.0	1.0	4.5	0.02	0.22	2.55

续表

细度规格 μm	等级	物理指标							外观疵点		
		平均细度范围 μm	细度变异系数 % ≤	加权平均长度 mm ≥	长度变异系数 % ≤	30mm 及以下短毛率 /% ≤	单位质量允差 g/m ±	质量不匀率 /% ≤	异色毛根 /g ≤	草屑只 /g ≤	毛粒只 /g ≤
35	1	34.6～35.5	32	105	40	2.5	1.0	3.5	0.02	0.11	1.55
	2		32	90	40	4.0	1.0	4.5	0.02	0.22	2.55
36	1	35.6～36.5	32	110	40	2.5	1.0	3.5	0.02	0.11	1.55
	2		32	95	40	4.0	1.0	4.5	0.02	0.22	2.55
37	1	36.6～37.5	35	110	40	2.5	1.0	3.5	0.02	0.11	1.55
	2		35	95	40	4.0	1.0	4.5	0.02	0.22	2.55
38	1	37.6～38.5	35	110	40	2.5	1.0	3.5	0.02	0.1	1.5
	2		35	95	40	4.0	1.0	4.5	0.02	0.2	2.5
39	1	38.6 及以上	35	115	40	2.5	1.0	3.5	0.02	0.1	1.5
	2		35	100	40	4.0	1.0	4.5	0.02	0.2	2.5

11. 短毛毛条的质量评价

国内短毛毛条主要的质量评价标准为 FZ/T 21009《短毛条》。该标准规定了短毛条的技术要求、试验方法、检验规则等，适用于鉴定短毛条的品质，作为交货验收的一般规定。

短毛条分别以细度、长度为主要依据，定为不同型号。短毛条的品质等级按照物理指标和外观疵点的检验结果，分为一等品和二等品；以细度变异系数、长度变异系数、20mm 及以下短毛率、质量不匀率、粗腔毛率以及外观疵点（毛粒、草屑、异色纤维）为定等指标，以其中最低品等为该批短毛条的品等。

短毛条的质量指标应符合表 4-14、表 4-15 要求。

表 4-14　短毛毛条型号分类

细度型号	平均细度范围 /mm	长度型号	平均长度范围 /mm
15	15.50 及以下	37	37.0 及以下
16	15.51～16.50	42	37.1～42.0
17	16.51～17.50	47	42.1～47.0
18	17.51～18.50	52	47.1～52.0
19	18.51～19.50	57	52.1～57.0

续表

细度型号	平均细度范围 /mm	长度型号	平均长度范围 /mm
20	19.51～20.50	62	57.1～62.0
21	20.51～21.50	65	62.1 及以上
22	21.51～22.50		
23	22.51 及以上		

表 4-15　短毛毛条质量评价指标

细度范围 μm	任度范围 mm	等级	物理指标						外观疵点		
			细度变异系数 % ≤	长度变异系数 % ≤	20mm 及以下短毛率 % ≤	单位质量允差 g/m	质量不匀率 % ≤	粗腔毛率 % ≤	毛粒 只/g ≤	草屑根 /g ≤	异色纤维根 g ≤
18.50 及以下	47.0 及以下	1	22.00	37.0	3.0	1.0	3.0	0.5	2.5	0.4	2.00
		2	24.00	40.0	4.0	1.0	4.0	1.0	4.0	0.6	5.00
	47.1～57.0 57.0	1	22.00	37.0	2.5	1.0	3.0	0.5	2.5	0.4	2.00
		2	24.00	40.0	3.5	1.0	4.0	1.0	4.0	0.6	5.00
	57.1 及以上	1	22.00	37.0	2.0	1.0	3.0	0.5	2.5	0.4	2.00
		2	24.00	40.0	3.0	1.0	4.0	1.0	4.0	0.6	5.00
18.51～21.50	47.0 及以下	1	23.00	37.0	3.0	1.0	3.0	1.5	2.0	0.4	2.00
		2	25.00	40.0	4.0	1.0	4.0	2.5	3.5	0.6	5.00
	47.1～57.0	1	23.00	37.0	2.5	1.0	3.0	1.5	2.0	0.4	2.00
		2	25.00	40.0	3.5	1.0	4.0	2.5	3.5	0.6	5.00
	57.1 及以上	1	23.00	37.0	2.0	1.0	3.0	1.5	2.0	0.4	2.00
		2	25.00	40.0	3.0	1.0	4.0	2.5	3.5	0.6	5.00
21.51 及以上	47.0 及以下	1	24.00	37.0	3.0	1.0	3.0	2.5	1.5	0.4	2.00
		2	26.00	40.0	4.0	1.0	4.0	3.5	3.0	0.6	5.00
	47.1～57.0	1	24.00	37.0	3.5	1.0	3.0	2.5	1.5	0.4	2.00
		2	26.00	40.0	4.5	1.0	4.0	3.5	3.0	0.6	5.00
	57.1 及以上	1	24.00	37.0	2.0	1.0	3.0	2.5	1.5	0.4	2.00
		2	26.00	40.0	3.0	1.0	4.0	3.5	3.0	0.6	5.00

第四节　废毛纺织原料

一、毛纺行业情况

1. 我国毛纺行业情况

由于新冠疫情，我国毛纺行业在 2020 年受到了极大的冲击，虽然毛纺行业在 2021 年初表现出了积极的生产和经营态势，但是强势的反弹并未如期而至，行业的生产恢复力度并不强劲，整体效益仍受到制约。

2020 年一季度，据国家统计局数据，规模以上毛纺企业毛纱线累计产量呈现小幅增长，同比增长 1.5%，毛织物累计产量较 2020 年同期继续下滑，同比下跌 7%。主要毛纺产品的产量水平与 2019 年同期水平相比，仍处于低位。如图 4-1 所示，毛纺产品累计产量增速整体呈现缓慢回升的态势，但回升速度较慢。

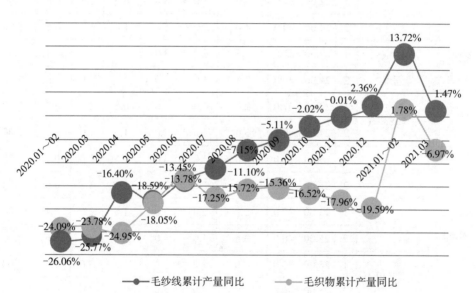

图 4-1　2020 年 1 月—2021 年 3 月我国毛纺行业产量情况
（数据来源：中国毛纺协会）

2. 羊毛及羊毛条进口情况

目前，我国的进出境商品目录中，其他已梳的羊毛及动物细毛或粗毛（包括精梳片毛），被列为法检商品，属于 HS 编码 510539 项下的子目录共有 4 个，即已梳濒危兔毛、其他已梳兔毛、其他已梳濒危野生动物细毛、其他已梳动物细毛，HS 编码分别为 5105391010、5105391090、5105399010、5105399090。虽然 4 种商品均为动物毛，但是其税号、税率、监管方式不同。

海关数据显示：2020 年中国羊毛及毛条进口数量为 223 963t，同比下降 21.3%。2020 年中国羊毛及毛条进口金额为 1 643 003 千美元，同比下降 33.5%。2020 年中国羊毛及毛条进口均价为 7.34 千美元 /t。3～12 月期间，中国羊毛及毛条进口均价于 4 月达到峰值，为 8.64 千美元 /t。

二、毛纺工艺简介

毛纺工艺一般分为毛精纺工艺和毛粗纺工艺，以羊毛为例，基本工艺流程如下。

1. 精梳毛纺工艺流程

羊毛初步加工→毛条制造→前纺工程→后纺工程。

（1）羊毛初步加工流程

羊身上剪下来的毛纤维中因夹有各种不同的杂质，不能直接用于毛纺织生产，通常我们叫这种羊毛为原毛。羊毛初步加工的任务是对不同质量的原毛先进行区分，再采用一系列机械与化学的方法，除去原毛中的各种杂质，使其成为符合毛纺生产要求的比较纯净的羊毛纤维。即原毛消毒→原毛预热→选毛→洗毛→炭化。

（2）毛条制造流程

毛条制造是根据精梳毛纱的品质要求，将洗净毛按照不同的原料比例进行搭配，混合加油，然后进行梳理，除去纤维中的细小杂质、草刺及短纤维等，使其分离成单纤维状态，并使纤维排列平顺紧密，最后制成具有一定质量的均匀的精梳毛条。即梳毛→头道针梳→二道针梳→三道针梳→精梳→条筒针梳→末道针梳。

（3）前纺流程

毛条的纤维排列不一定整齐，均匀度也存在一定差异，质量不一定能达到精纺要求，所以需要前纺工艺。即混条→头道针梳→二道针梳→三道针梳→四道粗纱→有捻度→有捻粗纱或无捻度→头道无捻粗纱→二道无捻粗纱。

（4）后纺流程

后纺的任务是牵伸、加捻卷绕成型，将粗纱纺制成细纱，并将细纱进行合股加捻，制成适于织造用的一定形状的筒子纱。即细纱→并线→捻线→蒸纱→络筒。

2. 粗梳毛纺工艺流程

羊毛初步加工→配毛及和毛加油→梳毛→细纱→络筒。

三、废毛纺织原料进口情况

1. 进口纺织废料整体情况

20 世纪 80 年代以来，为缓解原料不足，我国开始从境外进口可用作原料的固体废物。20 世纪 90 年代初，我国逐步建立了较为完善的固体废物进口管理制度体系，目的是加强管理，防范环境风险，《进口废物管理目录》是其中一项基本制度。近年来，各地区、各有关部门在打击洋垃圾走私、加强进口固体废物监管方面做了大量工作，取得了一定成效。但是，由于一些地方仍然存在"重发展、轻环保"的理念，部分企业为非法谋取利益不惜铤而走险，洋垃圾非法入境问题屡禁不止，严重危害人体健康和我国的生态环境安全。按照党中央、国务院关于推进生态文明建设和生态文明体制改革的决策部署，为全面禁止洋垃圾入境，推进固体废物进口管理制度改革，促进国内固体废物无害化、资源化利用，保护生态环境安全和人体健康，2017 年 7 月，国务院办公厅印发《禁止洋垃圾入境　推进固体废物进口管理制度改革实施方案》，明确提出"分批分类调整进口固体废物管理目录""逐步有序减少固体废物进口种类和数量"。2017 年 8 月 10 日，环境保护部、商务部、发展改革委、海关总署、国家质检总局联合发布 2017 年第 39 号公告，对现行的《禁止进口固体废物目录》《限制进口类可用作原料的固体废物目录》和《非限制进口类可用作原料的固体废物目录》进行调整和修订，其中针对废纺织原料有 11 种。海关数据显示，2017 年出台相关政策后，进口废旧纺织品为 27.3 万 t，相较 2016 年的 29.1 万 t，下降了 6.2%。

2. 废毛纤维情况

在 11 种禁止进口的废纺织原料中，与毛相关的占了 4 种，分别是 HS 编码 5103109090 为其他动物细毛的落毛、HS 编码 5103209090 为其他动物细毛料（包括废纱线，不包括回收纤维）、HS 编码 5103300090 为其他动物粗毛废料（包括废纱线，不包括回收纤维）、HS 编码 5104009090 为其他动物细毛或粗毛的回收纤维。禁止进口该类产品的相关政策出台后，当年羊毛的价格出现了明显的上涨。

从行业角度来说，虽然有落毛和回收毛，但是整体的废毛比例非常小，精梳厂家会把各工序的回收毛分类收取，长度低于 30mm 左右的毛转卖给粗梳工厂，高于这个长度的视情况进行复梳再纺，但是根据 GB 34330—2017《固体废物鉴别标准　通则》，以下产品失去了原有使用价值，也属于固体废物：①在生产过程中产生的因为不符合国家、地方制定或行业通行的产品标准（规范），或者因为质量原因，而不能在市场出售、流通或者不能按照原用途使用的物质，如不合格品、残次品、废品等，但符合国家、地方制定或行业通行的产品标准中等外品级的物质以及在生产企业内进行返工（返修）的物质除外；②因为超过质量保证期，而不能在市场出售、流通或者不能按照原用途使用的物质；③因为沾染、掺入、混杂无用或有害物质使其质量无法满足使用要求，而不能在市场出售、流通或者不能按照原用途使用的物质；④在消费或使用过程中产生的，因为使用寿命到期而不能继续按照原用途使用的物质；⑤执法机关查处没收的需报废、销毁等无害化处理的物质，包括（但不限于）假冒伪劣产品、侵犯知识产权产品、毒品等禁用品；⑥以处置废物为目的生产的，不存在市场需求或不能在市场上出售、流通的物质；⑦因为自然灾害、不可抗力因素和人为灾难因素造成损坏而无法继续按照原用途使用的物质；⑧因丧失原有功能而无法继续使用的物质；⑨由于其他原因而不能在市场出售、流通或者不能按照原用途使用的物质。另外，生产过程中的附属物、边角料等也属于固体废物。所以，废毛的范围是比较广的，按照该标准的情况，针对毛的固废检测需要依据相关标准对其质量评价指标进行检测，看其是否为等外品，同时要关注相关有害物质情况，如检出存在有害物质，则所检毛纤维纺织原料也要被判为废毛纺织原料。

第五章　化学纤维

第一节　化学纤维的种类

化学纤维是用天然的或人工合成的高分子物质为原料制成的纤维。化学纤维的长短、粗细、白度、光泽等性质可以在生产过程中加以调节，其具有耐光、耐磨、易洗易干、不霉烂、不被虫蛀等优点，被广泛用于制造衣着织物、滤布、运输带、水龙带、绳索、渔网、电绝缘线、医疗缝线、轮胎帘子布和降落伞等。一般可将高分子化合物制成溶液或熔体，从喷丝头细孔中压出，再经凝固而成纤维。产品可以是连绵不断的长丝、截成一定长度的短纤维或未经切断的丝束等。常见的纺织品，如黏胶布、涤纶卡其、锦纶丝袜、腈纶毛线以及丙纶地毯等，都是用化学纤维制成的。自从18世纪抽出第一根人工丝以来，化学纤维品种、成纤方法和纺丝工艺技术都有了很大的进展。

一、化学纤维的种类

化学纤维是用天然高分子化合物或人工合成的高分子化合物为原料，经过制备纺丝原液、纺丝和后处理等工序制得的具有纺织性能的纤维。一般来说，化学纤维主要有以下几种分类方式。

1. 按原料来源分类（表5-1）

（1）人造纤维：以天然高分子物质（如纤维素等）为原料，有黏胶纤维等。

（2）合成纤维，以合成高分子物为原料，有涤纶等。

（3）无机纤维，以无机物为原料，有玻璃纤维等。

表5-1　化学纤维按原料分类

类别		纤维名称
化学纤维	人造纤维	再生纤维素纤维：黏胶纤维、铜氨纤维、莱赛尔（Lyocel）纤维
		纤维素酯纤维：二醋酯纤维、三醋酯纤维
		再生蛋白质纤维：大豆蛋白纤维、花生蛋白纤维、玉米蛋白纤维、乳酪（牛奶）蛋白纤维、胶原蛋白纤维
		海藻纤维
		甲壳素纤维、壳聚糖纤维
		橡胶纤维

续表

类别		纤维名称
化学纤维	合成纤维	聚酰胺纤维
		芳族聚酰胺纤维
		聚酯纤维
		生物可降解聚酯纤维
		聚丙烯精纤维
		改性聚丙烯腈纤维
		聚乙烯醇系纤维
		聚氯乙烯系纤维
		聚烯烃纤维
		聚氨酯弹性纤维
		聚气烯烃纤维
		二烯类弹性体纤维
		聚酰亚胺纤维
	无机纤维	玻璃纤维

2. 按几何形状分类

（1）长丝：化学纤维加工中不切断的纤维。长丝又分为单丝和复丝。

①单丝：只有一根丝，透明、均匀、薄。

②复丝：几根单丝并合成丝条。

（2）短纤维：化学纤维在纺丝后加工中可以切成各种长度规格的纤维。

（3）异形纤维：改变喷丝头形状而制得的不同截面或空心的纤维。

①改变纤维弹性、抱合性与覆盖能力，增加表面积，对光线的反射性增强。

②特殊光泽。如五叶形、三角形。

③质轻、保暖、吸湿性好。如中空。

④减少静电。

⑤改善起毛、起球性能，提高纤维摩擦系数，改善手感。

（4）复合纤维：将两种或两种以上的聚合体，以熔体或溶液的方式分别输入同一喷丝头，从同一纺丝孔中喷出而形成的纤维。又称为双组分或多组分纤维。复合纤维一般都具有三度空间的立体卷曲，体积高度蓬松，弹性好，抱合性好，覆盖能力好。特点是：

①结构不均匀。

②组分不均匀。

③膨胀不均匀。

（5）变形丝：经过变形加工的化纤纱或化纤丝。

①高弹涤纶丝：利用合纤的热塑性加工，50%～300% 的伸长率。

②低弹涤纶丝：伸长率控制在 35% 以下。

③腈纶膨体纱：利用腈纶的热弹性。热拉伸，高收缩，收缩为 45%～53%，与低收缩纤维混合纺纱，经蒸汽处理。

3. 按照用途分类

（1）普通纤维：再生纤维与合成纤维。

（2）特种纤维：耐高温纤维、高强力纤维、高模量纤维、耐辐射纤维。

第二节　化学纤维的一般特性和质量评价

化学纤维的结构决定它的基本性能，结构发生变化了，使用性能和风格的差别就很显著。如普通黏胶纤维是利用碱溶液法制备的，其形态结构出现皮芯层结构；而高湿模量黏胶纤维，利用芯层的结晶度高、晶粒大、取向度比皮层略低的特点，通过扩大纤维中芯层部分比例，获得了高模量、高强度、湿影响小的黏胶纤维；强力黏胶纤维利用皮层的结晶度小、晶粒细小、取向度高的特点，通过扩大纤维中皮层部分比例而获得高强度且低伸长的黏胶纤维。因此，研究化学纤维产品的主要性能，应该从其结构出发。

一、黏胶纤维

黏胶纤维是再生纤维素纤维的一个主要品种，于 1891 年在英国研制成功，1905 年投入工业化生产。黏胶纤维的原料来源广泛，成本低廉，在纺织纤维中占有相当重要的地位。黏胶纤维是通过碱溶液法制备的，首先将纤维素浆粒溶解在碱溶液中形成碱纤维素，然后生成纤维素黄酸酯（黏胶液），再经酸反应还原为纤维素而再生的。黏胶纤维有普通黏胶纤维、强力黏胶纤维和高湿模量黏胶纤维（也叫富强纤维）。

1. 结构特征

黏胶纤维的主要组成物质是纤维素。纤维素的元素含量为碳 44.4%、氢 6.2%、氧 49.4%，其分子式为 $(C_6H_{10}O_5)_n$，分子式中的 $C_6H_{10}O_5$ 为葡萄糖剩基，n 为聚合度，一般为 300～500。

黏胶纤维大分子是由许多葡萄糖剩基通过 β-1,4 苷键相互连接而成的直线链状大分子，一正一反的两个葡萄糖剩基（六元环）通过氧桥连接成一个重复单位，成为纤维素二糖，键角使这个纤维素二糖具有折曲的椅式构型，如图 5-1 所示。这种构型使得黏胶纤维大分子就具有了一定的柔曲性和较好的直线对称性，能促进结晶结构的形成。

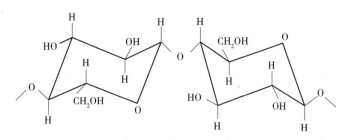

图 5-1 黏胶纤维的大分子结构式

纤维素的晶胞由 5 个平行排列的纤维素大分子在两个六元环链节上组成。在这些晶胞中，纤维素大分子链由葡萄糖剩基头尾相连形成，相邻大分子取逆平行排列，即通过晶胞四周的纤维素分子链和通过中心的纤维素大分子链上，相邻剩基之间的方向是相反的。天然纤维素和黏胶纤维中的纤维素晶胞结构见图 5-2 和图 5-3，可以看出它们有显著的差别。

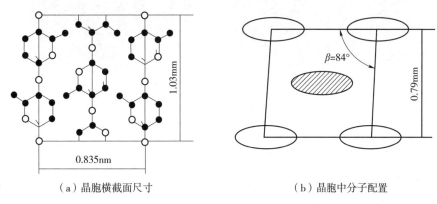

（a）晶胞横截面尺寸　　　　　　　　（b）晶胞中分子配置

图 5-2 天然纤维素晶胞结构示意图

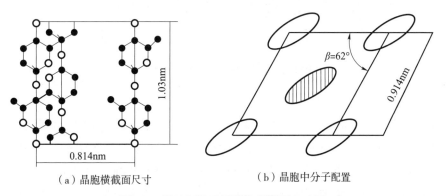

（a）晶胞横截面尺寸　　　　　　　　（b）晶胞中分子配置

图 5-3 黏胶纤维素晶胞的横截面尺寸图

黏胶纤维属再生纤维素纤维，因已经碱液处理，晶胞的尺寸和 β 角均已改变，分子面转动，晶胞发生倾斜，导致黏胶纤维的结晶度和取向度降低，引起纤维断裂强度降低、断裂伸长率增加等性能的变化，甚至水分子也能少量（1%）进入纤维素的结晶部分；而对天然纤维来说，水分子是不能进入结晶区的。黏胶纤维晶胞结构的这种变化，使它的性能和天然纤维有很大不同。

黏胶纤维是由湿法纺丝制成的，其形态结构特征是横截面有不规则的锯齿形边缘，在纵向表面有平行于纤维轴的不连续的条纹。普通黏胶纤维的横截面中有皮芯层的芯鞘结构，皮层较薄，且结构组织细密，如图 5-4 所示；强力黏胶纤维结构为全皮层，横截面为腰形；高湿模量黏胶纤维是全芯层或接近全芯层的，它的横截面基本上是圆形的。图 5-5 是黏胶纤维的皮层（染色）图。

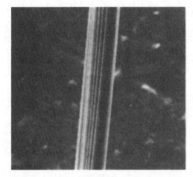 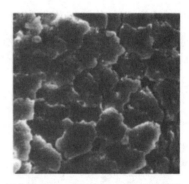

（a）纵向：表面光滑，纹路整齐，粗细一致 　（b）横截面：多锯齿形，芯层无孔密实

图 5-4　黏胶纤维形态

  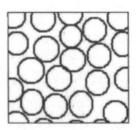

（a）普通黏胶纤维　　　　（b）强力黏胶纤维　　　　（c）高湿模量黏胶纤维
（富强纤维）

图 5-5　黏胶纤维的皮层（染色图）

2. 主要性能指标

（1）线密度。黏胶由喷丝头喷出时，喷丝孔的大小、压出的黏胶量及卷绕牵伸的速度决定了单纤维的线密度，一般单纤维的线密度为 3.3～5.5dtex；如果纺的是用于制成短纤维的丝束，每束可含 12 000～40 000 根单纤维。如果纺的是长丝，每根 K 丝中含 15～200 根单纤维。黏胶短纤维的线密度根据风格（毛型、棉型）的不

同而异，棉型为 1.8～2.0dtex、毛型为 3.3～4.0dtex；黏胶长丝的规格用长丝的线密度与单纤维根数表示，如 132dtex/30f 表示该长丝的线密度是 132dtex，由 30 根单纤维组成。

（2）密度。黏胶纤维的密度比较高，为 1.52g/cm³，同样体积的黏胶纤维织物比合成纤维高 7%～25%，其质量一般都比其他纤维的大，有重感。

（3）力学性能。普通黏胶纤维的断裂强度较低，但强力黏胶纤维是普通黏胶纤维的 2 倍以上；断裂强度和断裂伸长率都受回潮率影响很大，在湿态条件下，湿强度降低 40%～50%，伸长率增加 10%～100%。在剧烈的洗涤条件下，黏胶纤维织物容易变形，且变形后不易恢复，弹性差，织物容易起皱，耐磨性差。所以，在黏胶长丝的织造加工中应注意温度、湿度控制，湿度过高不仅会使断头增多，还会由于变形的增加而产生亮丝等瑕疵。

黏胶纤维的初始模量不高，比同属于纤维素纤维的棉低，吸湿以后下降很大，所以在湿度大的环境中加工时，应特别注意。黏胶丝的弹性恢复能力与其他纤维相比也比较差。

（4）吸湿性能。黏胶纤维的吸湿性是化学纤维大品种中最好的，纤维吸湿后，显著膨胀，截面积可增加 50% 以上，最高可达到 140%，所以一般的黏胶纤维织物下水后会发硬，收缩率大。

（5）光学性能。黏胶纤维的光泽很强，长丝有"极光"的光泽感，欠柔和，必要时可进行消光处理，即在纺丝液中加入一定量的微小颗粒，称为消光剂（如二氧化钛）。不含二氧化钛的称有光纤维，含 0.5%～1% 二氧化钛的称半消光（半光）纤维，含 3% 以上的称消光（无光）纤维。黏胶纤维的双折射率、分子取向度和耐光性比天然纤维素纤维低。

（6）染色性能。黏胶纤维由于相对分子质量和结晶度均比较低，而且在水中易膨润，故染色性比天然纤维素纤维要好，染色色谱全，染色牢度也较好，但容易引起染色不均匀；用直接染料染色更易上色，染色温度也比较低。由于黏胶纤维本身的不均匀性，以不采用盐基性染料为好。对于硫化染料、媒介染料、还原染料等，黏胶纤维的染色性能优良，特别是应用媒介染料时，耐光、耐洗牢度较好。

（7）耐热性能。黏胶纤维与天然纤维相比，相对分子质量比较低，所以耐热性较差，加热到 150℃ 左右时强力降低较慢，在 180～200℃ 时，会产生热分解。

（8）化学性能。黏胶纤维结构疏散，有较多的空隙和内表面积，暴露的羟基比棉纤维多，因此化学活泼性比棉纤维强，对碱、酸、氧化剂都比较敏感。黏胶纤维耐碱性能较好，只是在浓碱的作用下，发生膨化甚至溶解。黏胶纤维不耐强酸，在室温下，59% 的硫酸溶液即可将黏胶纤维溶解。黏胶纤维性能指标见表 5-2。

表 5-2 黏胶纤维性能指标

项目		黏胶纤维					
		短纤维		长丝		高湿模量纤维	
		普通	强力	普通	强力	短纤维	长丝
断裂强度 cN/dtex	干态	2.2～2.7	3.2～3.7	1.5～2.0	3.0～4.6	3.0～4.6	1.9～2.6
	湿态	1.2～1.8	2.4～2.9	0.7～1.1	2.3～3.7	2.3～3.7	1.1～1.7
相对湿强度 /%		60～65	70～75	45～55	70～80	70～80	55～70
相对勾接强度 /%		25～40	35～45	30～65	40～70	20～40	—
相对打结强度 /%		35～50	45～60	45～60	40～60	20～25	35～70
断裂伸长率 /%	干态	16～22	19～24	10～24	7～15	7～14	8～12
	湿态	21～29	21～29	24～35	20～30	8～15	9～15
弹性恢复率 /%（伸长率为 3% 时）		55～80	55～80	60～80	60～80	60～80	55～80
初始模量 /（cN/dtex）		26～62	44～79	57～75	97～141	62～97	53～88
密度 /（g/cm³）		1.50～1.52					
回潮率 /%	20℃、相对湿度 65%	12～14					
	20℃、相对湿度 95%	25～30					
耐热性		不软化、不熔融、180～200℃开始变色分解					

3. 黏胶短纤维的质量指标

黏胶短纤维产品主要品种分为棉型黏胶短纤维、中长型黏胶短纤维、毛型和卷曲毛型黏胶短纤维。

（1）棉型黏胶短纤维。棉型短纤维的名义线密度范围是 1.10～2.20dtex。棉型短纤维的等级分为优等品、一等品、合格品 3 个等级，低于最低等级者为等外品。棉型短纤维性能项目和指标值见表 5-3。

表 5-3 棉型黏胶短纤维性能项目和指标值（参考 GB/T 14463）

序号	项目		优等品	一等品	合格品
1	干断裂强度 /（cN/dtex）	≥	2.15	2.00	1.90
2	湿断裂强度 /（cN/dtex）	≥	1.20	1.10	0.95
3	干断裂伸长率 /%		$M_1 \pm 2.0$	$M_1 \pm 3.0$	$M_1 \pm 4.0$
4	线密度偏差率 /%	±	4.00	7.00	11.00
5	长度偏差率 /%	±	6.0	7.0	11.0
6	超长纤维率 /%	≤	0.5	1.0	2.0
7	倍长纤维 /（mg/100g）	≤	4.0	20.0	60.0
8	残硫量 /（mg/100g）	≤	12.0	18.0	28.0

续表

序号	项目		优等品	一等品	合格品
9	疵点 /（mg/100g）	≤	4.0	12.0	30.0
10	油污黄纤维 /（mg/100g）	≤	0	5.0	20.0
11	干断裂强力变异系数（CV）/%	≤	18.0	—	
12	白度 /%		$M_2 \pm 3.0$	—	

注：1. M_1 为干断裂伸长率中心值，不得低于 19%。

2. M_2 为白度中心值，不得低于 65%。

3. 中心值亦可根据用户需求确定，一旦确定，不得随意改变。

（2）中长型黏胶短纤维。中长型短纤维的名义线密度范围是 2.20～3.30dtex。中长型黏胶短纤维的等级分为优等品、一等品、合格品 3 个等级，低于最低等级者为等外品。其性能项目和指标值见表 5-4。

表 5-4 中长型黏胶短纤维性能项目和指标值（参考 GB/T 14463）

序号	项目		优等品	一等品	合格品
1	干断裂强度 /（cN/dtex）	≥	2.10	1.95	1.80
2	湿断裂强度 /（cN/dtex）	≥	1.15	1.05	0.90
3	干断裂伸长率 /%		$M_1 \pm 2.0$	$M_1 \pm 3.0$	$M_1 \pm 4.0$
4	线密度偏差率 /%	±	4.00	7.00	11.00
5	长度偏差率 /%	±	6.0	7.0	11.0
6	超长纤维率 /%	≤	0.5	1.0	2.0
7	倍长纤维 /（mg/100g）	≤	4.0	30.0	80.0
8	残硫量 /（mg/100g）	≤	12.0	18.0	28.0
9	疵点 /（mg/100g）	≤	4.0	12.0	30.0
10	油污黄纤维 /（mg/100g）	≤	0	5.0	20.0
11	干断裂强力变异系数（CV）/%	≤	17.0	—	
12	白度 /%		$M_2 \pm 3.0$	—	

注：1. M_1 为干断裂伸长率中心值，不得低于 19%。

2. M_2 为白度中心值，不得低于 65%。

3. 中心值亦可根据用户需求确定，一旦确定，不得随意改变。

毛型和卷曲毛型黏胶短纤维。毛型短纤维的名义线密度范围是 3.30～6.70dtex；卷曲毛型黏胶短纤维名义线密度范围是 3.30～6.70dtex，并经过卷曲加工。毛型和卷曲毛型黏胶短纤维的等级分为优等品、一等品、合格品 3 个等级，低于最低等级者为等外品。其性能项目和指标值见表 5-5。

表 5-5　毛型和卷曲毛型黏胶短纤维性能项目和指标值（参考 GB/T 14463）

序号	项目		优等品	一等品	合格品
1	干断裂强度 /（cN/dtex）	≥	2.05	1.90	1.75
2	湿断裂强度 /（cN/dtex）	≥	1.10	1.00	0.85
3	干断裂伸长率 /%		$M_1 \pm 2.0$	$M_1 \pm 3.0$	$M_1 \pm 4.0$
4	线密度偏差率 /%	±	4.00	7.00	11.00
5	长度偏差率 /%	±	7.0	9.0	11.0
6	倍长纤维 /（mg/100g）	≤	8.0	50.0	120.0
7	残硫量 /（mg/100g）	≤	12.0	20.0	35.0
8	疵点 /（mg/100g）	≤	6.0	15.0	40.0
9	油污黄纤维 /（mg/100g）	≤	0	5.0	20.0
10	干断裂强力变异系数（CV）/%	≤	16.0	—	
11	白度 /%		$M_2 \pm 3.0$	—	
12	卷曲数 /（个 /25mm）		$M_3 \pm 2.0$	$M_3 \pm 3.0$	

注：1. M_1 为干断裂伸长率中心值，不得低于 18%。
　　2. M_2 为白度中心值，不得低于 55%。
　　3. M_3 为卷曲数中心值，由供需双方协商确定，卷曲数只考核卷曲毛型黏胶短纤维。
　　4. 中心值亦可根据用户需求确定，一旦确定，不得随意改变。

4. 黏胶长丝的质量指标

黏胶长丝产品分为有光丝、消光丝和着色丝，黏胶长丝质量指标包括力学性能和染色指标。黏胶长丝分为优等品、一等品、二等品和合格品 3 个等级，低于合格品为等外品，黏胶长丝的力学性能和染色性能指标见表 5-6。黏胶长丝分为筒装丝、绞装丝和饼装丝，其外观疵点项目及指标值见表 5-7～表 5-9。

表 5-6　棉型黏胶长丝的物理性能质量指标（参考 GB/T 13758）

序号	项目		单位	等级		
				优等品	一等品	合格品
1	干断裂强度		cN/dtex	1.85	1.75	1.65
2	湿断裂强度		cN/dtex	0.85	0.80	0.75
3	干断裂伸长率		%	17.0～24.0	16.0～25.0	15.5～26.5
4	干断裂伸长变异系数（CV）	≤	%	6.00	8.00	10.00
5	线密度（纤度）偏差		%	± 2.00	± 2.5	± 3.0
6	线密度变异系数（CV）	≤	%	2.00	3.00	3.50
7	捻度变异系数（CV）	≤	%	13.00	16.00	19.00
8	单丝根数偏差	≤	%	1.0	2.0	3.0
9	残硫量	≤	mg/100g	10.0	12.0	14.0

续表

序号	项目		单位	等级		
				优等品	一等品	合格品
10	染色均匀度	≥	（灰卡）级	4	3～4	3
11	回潮率		%	—		
12	含油量		%	—		
注：第11项和第12项为型式检验项目，不作为定等依据。						

表 5-7　筒装黏胶长丝的外观质量指标（参考 GB/T 13758）

序号	项目	单位	等级		
			优等品	一等品	合格品
1	色泽	（对照标样）	轻微不匀	轻微不匀	较不匀
2	毛丝	个/万 m	≤0.5	≤1	≤3
3	结头	个/万 m	≤1.0	≤1.5	≤2.5
4	污染	—	无	无	较明显
5	成型	—	好	较好	较差
6	跳丝	个/筒	0	0	≤2

表 5-8　绞装黏胶长丝的外观质量指标（参考 GB/T 13758）

序号	项目	单位	等 级		
			优等品	一等品	合格品
1	色泽	（对照标样）	均匀	轻微不匀	较不匀
2	毛丝	个/万 m	≤10	≤15	≤30
3	结头	个/万 m	≤2	≤3	≤5
4	污染	—	无	无	较明显
5	卷曲	（对照标样）	无	轻微	较重
6	松紧圈	—	无	无	轻微

表 5-9　丝饼装黏胶长丝的外观质量指标（参考 GB/T 13758）

序号	项目	单位	等 级		
			优等品	一等品	合格品
1	色泽	（对照标样）	均匀	均匀	稍不匀
2	毛丝	个/侧表面	≤6	≤10	≤20
3	成型	—	好	好	较差
4	手感	—	好	较好	较差
5	污染	—	无	无	较明显
6	卷曲	（对照标样）	无	无	稍有

二、涤纶

涤纶是聚对苯二甲酸乙二酯（PET）纤维在我国的商品名称。其品种很多，有长丝和短纤维。长丝又有普通长丝（包括帘子线）和变形丝。短纤维又可分棉型、毛型和中长型等。涤纶是合成纤维的主要品种，其产量居所有化学纤维之首。

1. 结构特征

聚对苯二甲酸乙二酯可以由对苯二甲酸（TPA）和乙二醇（EG）通过直接酯化法制取对苯二甲酸乙二酯（BHET）后缩聚而成。

聚对苯二甲酸乙二酯纤维是聚酯纤维的一种，由熔体纺丝法制得。它的相对分子质量一般控制在 $1.8 \times 10^4 \sim 2.5 \times 10^4$，聚合度一般控制在 $100 \sim 130$。实际上聚酯切片中还有少量的占 1%～3% 的单体和低聚物（齐聚物）存在。这些低聚物的聚合度较低（$n=2$、3、4 等），以环状形式存在。因此，涤纶的基本组成物质是聚对苯二甲酸乙二酯，它是由 14% 短脂肪烃链、46% 酯基、40% 芳环，还有极少量的占 0.1%-0.2% 端醇羟基所构成。涤纶分子中除存在两个端醇羟基外，并无其他极性基团，因而涤纶亲水性极差，吸湿率一般为 0.4%；在高温和水分的存在下，大分子内的酯键易于发生热裂解、水解，遇碱则皂解，使聚合度降低，因此在纺丝时必须对切片含水量严加控制；芳环不能内旋转，故涤纶大分子基本为刚性分子，分子链易于保持线型；由于脂肪族腔链分子内 C—C 键的内旋转，能使涤纶分子具有一定柔曲性，同时可使涤纶分子存在顺式和反式构象，反式构象很稳定。

图 5-6 为涤纶晶区内的分子排列，在晶体链结构中一个大分子的凸出部分恰巧嵌进另一个分子的凹陷部分中去，所有的芳环几乎处在一个平面上，容易形成缨状折叠链，使大分子具有高度的立构规整性。因此涤纶大分子在一定条件下很容易形成结晶，结晶度和取向性较高。

图 5-7 为普通涤纶纤维形态，它在光学纤维镜下的截面接近于圆形，纵向为光滑、均匀、平直、无条痕的圆柱体；如用异形喷丝板，可制成各种特殊截面形状的涤纶，如多角形、多叶形、中空形等异形截面。

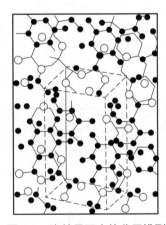

图 5-6　涤纶晶区内的分子排列

2. 主要性能指标

（1）密度。涤纶在完全无定形时，密度为 1.333g/cm^3，完全结晶时为 1.455g/cm^3。在化学纤维中涤纶具有较高的结晶度，其密度仅小于黏胶纤维，与羊毛（1.32g/cm^3）相近，为 1.39g/cm^3 左右。

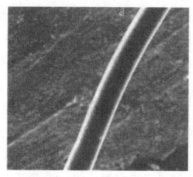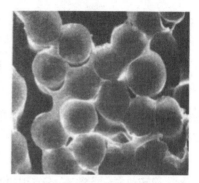

（a）纵向：光滑顺直，粗细一致　　　　（b）横截面：圆形或异形

图 5-7　为普通涤纶纤维形态

（2）力学性能。涤纶的断裂强度和断裂伸长率均大于其他化学纤维，但因品种和牵伸倍数而异，一般长丝较短纤维强度高，即使在湿态下，强度也不发生变化。耐冲击强度比锦纶高 4 倍，比黏胶纤维高 20 倍。涤纶的初始模量比其他化学纤维高，刚度高，耐磨性好，与棉等强度低的纤维混纺能够提高棉等织物的耐磨性。弹性优良，无论是承受拉伸、弯曲还是剪切变形，均能表现出良好的弹性恢复性，当受力伸长 5% 时，去除负荷伸长仍可以恢复。所以织物挺括抗皱，尺寸稳定，褶裥持久，保形性好，可以改变与其他混纺织物的抗皱性。涤纶的耐磨性仅次于锦纶而优于其他纤维，干湿态下耐磨性几乎相同。

（3）吸湿性能。涤纶吸湿性在合成纤维中是较低的，在一般大气条件下，回潮率只有 0.4% 左右，在相对湿度为 100% 时，也只有 0.6%～0.7%，且织物易洗快干，具有"洗可穿"的美称，但穿时有闷热感。吸湿性差对工业用纤维是一个有利的特性，如轿车棚顶板内衬用非织造布、擦胶布等，即使在高湿度环境中材料也不会发生脱胶变形。

（4）光学性能。涤纶的耐光性仅次于腈纶，这与其分子结构有关。涤纶仅在 315nm 光波区有强烈的吸收带，所以经 1 000h 暴晒，其强力仍能保持 60%-70%。因此，一般涤纶织物轻易不褪色，比较适合做夏季服装以及户外用工业苫布。

（5）电学性能。涤纶是优良的绝缘材料，在 -100～160℃ 范围内的介电常数为 3.0～3.8。因吸湿性差，纤维相互间的摩擦系数较高，因而易在纤维上积聚静电荷，加工困难，织物穿着时极易吸引灰尘，易起球。对纤维进行表面处理或共聚改性，可以提高纤维的抗起球性。

（6）染色性能。由于涤纶大分子不含亲水基团，结晶度高，分子排列紧密，分子间的空隙小，染料分子难以进入纤维内部，一般染料难以染色，现染色多采用分散染料借助于高温、高压或载体膨化以及特殊工艺条件（如热熔法）。目前，阳离子染料可染性涤纶的染色性能也得到了显著的改善。

（7）热学性能。在几种合成纤维大品种中，涤纶的熔点比较高，而比热容和导热率都较小，因而涤纶的耐热性和绝热性要高些，热稳定性也较好。在120℃下短时间受热，其强度损失可以恢复；在150℃左右加热168h后，其强度损失不超过3%，在150℃左右处理1 000h稍有变色，强度损失不超过50%，而其他常用纤维在该温度下200h即完全被破坏。涤纶织物遇火轻则易熔成小孔，重则灼伤人体。耐低温性能也很好，在-100℃下涤纶强度约增大50%，伸长率减少35%左右，且在此温度下纤维不发脆。

（8）化学稳定性能。涤纶大分子中的酯键可以被水解，酸、碱均能对酯键的水解起催化作用。涤纶对碱的稳定性比对酸的稳定性差，所以涤纶的耐酸性较好，无论对无机酸还是有机酸，都有良好的稳定性。而在碱的作用下涤纶水解由表面逐渐深入，虽然会造成失重和强度降低，但纤维芯层却不受影响（指涤纶的相对分子质量没有变），这种性能可以使涤纶获得另一种风格。对一般的有机溶剂、氧化剂、还原剂以及微生物的抵抗能力较强。涤纶的性能指标见表5-10。

表5-10　涤纶性能指标

项目		涤纶短纤维	涤纶长丝	
			普通	强力
断裂强度 cN/dtex	干态	4.2～5.6	3.8～5.3	5.6～7.9
	湿态	4.2～5.6	3.8～5.3	5.6～7.9
相对湿强度 /%		100	100	100
相对勾接强度 /%		75～95	85～98	75～90
相对打结强度 /%		—	40～70	～80
断裂伸长率 /%	干态	35～50	20～32	7～17
	湿态	35～50	20～32	7～17
弹性恢复率 /%（伸长率 3% 时）		90～95	95～100	95～100
初始模量 /（cN/dtex）		22～24	79～141	79～141
密度 /（g/cm³）		1.38		
回潮率 /%	20℃、相对湿度 65%	0.4～0.5		
	20℃、相对湿度 95%	0.6～0.7		
耐热性		软化点：238～240℃		
		熔点：255～265℃		

3. 涤纶短纤维的质量指标

涤纶短纤维的主要产品分为高强棉型涤纶短纤维、普强棉型涤纶短纤维、中长型涤纶短纤维和毛型涤纶短纤维。棉型涤纶短纤维线密度范围是0.8～2.1dtex，中长型涤纶短纤维线密度范围是 2.2～3.2dtex，毛型涤纶短纤维线密度范围是 3.3～6.0dtex。

高强棉型涤纶短纤维的断裂强度是短纤维中最高的。高强棉型涤纶短纤维、普强棉型涤纶短纤维、中长型涤纶短纤维和毛型涤纶短纤维性能项目和指标等级分为优等品、一等品、合格品 3 个等级，低于最低等级者为等外品。其性能项目和指标见表 5-11。

表 5-11　高强棉型涤纶短纤维性能项目和指标（参考 GB/T 14464）

序号	项目		高强棉型		
			优等品	一等品	合格品
1	断裂强 /（cN/dtex）	≥	5.50	5.30	5.00
2	断裂伸长率 /%		$M_1 \pm 4.0$	$M_1 \pm 5.0$	$M_1 \pm 8.0$
3	线密度偏差率 /%	±	3.0	4.0	8.0
4	长度偏差率 /%	±	3.0	5.0	10.0
5	超长纤维率 /%	≤	0.5	1.0	3.0
6	倍长纤维含量 /（mg/100g）	≤	2.0	3.0	15.0
7	疵点含量 /（mg/100g）	≤	2.0	5.0	30.0
8	卷曲数 /（个 /25mm）		$M_2 \pm 2.5$	$M_2 \pm 3.5$	
9	卷曲率 /%		$M_3 \pm 2.5$	$M_3 \pm 3.5$	
10	180℃干热收缩率 /%		$M_4 \pm 2.0$	$M_4 \pm 3.0$	$M_4 \pm 3.0$
11	比电阻 /（Ω/cm）	≤	$M_5 \times 10^8$	$M_5 \times 10^9$	
12	10% 定伸长强度 /（cN/dtex）	≥	2.80	2.40	2.00
13	断裂强度变异系数 /%	≤	10.0	15.0	

注：1. 线密度偏差率以名义线密度为计算依据。

2. 长度偏差率以名义长度为计算依据。

3. M_1 为断裂伸长率中心值，棉型在 20.0%～35.0% 范围内选定，中长型在 25.0%～40.0% 范围内选定，毛型在 35.0%～50.0% 范围内选定，确定后不得任意变更。

4. M_2 为卷曲数中心值，由供需双方在 8.0～14.0 个 /25mm 范围内选定，确定后不得任意变更。

5. M_3 为卷曲率中心值，由供需双方在 10.0%～16.0% 范围内选定，确定后不得任意变更。

6. M_4 为 180℃干热收缩率中心值，高强棉型在 ≤7.0% 范围内选定，普强棉型在 ≤9.0% 范围内选定，中长型在 ≤10.0% 范围内选定，确定后不得任意变更。

7. M_5 大于或等于 $1.0\Omega \cdot cm$，小于 $10.0\Omega \cdot cm$。

普强棉型涤纶短纤维的物化性能与高强棉型相似，其断裂强度比较低。普强棉型涤纶短纤维性能项目和指标等级分为优等品、一等品、合格品 3 个等级，低于最低等级者为等外品。其性能项目和指标见表 5-12。

表 5-12　普强棉型涤纶短纤维质量指标（参考 GB/T 14464）

序号	项目		高强棉型		
			优等品	一等品	合格品
1	断裂强 /（cN/dtex）	≥	5.00	4.80	4.50
2	断裂伸长率 /%		$M_1 \pm 4.0$	$M_1 \pm 5.0$	$M_1 \pm 10.0$
3	线密度偏差率 /%	±	3.0	4.0	8.0
4	长度偏差率 /%	±	3.0	6.0	10.0
5	超长纤维率 /%	≤	0.5	1.0	3.0
6	倍长纤维含量 /（mg/100g）	≤	2.0	3.0	15.0
7	疵点含量 /（mg/100g）	≤	2.0	6.0	30.0
8	卷曲数 /（个 /25mm）		$M_2 \pm 2.5$	$M_2 \pm 3.5$	
9	卷曲率 /%		$M_3 \pm 2.5$	$M_3 \pm 3.5$	
10	180℃干热收缩率 /%		$M_4 \pm 2.0$	$M_4 \pm 3.0$	
11	比电阻 /（Ω/cm）	≤	$M_5 \times 10^8$	$M_5 \times 10^9$	
12	10% 定伸长强度 /（cN/dtex）	≥	—	—	—
13	断裂强度变异系数 /%	≤	10.0	—	—

注：1. 线密度偏差率以名义线密度为计算依据。

2. 长度偏差率以名义长度为计算依据。

3. M_1 为断裂伸长率中心值，棉型在 20.0%～35.0% 范围内选定，中长型在 25.0%～40.0% 范围内选定，毛型在 35.0%～50.0% 范围内选定，确定后不得任意变更。

4. M_2 为卷曲数中心值，由供需双方在 8.0～14.0 个 /25mm 范围内选定，确定后不得任意变更。

5. M_3 为卷曲率中心值，由供需双方在 10.0%～16.0% 范围内选定，确定后不得任意变更。

6. M_4 为 180℃干热收缩率中心值，高强棉型在 ≤7.0% 范围内选定，普强棉型在 ≤9.0% 范围内选定，中长型在 ≤10.0% 范围内选定，确定后不得任意变更。

7. M_5 大于或等于 1.0Ω·cm，小于 10.0Ω·cm。

　　中长型涤纶短纤维的物化性能与普强棉型相似，其断裂强度比较低。中长型涤纶短纤维性能项目和指标等级分为优等品、一等品、合格品 3 个等级，低于最低等级者为等外品。其性能项目和指标见表 5-13。

　　毛型涤纶短纤维的物化性能与中长型相似，其断裂强度比较低。毛型涤纶短纤维性能项目和指标等级分为优等品、一等品、合格品 3 个等级，低于最低等级者为等外品。其性能项目和指标见表 5-14。

表 5-13　中长型涤纶短纤维质量指标（参考 GB/T 14464）

序号	项目		高强棉型		
			优等品	一等品	合格品
1	断裂强 /（cN/dtex）	≥	4.60	4.40	4.20
2	断裂伸长率 /%		$M_1 \pm 6.0$	$M_1 \pm 8.0$	$M_1 \pm 12.0$
3	线密度偏差率 /%	±	4.0	5.0	8.0
4	长度偏差率 /%	±	3.0	6.0	10.0
5	超长纤维率 /%	≤	0.3	0.6	3.0
6	倍长纤维含量 /（mg/100g）	≤	2.0	6.0	30.0
7	疵点含量 /（mg/100g）	≤	3.0	10.0	40.0
8	卷曲数 /（个 /25mm）		$M_2 \pm 2.5$	$M_2 \pm 3.5$	
9	卷曲率 /%		$M_3 \pm 2.5$	$M_3 \pm 3.5$	
10	180℃干热收缩率 /%		$M_4 \pm 2.0$	$M_4 \pm 3.0$	$M_4 \pm 3.5$
11	比电阻 /（Ω/cm）	≤	$M_5 \times 10^8$	$M_5 \times 10^9$	
12	10% 定伸长强度 /（cN/dtex）	≥	—	—	—
13	断裂强度变异系数 /%	≤	13.0	—	—

注：1. 线密度偏差率以名义线密度为计算依据。

2. 长度偏差率以名义长度为计算依据。

3. M_1 为断裂伸长率中心值，棉型在 20.0%～35.0% 范围内选定，中长型在 25.0%～40.0% 范围内选定，毛型在 35.0%～50.0% 范围内选定，确定后不得任意变更。

4. M_2 为卷曲数中心值，由供需双方在 8.0～14.0 个 /25mm 范围内选定，确定后不得任意变更。

5. M_3 为卷曲率中心值，由供需双方在 10.0%～16.0% 范围内选定，确定后不得任意变更。

6. M_4 为 180℃干热收缩率中心值，高强棉型在≤7.0% 范围内选定，普强棉型在≤9.0% 范围内选定，中长型在≤10.0% 范围内选定，确定后不得任意变更。

7. M_5 大于或等于 1.0Ω·cm，小于 10.0Ω·cm。

表 5-14　毛型涤纶短纤维质量指标（参考 GB/T 14464）

序号	项目		高强棉型		
			优等品	一等品	合格品
1	断裂强 /（cN/dtex）	≥	3.80	3.60	3.30
2	断裂伸长率 /%		$M_1 \pm 7.0$	$M_1 \pm 9.0$	$M_1 \pm 13.0$
3	线密度偏差率 /%	±	4.0	5.0	8.0
4	长度偏差率 /%	±	—	—	—
5	超长纤维率 /%	≤	—	—	—
6	倍长纤维含量 /（mg/100g）	≤	5.0	15.0	40.0
7	疵点含量 /（mg/100g）	≤	5.0	15.0	50.0

续表

序号	项目		高强棉型		
			优等品	一等品	合格品
8	卷曲数 / (个 /25mm)		$M_2 \pm 2.5$	$M_2 \pm 3.5$	
9	卷曲率 /%		$M_3 \pm 2.5$	$M_3 \pm 3.5$	
10	180℃干热收缩率 /%	≤	5.5	7.5	10.0
11	比电阻 / (Ω/cm)	≤	$M_4 \times 10^8$	$M_4 \times 10^9$	
12	10% 定伸长强度 / (cN/dtex)	≥	—	—	—
13	断裂强度变异系数 /%	≤	—	—	—

注: 1. 线密度偏差率以名义线密度为计算依据。

2. 长度偏差率以名义长度为计算依据。

3. M_1 为断裂伸长率中心值,棉型在 20.0%~35.0% 范围内选定,中长型在 25.0%~40.0% 范围内选定,毛型在 35.0%~50.0% 范围内选定,确定后不得任意变更。

4. M_2 为卷曲数中心值,由供需双方在 8.0~14.0 个 /25mm 范围内选定,确定后不得任意变更。

5. M_3 为卷曲率中心值,由供需双方在 10.0%~16.0% 范围内选定,确定后不得任意变更。

6. M_4 大于或等于 1.0Ω · cm,小于 10.0Ω · cm。

4. 涤纶长丝的质量指标

涤纶长丝主要品种有牵伸丝、预取向丝和弹力丝(又称低弹丝)。

涤纶牵伸丝的物化性能与涤纶短纤维相似,但断裂强度较低,稳定性良好。涤纶牵伸丝单丝线密度(dpf)分类为 0.3dtex<dpf≤1.0dtex 和 1.0dtex<dpf≤5.6dtex。涤纶牵伸丝分为优等品、一等品、合格品 3 个等级,低于最低等级者为等外品。涤纶牵伸丝的力学性能项目和指标见表 5-15 和表 5-16。

表 5-15 涤纶牵伸丝单丝线密度 0.3dtex<dpf≤1.0dtex 的力学性能和染化性能指标(参考 GB/T 8960)

序号	项目		单丝线密度		
			0.3dtex < dpf≤1.0dtex		
			优等品(AA 级)	一等品(A 级)	合格品(B 级)
1	线密度偏差率 /%		± 2.0	± 2.5	± 3.5
2	线密度不匀率 /%	≤	1.50	2.00	3.00
3	断裂强度 / (cN/dtex)	≥	3.5	3.3	3.0
4	断裂强度不匀率 /%	≤	7.00	9.00	11.0
5	断裂伸长率 /%		$M_1 \pm 4.0$	$M_1 \pm 6.0$	$M_1 \pm 8.0$
6	断裂伸长不匀率 /%	≤	15.00	18.00	20.0
7	沸水收缩率 /%		$M_2 \pm 0.8$	$M_2 \pm 1.0$	$M_2 \pm 1.5$
8	染色均匀率(灰卡)/ 级	≥	4	4	3~4

续表

序号	项目	单丝线密度		
		0.3dtex＜dpf≤1.0dtex		
		优等品（AA级）	一等品（A级）	合格品（B级）
9	含油率 /%	$M_3 \pm 0.2$	$M_3 \pm 0.3$	$M_3 \pm 0.3$
10	网络度 /（个 /m）	$M_4 \pm 4$	$M_4 \pm 6$	$M_4 \pm 8$
11	筒重 /kg	定重或定长	≥1.0	—

注：1. M_1 为断裂伸长率中心值，具体由生产厂与客户协商确定，一旦确定后不得任意变更。

2. M_2 为沸水收缩率中心值，具体由生产厂与客户协商确定，一旦确定后不得任意变更。

3. M_3 含油率中心值，由生产厂与客户协商确定，一旦确定后不得任意变更。

4. M_4 为网络度中心值，应在 8 个 /m 以上，具体由生产厂与客户协商确定，一旦确定后不得任意变更。

表 5-16　涤纶牵伸丝单丝线密度 1.0dtex＜dpf≤5.6dtex 的力学性能和染化性能指标（参考 GB/T 8960）

序号	项 目		单丝线密度		
			1.0dtex＜dpf≤5.6dtex		
			优等品（AA级）	一等品（A级）	合格品（B级）
1	线密度偏差率 /%		±1.5	±2.0	±3.0
2	线密度不匀率 /%	≤	1.00	1.30	1.80
3	断裂强度 /（cN/dtex）	≥	3.8	3.5	3.1
4	断裂强度不匀率 /%	≤	5.00	8.00	11.0
5	断裂伸长率 /%		$M_1 \pm 3.0$	$M_1 \pm 5.0$	$M_1 \pm 7.0$
6	断裂伸长不匀率 /%	≤	8.00	15.00	17.0
7	沸水收缩率 /%		$M_2 \pm 0.8$	$M_2 \pm 1.0$	$M_2 \pm 1.5$
8	染色均匀率（灰卡）/ 级	≥	4～5	4	3～4
9	含油率 /%		$M_3 \pm 0.2$	$M_3 \pm 0.3$	$M_3 \pm 0.3$
10	网络度 /（个 /m）		$M_4 \pm 4$	$M_4 \pm 6$	$M_4 \pm 8$
11	筒重 /kg		定重或定长	≥1.5	—

注：1. M_1 为断裂伸长率中心值，具体由生产厂与客户协商确定，一旦确定后不得任意变更。

2. M_2 为沸水收缩率中心值，具体由生产厂与客户协商确定，一旦确定后不得任意变更。

3. M_3 为含油率中心值，由生产厂与客户协商确定，一旦确定后不得任意变更。

4. M_4 为网络度中心值，应在 8 个 /m 以上，具体由生产厂与客户协商确定，一旦确定后不得任意变更。

涤纶牵伸丝（GB/T 8960）的外观项目与指标由供需双方根据后道产品的要求协商确定。

涤纶预取向丝的物化性能与涤纶牵伸丝相似，只是它是半成品，要经过进一步加工才能成为成品。涤纶预取向丝按其单位线密度 1.5～2.9dtex、2.9～5.0dtex、5.0～10.0dtex 分为 3 档。涤纶预取向丝分为优等品、一等品、合格品 3 个等级，低于最低等级者为等外品。涤纶预取向丝的性能项目和指标一般参照 FZ/T 54003，详见表 5-17～表 5-19。

表 5-17　涤纶预取向丝（1.5～2.9dtex）的性能项目和指标

序号	项目		分类		
			1.5dtex≤dpf≤2.9dtex		
			优等品	一等品	合格品
1	线密度偏差率 /%		± 2.0	± 2.5	± 3.0
2	线密度变异系数（CV_b）/%	≤	0.60	0.80	1.1
3	断裂强度 /（cN/dtex）	≥	2.3	2.1	1.9
4	断裂强度变异系数（CV_b）/%	≤	4.5	6.0	8.5
5	断裂伸长率 /%		$M_1 ± 4.0$	$M_1 ± 6.0$	$M_1 ± 9.0$
6	断裂伸长变异系数（CV_b）/%	≤	5.0	6.5	9.0
7	条干不匀率	U/% ≤	0.96	1.36	1.76
		CV/% ≤	1.20	1.70	2.20
8	含油率 /%		$M_2 ± 0.12$		

注：1. M_1 为断裂伸长率中心值，具体由生产厂与客户协商确定，一旦确定后不得任意变更。
　　2. M_2 为含油率中心值，由生产厂与客户协商确定，一旦确定后不得任意变更。

表 5-18　涤纶预取向丝（2.9～5.0dtex）的性能项目和指标

序号	项目		分类		
			2.9dtex≤dpf≤5.0dtex		
			优等品	一等品	合格品
1	线密度偏差率 /%		± 2.0	± 2.5	± 3.0
2	线密度变异系数（CV_b）/%	≤	0.50	0.70	1.0
3	断裂强度 /（cN/dtex）	≥	2.0	2.0	1.8
4	断裂强度变异系数（CV_b）/%	≤	4.5	6.0	8.5
5	断裂伸长率 /%		$M_1 ± 4.0$	$M_1 ± 6.0$	$M_1 ± 9.0$
6	断裂伸长变异系数（CV_b）/%	≤	5.0	6.5	9.0
7	条干不匀率	U/% ≤	0.88	1.28	1.68
		CV/% ≤	1.10	1.60	2.10
8	含油率 /%		$M_2 ± 0.12$		

注：1. M_1 为断裂伸长率中心值，具体由生产厂与客户协商确定，一旦确定后不得任意变更。
　　2. M_2 为含油率中心值，由生产厂与客户协商确定，一旦确定后不得任意变更。

表 5-19 涤纶预取向丝（5.0～10.0dtex）的性能项目和指标

序号	项目		分类		
			5.0dtex≤dpf＜10.0dtex		
			优等品	一等品	合格品
1	线密度偏差率 /%		±2.0	±2.5	±3.0
2	线密度变异系数（CV_b）/%	≤	0.50	0.70.	1.0
3	断裂强度 /（cN/dtex）	≥	2.0	2.0	1.8
4	断裂强度变异系数（CV_b）/%	≤	4.0	5.5	8.0
5	断裂伸长率 /%		$M_1±4.0$	$M_1±6.0$	$M_1±9.0$
6	断裂伸长变异系数（CV_b）/%	≤	4.5	6.0	8.5
7	条干不匀率	U/% ≤	0.80	1.20	1.60
		CV/% ≤	1.00	1.50	2.00
8	含油率 /%		$M_2±0.12$		

注：1. M_1 为断裂伸长率中心值，具体由生产厂与客户协商确定，一旦确定后不得任意变更。
2. M_2 为含油率中心值，由生产厂与客户协商确定，一旦确定后不得任意变更。

涤纶预取向丝的外观项目与指标值由供需双方根据后道产品的要求协商确定。筒重指标值见表 5-20。

表 5-20 涤纶预取向丝的筒重指标值（参考 GB/T 54003）

产品等级	优等品	一等品	三等品
筒重 / 虹	定重或定长	≥5	≥2

涤纶低弹丝的物化性能与涤纶牵伸丝相似，由于被假捻而具有弹性，其强度和耐疲劳性较低，蓬松性和上染率较好，手感比较粗糙。涤纶低弹丝按其单位线密度大小分为 4 档，线密度范围分别为 0.3～0.5dtex、0.5～1.0dtex、1.0～1.7dtex、1.7～5.6dtex。涤纶低弹丝产品分为优等品、一等品、合格品 3 个等级，低于最低等级者为等外品。涤纶低弹丝的力学性能和染化性能指标见表 5-21～表 5-24。

表 5-21 涤纶低弹丝（0.3～0.5dtex）的力学性能和染化性能指标（参考 GB/T 14460）

序号	项目		0.3dtex≤dpf≤0.5dtex		
			优等品（AA 级）	一等品（A 级）	合格品（B 级）
1	线密度偏差率 /%	≥	±2.5	±3.0	±3.5
2	线密度变异系数（CV）/%	≤	1.80	2.40	2.80
3	断裂强度 /（cN/dtex）	≥	3.2	3.0	2.8
4	断裂强度变异系数（CV）/%	≤	8.00	10.00	13.0

续表

序号	项目		0.3dtex≤dpf≤0.5dtex		
			优等品（AA级）	一等品（A级）	合格品（B级）
5	断裂伸长率 /%	≤	$M_1 ± 3.0$	$M_1 ± 5.0$	$M_1 ± 8.0$
6	断裂伸长变异系数（CV）/%	≤	10.0	13.0	16.0
7	卷曲收缩率 /%		$M_2 ± 5.0$	$M_2 ± 7.0$	$M_2 ± 8.0$
8	卷曲收缩率变异系数（CV）/%	≤	9.00	15.0	20.0
9	卷曲稳定度 /%	≥	70.0	60.0	50.0
10	沸水收缩率 /%		$M_3 ± 0.6$	$M_3 ± 0.8$	$M_3 ± 1.2$
11	染色均匀率（灰卡）/ 级	≥	4	4	3
12	含油率 /%		$M_4 ± 1.0$	$M_4 ± 1.2$	$M_4 ± 1.4$
13	网络度 /（个 /m）		$M_5 ± 20$	$M_5 ± 25$	$M_5 ± 30$
14	筒重 /kg		定重或定长	≥0.8	—

注：1. M_1 为断裂伸长率中心值，具体由生产厂与客户协商确定，一旦确定后不得任意变更。
2. M_2 为卷曲收缩率中心值，具体由生产厂与客户协商确定，一旦确定后不得任意变更。
3. M_3 为沸水收缩率中心值，具体由生产厂与客户协商确定，一旦确定后不得任意变更。
4. M_4 为含油率中心值，单丝线密度（dpf）≤1.0dtex 时，M_4 为2%～4%，单丝线密度（dpf）>1.0dtex 时，M_4 为 2%～3.5%，具体由生产厂与客户协商确定，一旦确定后不得任意变更。
5. M_5 为网络度中心值，具体由生产厂与客户协商确定，一旦确定后不得任意变更。

表 5-22　涤纶低弹丝（0.5～1.0dtex）的力学性能和染化性能指标（参考 GB/T 14460）

序号	项目		0.5dtex≤dpf≤1.0dtex		
			优等品（AA级）	一等品（A级）	合格品（B级）
1	线密度偏差率 /%	≥	± 2.5	± 3.0	± 3.5
2	线密度变异系数（CV）/%	≤	1.40	1.80	2.40
3	断裂强度 /（cN/dtex）	≥	3.3	3.0	2.8
4	断裂强度变异系数（CV）/%	≤	7.00	9.00	12.0
5	断裂伸长率 /%	≤	$M_1 ± 3.0$	$M_1 ± 5.0$	$M_1 ± 8.0$
6	断裂伸长变异系数（CV）/%	≤	10.0	12.0	16.0
7	卷曲收缩率 /%		$M_2 ± 4.0$	$M_2 ± 5.0$	$M_2 ± 7.0$
8	卷曲收缩率变异系数（CV）/%	≤	9.00	15.0	20.0
9	卷曲稳定度 /%	≥	70.0	60.0	50.0
10	沸水收缩率 /%		$M_3 ± 0.6$	$M_3 ± 0.8$	$M_3 ± 1.2$
11	染色均匀率（灰卡）/ 级	≥	4	4	3

续表

序号	项目	0.5dtex≤dpf≤1.0dtex		
		优等品（AA 级）	一等品（A 级）	合格品（B 级）
12	含油率 /%	$M_4 \pm 1.0$	$M_4 \pm 1.2$	$M_4 \pm 1.4$
13	网络度 /（个 /m）	$M_5 \pm 20$	$M_5 \pm 25$	$M_5 \pm 30$
14	筒重 /kg	定重或定长	≥1.0	—

注：1. M_1 为断裂伸长率中心值，具体由生产厂与客户协商确定，一旦确定后不得任意变更。

　　2. M_2 为卷曲收缩率中心值，具体由生产厂与客户协商确定，一旦确定后不得任意变更。

　　3. M_3 为沸水收缩率中心值，具体由生产厂与客户协商确定，一旦确定后不得任意变更。

　　4. M_4 为含油率中心值，单丝线密度（dpf）≤1.0dtex 时为 2%～4%，单丝线密度（dpf）＞1.0dtex 时，M_4 为 2%～3.5%，具体由生产厂与客户协商确定，一旦确定后不得任意变更。

　　5. M_5 为网络度中心值，具体由生产厂与客户协商确定，一旦确定后不得任意变更。

表 5-23　涤纶低弹丝（1.0～1.7dtex）的力学性能和染化性能指标（参考 GB/T 14460）

序号	项目		1.0dtex≤dpf≤1.7dtex		
			优等品（AA 级）	一等品（A 级）	合格品（B 级）
1	线密度偏差率 /%	≥	± 2.5	± 3.0	± 3.5
2	线密度变异系数（CV）/%	≤	1.00	1.60	2.00
3	断裂强度 /（cN/dtex）	≥	3.3	2.9	2.8
4	断裂强度变异系数（CV）/%	≤	6.00	10.00	14.0
5	断裂伸长率 /%	≤	$M_1 \pm 3.0$	$M_1 \pm 5.0$	$M_1 \pm 7.0$
6	断裂伸长变异系数（CV）/%	≤	10.0	14.0	18.0
7	卷曲收缩率 /%		$M_2 \pm 3.0$	$M_2 \pm 4.0$	$M_2 \pm 5.0$
8	卷曲收缩率变异系数（CV）/%	≤	7.00	14.0	16.0
9	卷曲稳定度 /%	≥	78.0	70.0	65.0
10	沸水收缩率 /%		$M_3 \pm 0.5$	$M_3 \pm 0.8$	$M_3 \pm 0.9$
11	染色均匀率（灰卡）/ 级	≥	4	4	3
12	含油率 /%		$M_4 \pm 0.8$	$M_4 \pm 1.0$	$M_4 \pm 1.2$
13	网络度 /（个 /m）		$M_5 \pm 10$	$M_5 \pm 15$	$M_5 \pm 20$
14	筒重 /kg		定重或定长	≥1.0	—

注：1. M_1 为断裂伸长率中心值，具体由生产厂与客户协商确定，一旦确定后不得任意变更。

　　2. M_2 为卷曲收缩率中心值，具体由生产厂与客户协商确定，一旦确定后不得任意变更。

　　3. M_3 为沸水收缩率中心值，具体由生产厂与客户协商确定，一旦确定后不得任意变更。

　　4. M_4 为含油率中心值，单丝线密度（dpf）≤1.0dtex 时为 2%～4%，单丝线密度（dpf）＞1.0dtex 时，M_4 为 2%～3.5%，具体由生产厂与客户协商确定，一旦确定后不得任意变更。

　　5. M_5 为网络度中心值，具体由生产厂与客户协商确定，一旦确定后不得任意变更。

表 5-24　涤纶低弹丝（1.7～5.6dtex）的力学性能和染化性能指标（参考 GB/T 14460）

序号	项 目		1.7dtex≤dpf≤5.6dtex		
			优等品（AA 级）	一等品（A 级）	合格品（B 级）
1	线密度偏差率 /%	≥	±2.5	±3.0	±3.5
2	线密度变异系数（CV）/%	≤	0.90	1.50	1.90
3	断裂强度 /（cN/dtex）	≥	3.3	3.0	2.6
4	断裂强度变异系数（CV）/%	≤	6.00	9.00	13.0
5	断裂伸长率 /%	≤	$M_1 \pm 3.0$	$M_1 \pm 5.0$	$M_1 \pm 7.0$
6	断裂伸长变异系数（CV）/%	≤	9.00	13.0	17.0
7	卷曲收缩率 /%		$M_2 \pm 3.0$	$M_2 \pm 4.0$	$M_2 \pm 5.0$
8	卷曲收缩率变异系数（CV）/% ≤		7.00	15.0	17.0
9	卷曲稳定度 /%	≥	78.0	70.0	65.0
10	沸水收缩率 /%		$M_3 \pm 0.5$	$M_3 \pm 0.8$	$M_3 \pm 0.9$
11	染色均匀率（灰卡）/ 级	≥	4	4	3
12	含油率 /%		$M_4 \pm 0.8$	$M_4 \pm 1.0$	$M_4 \pm 1.2$
13	网络度 / 个·m^{-1}		$M_5 \pm 10$	$M_5 \pm 15$	$M_5 \pm 20$
14	筒重 /kg		定重或定长	≥1.2	—

注：1. M_1 为断裂伸长率中心值，具体由生产厂与客户协商确定，一旦确定后不得任意变更。
　　2. M_2 为卷曲收缩率中心值，具体由生产厂与客户协商确定，一旦确定后不得任意变更。
　　3. M_3 为沸水收缩率中心值，具体由生产厂与客户协商确定，一旦确定后不得任意变更。
　　4. M_4 为含油率中心值，单丝线密度（dpf）≤1.0dtex 时为 2%～4%，单丝线密度（dpf）＞
　　　1.0dtex 时，M_4 为 2%～3.5%，具体由生产厂与客户协商确定，一旦确定后不得任意变更。
　　5. M_5 为网络度中心值，具体由生产厂与客户协商确定，一旦确定后不得任意变更。

　　涤纶低弹丝的外观质量指标由供需双方根据后道产品的要求协商确定，必要时要纳入商业合同。

三、锦纶

　　在我国，锦纶是聚酰胺纤维的商品名。锦纶和涤纶一样，也是用熔融方法制备的。其品种很多，目前主要有锦纶 6（也叫尼龙 6），即聚己内酰胺；锦纶 66（也叫尼龙 66），即聚己二酰己二胺。锦纶以长丝为主，少量短纤维主要用于和棉、毛或其他化纤混纺。锦纶长丝用于变形加工制造弹力丝，作为机织或针织原料。

1. 结构特征

锦纶6的化学名称是聚己内酰胺，其重复单元是—NH（CH$_2$）$_5$CO—。通常纺织纤维用的相对分子质量为14 000～20 000，相对分子质量分布 M_w/M_n 为1.85。锦纶6采用熔体纺丝法，其纺丝过程与涤纶基本相同。但锦纶6缩聚体中含有8%～10%的低分子物，须在纺丝前进行切片萃取或在纺丝后洗涤去除。

锦纶66的化学名称是聚己二酰己二胺，其重复单元是—OC（CH$_2$）$_4$CONH（CH$_2$）$_6$NH—，通常纺织纤维用的相对分子质量为20 000～30 000，相对分子质量分布 M_w/M_n 为2。生产时是将己二酸与己二胺以等物质的量比制成盐后，再进行缩聚。

锦纶分子比涤纶分子容易结晶，在纺丝过程中即结晶，锦纶6在纺丝后的放置过程中也会发生结晶。锦纶的结晶度一般为30%～40%。锦纶6存在3种晶型，其中a晶型是最稳定的，其分子链排列具有完全伸展的平面锯齿形构象，如图5-8所示，相邻分子链的方向是逆平行排列的。

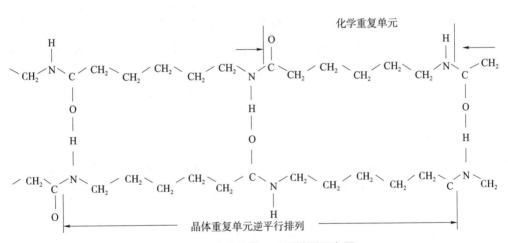

图5-8　晶体中锦纶6分子排列示意图

锦纶66晶体结构有两种晶型，其中以a晶型结构为主要晶型，如图5-9所示，其分子链在晶体中具有完全伸展的平面锯齿形构象，并由氢键固定这些分子形成片，这些片的简单堆砌结果形成a结构的三斜晶胞。

锦纶在冷却成型和拉伸过程中，由于纤维内外所受的温度不一致，使锦纶纤维具有皮芯结构，一般皮层较为紧密，取向较高而结晶度较低，芯层则相反，其截面和纵面形态与涤纶相似。也可以做成异形截面丝，提高抱合性能。如图5-10所示。

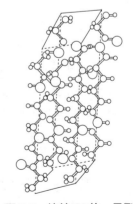

图5-9　锦纶66的a晶型

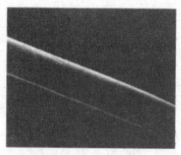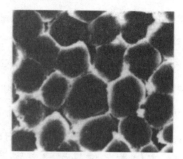

（a）纵向：光滑顺直，粗细一致　　　　　（b）横截面：圆形或异形

图 5-10　锦纶形态结构示意图

2.主要性能指标

（1）密度。锦纶 6 的密度随着内部结构和制造条件不同而有差异，不同晶型的晶体密度也不相同。通常锦纶 6 是部分结晶的，密度为 1.2～1.4g/cm³；锦纶 66 也是部分结晶的，密度范围为 1.3～1.6g/cm³，可以用作羽绒服、登山服、降落伞等轻质面料。

（2）力学性能。锦纶的强度高、伸长能力强，且弹性优良，耐磨性最佳。锦纶在小负荷下容易变形，其初始模量在常见纤维中是最低的，因此，手感柔软，但织物的保形性和硬挺性不及涤纶。锦纶的模量虽小，但回弹性在所有纤维中却最好，伸长率为 3%～6% 时，弹性恢复率接近 100%。而相同条件下，涤纶为 67%、腈纶为 56%、黏胶纤维仅为 32%～40%。能耐多次形变，可经受数万次到百万次的双折挠才发生断裂，所以它的耐疲劳性、耐磨性是常用纤维中最好的。

（3）吸湿性能。锦纶的吸湿能力比天然纤维和黏胶纤维都差。在一般大气条件下，锦纶 6 由于单体和低分子物的存在吸湿性略高于锦纶 66，干态回潮率可达 5% 左右。

（4）染色性能。锦纶的染色性虽不及天然纤维、黏胶纤维，但在合成纤维中是较易染色的一种纤维，一般可用酸性染料、分散染料及其他染料染色。

（5）热学性能。锦纶的耐热性差，锦纶 6 和锦纶 66 的玻璃化温度（T_g）分别为 35～50℃和 40～60℃，温度的升高使强度下降，收缩率增大，在 150℃下被加热 5h 左右会变黄。一般安全使用温度，锦纶 6 仅为 93℃以下，锦纶 66 为 130℃以下。遇火星易熔成小孔，甚至灼伤人体。近年来，在锦纶 6 和锦纶 66 聚合时加入热稳定剂，可改善其耐热性能。

（6）光学性能。锦纶的耐日光稳定性差，在长期光的照射下，会发黄发脆，强力下降。这种性能与蚕丝接近，特别在加消光剂二氧化钛时，二氧化钛对酰胺键的断裂有催化作用，它能使纤维在日光作用下的强度损伤更大。如日晒 16 周后的锦纶，有光纤维的强度损失为 23%，半消光纤维的强度损失可达 50%。因此，为了改善耐光性能，在纤维生产中加入耐光剂。

（7）电学性能。锦纶在相对湿度 65%，频率为 1 000Hz 和 100 000Hz 时，介电常数为 2.9～3.7。

（8）化学稳定性。锦纶的耐碱性优良，耐酸性较差。在 95℃下用 10% 的 NaOH 溶液处理 16h 后的强度损失可忽略不计。但遇酸特别是对无机酸的抵抗能力很差，主要是因为酰氨基易酸解，导致酰胺键断裂，使聚合度下降。锦纶能耐一般溶剂，将锦纶衣物干洗一般不会受到损伤。锦纶对氧化剂的稳定性较差，用氧化型漂白剂容易使织物变黄，可选用还原型漂白剂。锦纶的性能指标见表 5-25。

表 5-25　锦纶的性能指标

项目		锦纶 6			锦纶 66		
		短纤维	长丝		短纤维	长丝	
			普通	强力		普通	强力
断裂强度 cN/dtex	干态	3.8～6.2	4.2～5.6	5.6～8.4	3.1～6.3	2.6～5.3	5.2～8.4
	湿态	3.2～5.6	3.7～5.2	5.2～7.0	2.6～5.3	2.3～4.6	4.5～7.0
相对湿强度 /%		83～90	84～92	84～92	80～90	85～90	85～90
相对勾接强度 /%		65～85	75～95	70～90	65～85	75～95	70～90
相对打结强度 /%		—	80～90	60～70	—	80～90	60～70
断裂伸长率 /%	干态	25～60	28～45	16～25	16～66	25～65	16～28
	湿态	27～63	36～52	20～30	18～68	30～70	18～32
弹性恢复率 /%（伸长率 3% 时）		95～100	98～100	98～100	100	100	100
初始模量 /（cN/dtex）		7～26	18～40	24～44	9～40	4～21	18～51
密度 /（g/cm³）		1.14			1.14		
回潮率 /%	20℃、相对湿度 65%	3.5～5.0			4.2～4.5		
	20℃、相对湿度 95%	8.0～9.0			6.1～8.0		
耐热性		软化点：180℃			150℃稍发黄		
		熔点：215～220℃			250～260℃熔融		
					230℃发黏		

3. 锦纶短纤维的质量指标

锦纶主要以长丝产品为主，而锦纶短纤维主要产品只有民用锦纶 6 毛型短纤维，等级分为优等品、一等品、二等品和三等品 4 个等级，其质量指标见表 5-26。

表 5-26 民用锦纶短纤维质量指标（参考 FZ/T 52002）

序号	项目		优等品	一等品	二等品	三等品
1	断裂强度 /（cN/dtex）	≥	3.80	3.60	3.40	3.20
2	断裂伸长率 /%	≤	60	65	70	75
3	线密度偏差率 /%		± 6.0	± 8.0	± 10.0	± 12.0
4	长度偏差率 /%		± 6.0	± 8.0	± 10.0	± 12.0
5	倍长纤维含量 /（mg/100g）	≤	15.0	50.0	70.0	100.0
6	疵点含量 /（mg/100g）	≤	10.0	20.0	40.0	60.0
7	卷曲数 /（个 /25mm）		$M \pm 2.0$	$M \pm 2.5$	$M \pm 3.0$	$M \pm 3.0$

注：1. M 为卷曲数中心值，由供需方协商确定，一经确定不得任意更改。

2. 疵点包括并丝、硬丝、粗丝和料块，如采用手工拣出测定，毛型短纤维取样为 100g。

4. 锦纶长丝的质量指标

锦纶长丝主要为锦纶 6 或锦纶 66，其物理性能质量指标和外观质量指标见表 5-27 和表 5-28。

表 5-27 锦纶长丝的物理性能指标（参考 GB/T 16603）

序号	项目		优等品	一等品	合格品
1	线密度偏差率 /%				
	（1）＞78dtex		± 2.0	± 2.5	± 4.0
	（2）＞44dtex，≤78dtex		± 2.5	± 3.0	± 5.0
	（3）≤44dtex		± 3.0	± 4.0	± 6.0
2	线密度变异系数（CV）/%				
	（1）＞78dtex	≤	1.00	1.80	2.80
	（2）＞44dtex，≤78dtex	≤	1.20	2.00	3.00
	（3）≤44dtex	≤	1.60	2.70	3.90
3	断裂强度 /（cN/dtex）				
	（1）＞78dtex	≥	3.80	3.60	3.40
	（2）≤78dtex	≥	4.00	3.80	3.60
4	断裂强度变异系数（CV）/%				
	（1）＞78dtex	≥	5.00	8.00	11.00
	（2）＞44dtex，≤78dtex	≥	6.00	9.00	12.00
	（3）≤44dtex	≥	8.00	12.00	16.00

续表

序号	项目		优等品	一等品	合格品
5	断裂伸长率 /%		$M_1 \pm 4.0$	$M_1 \pm 6.0$	$M_1 \pm 8.0$
6	断裂伸长率变异系数（CV）/%				
	（1）＞78dtex	≤	8.00	12.00	16.00
	（2）＞44dtex，≤78dtex	≤	9.00	14.00	18.00
	（3）≤44dtex	≤	12.00	16.00	20.00
7	热收缩率 /%		$M_2 \pm 4.0$	$M_2 \pm 6.0$	$M_2 \pm 8.0$
8	染色均匀度（灰卡）/级	≥	4	3-4	3
9	条干均匀度变异系数（CV）/%				
	（1）单丝线密度（dpf）＞1.7dtex	≤	1.50	—	—
	（2）单丝线密度（dpf）≤1.7dtex	≤	2.00	—	—

注：1. 线密度偏差率以名义线密度为计算依据。

2. M_1 在 15%～55% 范围内选定，一般情况下不得任意变更，如因原料调换等原因，中心值可以作适当调整。

3. 热收缩率：锦纶 6 采用沸水收缩率；锦纶 66 根据用户需要也可采用干热收缩率，M_2 由供需双方协商确定。

表 5-28 锦纶长丝的外观性能指标

序号	项目	优等品	一等品	合格品
1	毛丝 /（个 / 筒）（1）≥78dtex	0	≤2	≤10
	（2）≤78dtex	0	≤4	≤15
2	毛丝团 /（个 / 筒）	0	0	≤2
3	硬头丝 /（个 / 筒）	0	0	≤2
4	圈丝 /（个 / 筒）	0	≤8	≤20
5	油污丝 /（cm² / 筒）	0	≤1	≤2
6	色差	正常	轻微	轻

（1）锦纶 6 弹力丝。锦纶 6 弹力丝的物化性能与锦纶 6 民用复丝相似，但它经过了假捻工艺处理，回弹性极好，其弹性恢复率为 85%～95%。弹力丝的线密度为 7.8dtex。锦纶 6 弹力丝分为优等品、一等品、合格品 3 个等级，低于最低等级者为等外品。其物理性能指标和外观质量指标见表 5-29 和表 5-30。

表 5-29 锦纶 6 弹力丝的物理性能质量指标（参考 Q/SH 009-05）

序号	项目		一等品	二等品	三等品
1	线密度偏差 /%		±6.0	±7.0	±8.0
2	线密度变异系数（CV）/%	≤	3.1	5.0	7.5
3	断裂强度 /（cN/dtex）	≥	3.1	2.8	2.6
4	断裂强度变异系数（CV）/%	≤	8.8	12.5	18.8
5	断裂伸长率 /%		18～32	18～32	16～25
6	断裂伸长变异系数（CV）/%	≤	12.5	15.0	18.8
7	紧缩伸长率 /%	≥	100	95	90
8	紧缩伸长变异系数（CV）/%	≤	12.5	15.0	18.8
9	合股捻度 /（捻 /m）		95～115	95～120	90～125
10	合股捻度变异系数（CV）/%	≤	12.5	15.0	18.0
11	弹性恢复率 /%	≥	95	90	85
12	卷曲收缩率 /%	≥	50	45	40
13	卷曲收缩率变异系数（CV）/%	≤	5.0	5.5	5.5
14	卷曲稳定度 /%		100	95	90
15	卷曲稳定度变异系数（CV）/%	≤	5.0	5.3	5.5
16	染色均匀率 / 级	≥	4	3	3

注：1. 表中 1～4 项作为考核定等指标，其余项作为参考指标。

2. 卷曲收缩率、卷曲稳定度及其变异系数适用于筒装弹力丝。

3. 弹力丝的标准回潮率为 4.5%，各项物理指标值均修正到标准回潮状态时的值。

表 5-30 锦纶 6 弹力丝的外观质量指标（参考 Q/SH 009-05）

序号	项目	一等品	二等品	三等品
1	僵丝（标样）	无	无	轻微
2	毛丝（标样）	轻微	轻微	稍重
3	油污丝（标样）	无	轻微	稍重
4	毛刺丝（标样）	轻微	稍重	重
5	竹节丝（标样）	轻微	稍重	重
6	成型（标样）	良好	良好	稍差
7	绞重 /（g/ 绞）	250±30	250±50	250±70
	筒重 /（g/ 绞）	150	100	50

注：1. 毛刺丝指丝条上出现密度很大的 1mm 左右的小刺，也叫卡丝。

2. 竹节丝指丝条上有周期性的捻度较高、无黏性丝，也称多竹节丝，其长度约 1mm。

（2）锦纶 66 弹力丝。锦纶 66 弹力丝的物化性能与锦纶 6 弹力丝相同，由于该纤维的弹性模量优于锦纶 6 弹力丝，所以制品的回弹稳定性等更为优越。锦纶 66 弹力丝分为优等品、一等品、合格品 3 个等级，低于最低等级者为等外品。锦纶 66 弹力丝物理性能质量指标和外观质量指标见表 5-31 和表 5-32。

表 5-31　锦纶 66 弹力丝的物理性能质量指标（参考 Q/SH 009-05）

序号	项目		一等品	二等品	三等品
1	线密度偏差 /%		±6.0	±7.0	±8.0
2	线密度变异系数（CV）/%	≤	3.1	5.0	7.5
3	断裂强度 /（cN/dtex）	≥	3.1	2.8	2.6
4	断裂强度变异系数（CV）/%	≤	8.8	12.5	18.8
5	断裂伸长率 /%		18～32	18～32	18～25
6	断裂伸长变异系数（CV）/%	≤	12.5	15.0	18.8
7	紧缩伸长率 /%	≥	100	95	90
8	紧缩伸长变异系数（CV）/%	≤	12.5	15.0	18.8
9	合股捻度 /（捻 /m）		95～120	95～125	90～125
10	合股捻度变异系数（CV）/%	≤	12.5	15.0	18.0
11	弹性恢复率 /%	≥	95	90	85
12	卷曲收缩率 /%	≥	50	45	40
13	卷曲收缩率变异系数（CV）/%	≤	5.0	5.5	5.5
14	卷曲稳定度 /%		100	95	90
15	卷曲稳定度变异系数（CV）/%	≤	5.0	5.3	5.5
16	染色均匀率（灰卡）/ 级	≥	4	3	3

注：1. 表中 1～4 项作为考核定等指标，其余项作为参考指标。
　　2. 卷曲收缩率、卷曲稳定度及其变异系数适用于筒装弹力丝。
　　3. 弹力丝的标准回潮率为 4.5%，各项物理指标值均修正到标准回潮状态时的值。

表 5-32　锦纶 66 弹力丝的外观质量指标（参考 Q/SH009-05）

序号	项目	一等品	二等品	三等品
1	僵丝（标样）	无	无	轻微
2	毛丝（标样）	轻微	轻微	稍重
3	油污丝（标样）	无	轻微	稍重
4	毛刺丝（标样）	轻微	稍重	重
5	竹节丝（标样）	轻微	稍重	重
6	成型（标样）	良好	良好	稍差
7	绞重 /（g/ 绞）	250±30	250±50	250±70
	筒重 /（g/ 绞）	150	100	50

注：1. 毛刺丝指丝条上出现密度很大的 1mm 左右的小刺，也叫卡丝。
　　2. 竹节丝即丝条上有周期性的捻度较高，无黏性丝，也称多竹节丝，其长度约 1mm。

四、腈纶

在我国，腈纶是聚丙烯腈（PAN）纤维的商品名。腈纶主要用湿法纺丝制成，但也可通过增塑熔体法纺丝制得短纤维或长丝。

1. 结构特征

腈纶主要由聚丙烯腈组成。成纤聚丙烯腈由 85% 以上的丙烯腈和不超过 15% 的第二、第三单体共聚而成。通常将丙烯腈称为第一单体，它对纤维的化学、力学性能起主要作用；第二单体称为结构单体，多采用丙烯酸甲酯，含量为 5%～10%；第三单体是带有酸性或碱性基团单体，含量为 1%～3%。目前国内生产的腈纶基本上都是三元共聚物，相对分子质量为 50 000～80 000，其结构示意如图 5-11 所示。

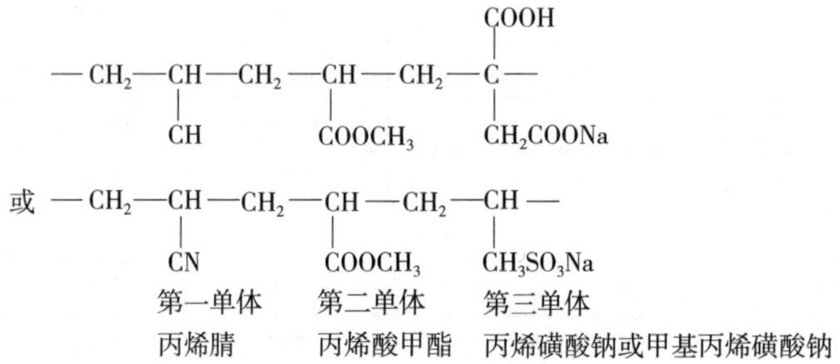

COOH
CH₂—CH—CH₂—CH—CH₂—C—
CH
COOCH₃
CH₂COONa
或
—CH₂—CH—CH₂—CH—CH₂—CH—
CN
COOCH₃
CH₃SO₃Na
第一单体
丙烯腈
第二单体
丙烯酸甲酯
第三单体
丙烯磺酸钠或甲基丙烯磺酸钠

图 5-11　丙烯腈共聚物分子结构

用 X 射线衍射法对腈纶聚集态结构的研究，证明了大分子排列并不是如图 5-12 那样有规则的螺旋状分子，而是侧向有序、纵向无序的。因此，通常认为聚丙烯腈纤维中没有严格意义上的结晶。腈纶不能形成真正晶体的原因在于腈纶的大分子上有体积较大且极性较强的氰基侧基。氰基（—CN）的偶极矩比较大，大分子间可以通过氰基发生偶极之间的相互作用（键能可达 33kJ/mol）和氢键结合（键能可达 21～41kJ/mol），如图 5-13 所示。

CN
H₂C
CN
NC
HC
CH₂
（a）
0.611nm
0.611nm
120°
NC
CN
（b）

图 5-12　聚丙烯腈的单元晶格

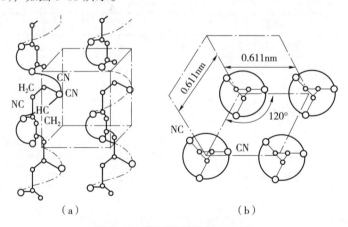

图 5-13 腈纶大分子间的连接方式

但是同在一个大分子上相邻的氰基之间，这时却也会因极性相同而相斥。在这样一个很大的吸力和斥力的共同作用下，大分子的活动受到极大的阻碍，大分子主链不能转动成有规则的螺旋体，并会在某些部位发生歪扭和曲折，以致聚丙烯腈大分子最后得到的实际上是一个不规则的螺旋状构象，因此不能形成真正的晶体。这种结构和构象的不规则性会由于腈纶共聚物中有第二、第三单体的加入而被加剧。

湿纺腈纶的截面一般为圆形或哑铃形，纵向平滑或有 1～2 根沟槽，其内部存在微小空隙；而干纺的则为花生果形，其纵向截面一般都比较粗糙，能清楚看到表面原纤间有纵向沟槽，纤维截面边缘凹凸不平，内部存在微小空穴，如图 5-14 所示。空穴的大小和多少对纤维的力学性能、染色性能以及吸湿性能影响很大。

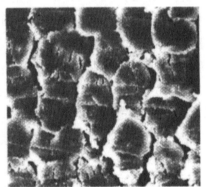

（a）纵向：顺直有沟槽　　　　（b）横截面：多边形有微小空穴

图 5-14 腈纶形态

2. 主要性能指标

（1）密度。正因为腈纶有空穴的存在，所以腈纶的密度比较小，一般湿法纺丝的密度为 $1.16～1.18g/cm^3$；干法纺丝的为 $1.14～1.17g/cm^3$。腈纶质轻体积蓬松，可容纳大量空气，腈纶的保暖性是羊毛的 1.2 倍；外观柔软与羊毛相似，故常制成短纤维与羊毛、棉或其他化学纤维混纺，以及毛型织物或纺成绒线，还可以制成毛毯、人造毛皮、絮制品等保暖制品，素有"合成羊毛"之称。

（2）力学性能。腈纶的强度比涤纶、锦纶低，断裂伸长率与涤纶、锦纶相似。多次拉伸后，剩余伸长率较大，弹性低于涤纶、锦纶和羊毛，因此尺寸稳定性较差。在合成纤维中，耐磨性属于较差的。

（3）吸湿性能。腈纶的吸湿性优于涤纶但比锦纶差，在一般大气标准条件下，回潮率为1.0%～2.5%。腈纶的回潮率与第二、第三单体的种类和用量有关，还与纤维的成型和后处理工艺以及纤维的结构有关。

（4）光学性能。腈纶的耐光性是常见纤维中最好的。试验证明，在日光和大气作用下，光照一年（约4 000h），大多数合成纤维均损失原强度的90%～95%，而腈纶纤维强度仅损失5%，所以适合做帐篷、炮衣、窗帘、苫布等户外用织物。

（5）染色性能。均聚的聚丙烯腈纤维是很难染色的，为了改善它的染色性能，常用一定数量带有亲染料基团的第三单体与其共聚。由于空穴结构的存在和第二、第三单体的引入，使得腈纶染色性较好。丙烯磺酸钠、甲基丙烯磺酸钠或衣康酸单钠作为第三单体时，腈纶可用阳离子染料染色，而加入如乙烯吡啶、丙烯基二甲胺等作为第三单体，腈纶则可用酸性染料染色。

（6）热学性能。腈纶具有较高的热稳定性，在150℃左右进行热处理，纤维的力学性能变化不大，在125℃热空气下持续作用32天，其强度可保持不变。在180～200℃下也能进行短时间的处理，但在200℃时，即使接触时间很短，也会引起纤维发黄；加热到250～300℃，腈纶就发生热裂解，分解出氰化氢及氨等小分子化合物。在高温惰性气体介质中处理腈纶可得到含碳量很高的碳纤维，但第二、第三单体含量的增加会使腈纶的耐热能力下降。

腈纶具有3种不同的聚集态，也有3个与之相对应的链段运动的转变温度，即80～100℃、140～150℃、327℃。腈纶具有热弹性，将普通腈纶拉伸后骤冷得到的纤维，如在无张力状态下受到高温处理，会发生大幅度的回缩，将这种高伸腈纶与普通腈纶混在一起纺成纱，经高温处理即成蓬松性好、毛型感强的膨体纱。

（7）化学稳定性能。腈纶的化学稳定性较好，耐矿物酸和耐弱碱能力比较强；不溶于一般的盐类（如氯化钠、硫酸钠等），也不溶于醇、醚、酯、酮及油类等溶剂。但在浓硫酸、浓硝酸、浓磷酸中会溶解；也能溶于65%、70%的硝酸或硫酸中；在冷浓碱、热稀碱中会变黄，热浓碱能立即导致其损坏。其原因在于腈纶大分子的氰基侧基在酸、碱的催化作用下会发生水解，生成酰氨基和羧基。

（8）抗菌性能。由于大分子上氰基的存在，腈纶还具有优良的抗霉菌能力，织物即使在高湿环境中也不会生霉菌、被虫蛀，如腈纶地毯，这是优于羊毛等天然纤维的一个重要性能。

腈纶的性能指标见表5-33。

表 5-33　腈纶性能指标

项目		腈纶短纤维	项目		腈纶短纤维
断裂强度 cN/dtex	干态	2.5～4.0	弹性恢复率 /%（伸长率 3% 时）		90～95
	湿态	1.9～4.0	初始模量 /（cN/dtex）		22～55
相对湿强度 /%		80～100	密度 /（g/cm³）		1.14～1.17
相对勾接强度 /%		60～75	回潮率 /%	20℃、相对湿度 65%	1.2～2.0
相对打结强度 /%		75		20℃、相对湿度 95%	1.5～3.0
断裂伸长率 /%	干态	25～50	耐热性		软化点：238～240℃
	湿态	25～60			熔点不明显：255～260℃

3. 腈纶短纤维的质量指标

腈纶主要以短纤维为主，主要品种分为腈纶短纤维、腈纶丝束和有色腈纶短纤维。

（1）腈纶短纤维。腈纶短纤维产品等级分为优等品、一等品和合格品 3 个等级，低于最低等级者为等外品。腈纶短纤维的质量指标见表 5-34。

表 5-34　棉型腈纶短纤维主要质量指标（参考 GB/T 16602）

项目		指标值		
		优等品	一等品	合格品
线密度偏差率 /%		±8	±10	±14
断裂强度 [a]/（cN/dtex）		$M_1 \pm 0.5$	$M_1 \pm 0.6$	$M_1 \pm 0.8$
断裂伸长率 [b]/%		$M_2 \pm 8$	$M_2 \pm 10$	$M_2 \pm 14$
长度偏差率 /%	≤76mm	±6	±10	±14
	>76mm	±8	±10	±14
倍长纤维含量 /（mg/100g）	1.11～2.21dtex　≤	40	60	600
	2.22～11.11dtex　≤	80	300	1 000
卷曲数 [c]/（个 /25mm）		$M_3 \pm 2.5$	$M_3 \pm 3.0$	$M_3 \pm 4.0$
疵点含量 /（mg/100g）	1.11～2.21dtex　≤	40	60	600
	2.22～11.11dtex　≤	80	300	1 000
上色率 [d]/%		$M_4 \pm 3$	$M_4 \pm 4$	$M_4 \pm 7$

[a] 断裂强度中心值由各生产单位根据品种自定，断裂强度下限值：1.11～2.21dtex 不低于 2.1cN/dtex，2.22～6.67dtex 不低于 1.9cN/dtex，6.68～11.11dtex 不低于 1.6cN/dtex。

[b] 断裂伸长率中心值 M_2 由各生产单位根据品种自定。

[c] 卷曲数中心值 M_3 由各生产厂根据品种自定，卷曲数下限值：1.11～2.21dtex 不低于 6 个 /25mm，2.22～11.11 dtex 不低于 5 个 /25mm。

[d] 上色率中心值 M_4 由各生产单位根据品种自定。

（2）腈纶丝束。腈纶丝束产品等级分为优等品、一等品和合格品 3 个等级，低于最低等级者为等外品。腈纶丝束质量指标见表 5-35。

表 5-35　腈纶丝束的性能项目和指标值（参考 GB/T 16602）

项目		指标值		
		优等品	一等品	合格品
线密度偏差率 /%		± 8	± 10	± 14
断裂强度 [a]/（cN/dtex）		$M_1 \pm 0.5$	$M_1 \pm 0.6$	$M_1 \pm 0.8$
断裂伸长率 [b]/%		$M_2 \pm 8$	$M_2 \pm 10$	$M_2 \pm 14$
卷曲数 [c]/（个 /25mm）		$M_3 \pm 2.5$	$M_3 \pm 3.0$	$M_3 \pm 4.0$
疵点含量 /（mg/100g）	1.11～2.21dtex　≤	20	40	100
	2.22～11.11dtex　≤	20	60	200
上色率 [d]/%		$M_4 \pm 3$	$M_4 \pm 4$	$M_4 \pm 7$

[a] 断裂强度中心值由各生产单位根据品种自定，断裂强度下限值：1.11～2.21dtex 不低于 2.1cN/dtex，2.22～6.67dtex 不低于 1.9cN/dtex，6.68～11.11dtex 不低于 1.6cN/dtex。
[b] 断裂伸长率中心值 M_2 由各生产单位根据品种自定。
[c] 卷曲数中心值 M_3 由各生产厂根据品种自定，卷曲数下限值：1.11～2.21dtex 不低于 6 个 /25mm，2.22～11.11dtex 不低于 5 个 /25mm。
[d] 上色率中心值 M_4 由各生产单位根据品种自定。

（3）有色腈纶短纤维。有色腈纶短纤维的产品等级分为一等品、二等品和三等品 3 个等级，并且分为主要指标和次要指标。腈纶短纤维质量指标见表 5-36 和表 5-37，棉型线密度为 1.67～2.22dtex，毛型线密度为 2.75～3.33dtex。

表 5-36　腈纶短纤维主要质量指标（参考 Q/SH 003-03-003）

序号	项目	品种	一等品	二等品	三等品
1	线密度偏差率 /%	棉型	± 8	± 10	± 12
		毛型	± 10	± 12	± 14
2	断裂强度 /（cN/dtex）　≥	棉型	2.9	2.7	2.3
		毛型	2.8	2.6	2.2
3	倍长纤维 /%　≤	棉型	0.07	0.3	0.8
		毛型	0.5	1	1.5
4	疵点 /（mg/100g）　≤	棉型	20	40	100
		毛型	60	100	200
5	色度差 / 级　≥	棉型	3.5	2.5	—
		毛型	3.5	2.5	—

表 5-37　腈纶短纤维次要质量指标（参考 Q/SH 003-03-003）

序号	项目	品种	合格	不合格	备注
6	长度偏差率 /%	棉型	-12～12	>12，<-12	—
7	超长纤维率 /%	棉型	≤3	>3	—
8	断裂伸长率 /%	棉型	25～40	>40，<25	—
		毛型	32～45	>45，<32	
9	勾接强度 /（cN/dtex）	棉型	≥2.47	<2.47	—
		毛型	≥2.12	<2.12	
10	卷曲数 /（个 /10cm）	棉型	≥40	<40	—
		毛型	≥35	<35	
11	沸水收缩率 /%	棉型	≤2	>2	采用后处理工艺
		毛型	≤2	>2	
12	纤维含油率 /%	棉型	≤ ±0.15	> ±0.15	—
		毛型	≤ ±0.15	> ±0.15	
13	纤维含硫氰酸钠 /%	棉型	≤0.08	>0.08	—
		毛型	≤0.08	>0.08	

注：1. 公定质量为 20g/m。
　　2. 平均长度中心值由供需双方商定，一经确定不得任意更改。
　　3. 缩率中心值由各厂自定，通常它可分为 4 级，即 14%、17%、20%、23%，一经确定不得任意更改。

腈纶定等说明：表中共 13 项考核指标，表 5-36 所列为主要指标，有一项不合格就按等级指标降一等，即主要指标定为二等，但其中有一项为三等，就定为三等；表 5-37 所列为次要指标，其中有两项不合格，就按等级标准降一级。如主要指标为一等，次要指标有两项不合格，就降为二等，如因主要指标已降等，次要指标有两项不合格，就不再降等；产品等级分一等、二等、三等。低于三等品指标的为等次品；纤维回潮率超过 4% 不准出厂。

五、丙纶

聚丙烯纤维是 1957 年意大利首先工业化生产的化学纤维品种，它的生产是以石油裂化分离出来的丙烯气体为原料，经聚合成聚丙烯树脂后熔融纺丝制成长丝和短纤维，纺丝过程与涤纶、锦纶相似。我国的商品名称叫"丙纶"。丙纶作为原料来源广泛，是廉价的纺织产品，主要有短纤维、长丝和膜裂纤维。

1. 结构特征

丙纶的基本组成物质是等规聚丙烯，故也称聚丙烯（PP）纤维。

成纤聚丙烯要求等规度在 95% 以上，若低于 90% 时纺丝困难，所以成纤等规聚丙烯纤维的相对分子质量一般可控制在 20 000～80 000；若纺成高强力丝或鬃丝（单纤维长丝），其相对分子质量可提高到 20×10^4 左右。相对分子质量分布 $M_w/M_n \leqslant 6$，熔点稳定在 164～172℃。

成纤等规聚丙烯是由一种相同构型的有规则的重复单元构成，侧甲基在主链平面的同一侧，形成立体的具有高结晶度有规则的螺旋状链，如图 5-15 所示。

等规聚丙烯结晶形态为球晶结构。最佳结晶温度为 125～135℃，温度过高不易形成晶核，结晶缓慢；温度过低，由于分子链扩散困难，结晶难以进行。聚丙烯初生纤维的结晶度为 33%～40%，经后拉伸结晶度上升为 37%～48%，再经热处理结晶度可为 65%～75%。

丙纶在电镜下横截面为圆形或异形，纵面形态光滑顺直，粗细一致且无条纹，与涤纶、锦纶等相似，如图 5-16 所示。

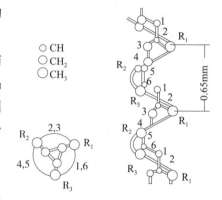

图 5-15　丙纶的螺旋结构

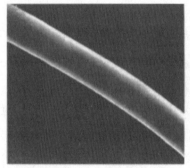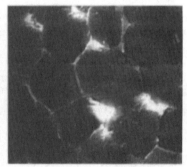

（a）纵向：光滑顺直，粗细一致　　　（b）横截面：圆形或异形

图 5-16　丙纶的形态结构

2. 主要性能指标

（1）密度。丙纶的密度仅为 0.91g/cm³ 左右，是所有化学纤维中最轻的，它比锦纶轻 20%，比涤纶轻 30%，比黏胶纤维轻 40%，因此织物的覆盖性较高。

（2）力学性能。丙纶强度高，断裂伸长和弹性都较好，所以丙纶的耐磨性也较好，特别是耐反复弯曲的性能优于其他合成纤维，与涤纶接近，但比锦纶差些，并可根据需要，制造出较柔软或较硬挺的纤维。丙纶的内聚能密度虽然不大，但由于它的结晶性好，分子的敛集密度大，所以它的断裂强度并不很低。湿强度、湿伸长率与干强度和干态伸长率几乎一样，这是因为丙纶的吸湿性很差。

（3）吸湿性。丙纶几乎不吸湿，但有独特的芯吸作用，水蒸气可通过毛细管进行传递，因此，可制成运动服或过滤织物。

（4）耐光性能。丙纶的耐光性较差，易老化。在制造时常需添加化学防老剂、紫外光吸收剂和染料组合使用。

（5）电学性能。丙纶与涤纶、锦纶一样具有很高的电阻率，为强绝缘体。丙纶在相对湿度为65%，频率为10^3Hz和10^5Hz时，介电常数为1.7。

（6）染色性能。丙纶的染色性较差，不易上染。从丙纶的化学结构及吸湿性可知，它难以染色。用分散染料染色只能得到很淡的颜色，且染色牢度很差。为了解决丙纶的染色问题，需选择与其疏水性相适应的非水溶性分散染料染色，或采用纤维变性方法使纤维带上能接受染料的基团，或将少量染料接受体加到纺丝熔体中，在基本不改变纤维物理性能的前提下使其能接受一般染色方法的染色。但这些方法都存在一些不利的影响，既提高了纤维的制造成本，又影响纤维的强度和化学稳定性，而且染色色谱也不太全。

（7）耐热性能。丙纶的耐热性能比其他化学纤维差，因为丙纶主链上的叔碳原子对氧十分敏感，极易产生自由基，并使分子链断裂，发生强烈降解，使相对分子质量降低。它的熔点和软化点较低，在高温下强度比其他纤维下降得多，因此，丙纶在加热使用时，温度不能过高。其导热系数在常见纤维中是最低的，可以作为保温材料，其保暖性能比羊毛还好。丙纶在沸水中或在其他加热条件下，都会发生不同程度的收缩。

（8）化学稳定性。丙纶的化学稳定性优良，耐酸、碱的抵抗能力均较强，并有良好的耐腐蚀性。丙纶既不溶于冷的有机溶剂，也不溶于热的乙醇、丙酮、二硫化碳和乙醚。丙纶在冷的烃类，特别是芳烃，如十氢化萘、1,2,3,4-四氯化萘中也只是溶胀，但是丙纶能溶于热的烃类和沸腾的四氯乙烷中。在沸腾的三氯乙烷中丙纶会发生收缩，如果处理时间不超过30min，则强力损失5%以下，收缩率小于4%。此外，强氧化剂如过氧化氢等也会使丙纶受损伤。

丙纶的性能指标见表5-38。

表5-38 丙纶的性能指标

项目		丙纶短纤维	丙纶长丝
断裂强度 cN/dtex	干态	2.6～5.3	2.6～7.0
	湿态	2.6～5.3	2.6～7.0
相对湿强度 /%		100	100
相对勾接强度 /%		90～95	—
相对打结强度 /%		70～90	70～90
断裂伸长率 /%	干态	20～80	20～80
	湿态	20～80	20～80

续表

项目		丙纶短纤维	丙纶长丝
弹性恢复率 /%（伸长率 3% 时）		96～100	96～100
初始模量 /（cN/dtex）		18～36	13～36
密度 /（g/cm³）		0.9～0.91	
回潮率 /%	20℃、相对湿度 65%	—	
	20℃、相对湿度 95%	0～0.1	
耐热性		软化点：200～230℃ 熔点：160～177℃	
		≥288℃开始分解 在 100℃时收缩 0%～5% 在 130℃时收缩 5%～12%	

3. 丙纶短纤维的质量指标

丙纶短纤维的主要产品为纺织用短纤维，等级分为优等品、一等品、二等品和三等品 4 个等级，丙纶短纤维线密度分为 1.7～3.3dtex、3.4～7.8dtex 和 7.9～22.2dtex。

针对 1.7～3.3dtex 丙纶短纤维质量指标见表 5-39。

表 5-39　纺织用丙纶短纤维质量指标（参考 FZ/T 52003）

序号	项目		优等品	一等品	二等品	三等品
1	断裂强度 /（cN/dtex）	≥	4.00	3.50	3.20	2.90
2	断裂伸长率 /%	≤	60.0	70.0	80.0	90.0
3	线密度偏差率 /%		±3.0	±8.0	±9.0	±10.0
4	长度偏差率 /%		±3.0	±5.0	±7.0	±9.0
5	倍长纤维含量 /（mg/100g）	≤	5.0	20.0	40.0	60.0
6	疵点含量 /（mg/100g）	≤	5.0	20.0	40.0	60.0
7	卷曲数 /（个 /25mm）		$M_1 \pm 2.5$	$M_1 \pm 3.0$	$M_1 \pm 3.5$	$M_1 \pm 4.0$
8	卷曲度 /%		$M_2 \pm 2.5$	$M_2 \pm 3.0$	$M_2 \pm 3.5$	$M_2 \pm 4.0$
9	超长纤维率 /%	≤	0.5	1.0	2.0	3.0
10	比电阻 /（Ω/cm）	≤	$K \times 10^7$	$K \times 10^8$	$K \times 10^9$	$K \times 10^9$
11	断裂强度变异系数（CV）/%	≤	10.0	—	—	—
12	含油率 /%		$M_3 \pm 0.10$	—	—	—

注：1. M_1 为卷曲数中心值，在 12～15 范围内选定，一旦确定不得任意改变。

2. M_2 为卷曲度中心值，在 11%～14% 范围内选定，一旦确定不得任意改变。

3. M_3 为含油率中心值，由各厂家自定，但不得低于 0.3%。

4. K 为比电阻系数。

针对 3.4～7.8dtex 丙纶短纤维质量指标见表 5-40。

表 5-40　纺织用丙纶短纤维质量指标（参考 FZ/T 52003）

序号	项目		优等品	一等品	二等品	三等品
1	断裂强度 /（cN/dtex）	$\geqslant$	3.50	3.00	2.70	2.40
2	断裂伸长率 /%	$\leqslant$	70.0	80.0	90.0	100.0
3	线密度偏差率 /%		± 4.0	± 8.0	± 10.0	± 12.0
4	长度偏差率 /%		± 3.0	—	—	—
5	倍长纤维含量 /（mg/100g）	$\leqslant$	5.0	20.0	40.0	60.0
6	疵点含量 /（mg/100g）	$\leqslant$	5.0	25.0	50.0	70.0
7	卷曲数 /（个 /25mm）		$M_1 ± 2.5$	$M_1 ± 3.0$	$M_1 ± 3.5$	$M_1 ± 4.0$
8	卷曲率 /%		$M_2 ± 2.5$	$M_2 ± 3.0$	$M_2 ± 3.5$	$M_2 ± 4.0$
9	比电阻 /（Ω/cm）	$\leqslant$	$K × 10^7$	$K × 10^8$	$K × 10^9$	$K × 10^9$
10	含油率 /%		$M_3 ± 0.10$	—	—	—

注：1. M_1 为卷曲数中心值，在 12～15 范围内选定，一旦确定不得任意改变。

　　2. M_2 为卷曲度中心值，在 11%～14% 范围内选定，一旦确定不得任意改变。

　　3. M_3 为含油率中心值，由各厂家自定，但不得低于 0.3%。

　　4. K 为比电阻系数。

针对 7.9～22.2dtex 丙纶短纤维质量指标见表 5-41。

表 5-41　纺织用丙纶短纤维质量指标（参考 FZ/T 52003）

序号	项目		优等品	一等品	二等品	三等品
1	断裂强度 /（cN/dtex）	$\geqslant$	2.70	2.50	2.30	2.00
2	断裂伸长率 /%		$M ± 20$	$M ± 30$	$M ± 40$	$M ± 50$
3	长度偏差率 /%		± 3.0	—	—	—
4	倍长纤维 /（mg/100g）	$\leqslant$	20.0	50.0	75.0	100.0
5	疵点含量 /（mg/100g）	$\leqslant$	50.0	100.0	150.0	200.0
6	比电阻 /（Ω/cm）	$\leqslant$	$K × 10^7$	$K × 10^9$	$K × 10^{10}$	$K × 10^{10}$

注：1. M 为断裂伸长中心值，由各厂家自行确定，也可根据用户需要确定，一旦确定不得任意改变。

　　2. K 为比电阻系数。

4. 丙纶长丝的质量指标

（1）丙纶长丝。丙纶长丝产品质量指标包括物理指标和外观指标。丙纶长丝分为优等品、一等品、二等品和三等品 4 个等级，按 FZ/T 54008（原 ZB W 52013）标准取样逐项评定，以最低等定等，低于三等者为等外品。丙纶长丝的物理质量指标和外观质量指标见表 5-42 和表 5-43。

表 5-42 丙纶长丝的物理性能质量指标（参考 FZ/T 54008）

序号	项目			优等品	一等品	二等品	三等品
1	线密度偏差率 /%			$M_1 \pm 2.0$	$M_1 \pm 3.5$	$M_1 \pm 4.5$	$M_1 \pm 5.5$
2	线密度变异系数（CV）/%	本色	≤	1.50	3.00	4.00	5.00
		有色	≤	3.00	3.50	4.50	5.50
3	断裂强度 /（cN/dtex）	本色	≥	3.80	3.50	3.40	3.30
		有色	≥	3.50	3.30	3.20	3.10
4	断裂强度变异系数（CV）/%		≤	6.0	10.0	12.0	14.0
5	断裂伸长率 /%			$M_2 \pm 7.0$	$M_2 \pm 10.0$	$M_2 \pm 13.0$	$M_2 \pm 15.0$
6	断裂伸长变异系数（CV）/%	本色	≤	15.0	—	—	—
		有色	≤	17.0	—	—	—
7	沸水收缩率 /%			$M_3 \pm 1.0$	$M_3 \pm 1.5$	$M_3 \pm 1.8$	$M_3 \pm 2.0$
8	含油率 /%			$M_4 \pm 0.50$	$M_4 \pm 0.60$	$M_4 \pm 0.70$	$M_4 \pm 0.70$

注：1. M_1 为设计线密度，线密度偏差以设计线密度为计算依据。
2. M_2 在 30～80 范围内，根据用途各厂自选，一经选定不得任意变更。
3. M_3 在 ≤10 范围内，各厂可自选中心值，一经选定不得任意变更。
4. M_4 在 0.8～1.3 范围内选定，一经选定不得任意变更。

表 5-43 丙纶长丝的外观质量指标（参考 FZ/T 54008）

序号	项目	优等品	一等品	二等品	三等品
1	毛丝 /（个 / 筒）	0	≤5	≤10	≤15
2	毛丝团 /（个 / 筒）	0	0	≤2	≤3
3	松圈丝 /（个 / 筒）	0	≤10	≤20	≤30
4	成型（标样）	良好	较好	一般	一般
5	色差（标样）	极微	轻微	较明显	较明显
6	结头 /（个 / 万米）	0	≤0.5	≤1.0	≤1.5
7	未牵伸丝（标样）	不允许	不允许	不允许	不允许
8	尾巴丝 /（圈 / 筒）	≥2.0	≥2.0	无尾巴 多尾巴	无尾巴 多尾巴
9	油污（标样）	极微	轻微	稍明显	较明显

序号	项目	优等品	一等品	二等品	三等品
10	牵伸管 /（kg/ 筒）	≥满筒名义质量90%	≥满筒名义质量85%	≥满筒名义质量50%	≥满筒名义质量30%
11	络筒管 /（kg/ 筒）	≥满筒名义质量90%	≥满筒名义质量85%	≥满筒名义质量30%	≥满筒名义质量20%
12	筒净重 /kg	—	—	—	—

注：1. 成型：卷装表面平整为"良好"；卷装表面不平整、但不影响退绕为"较好"；卷装表面凹凸不平、但不影响退绕为"一般"；卷装表面凹凸不平或动程过长、过短有可能影响退绕，但不造成塌边为"较差"（正常动程为丝层离筒两端1～4cm）。

2. 色差项目的标样制作参照《纺织品 色牢度试验 评定变色用灰色样卡》（GB/T 250—2008）4.0～4.5级为"极微"，3.5～4.0级为"轻微"，3.0～3.5级为"较明显"，同一批丝筒中，个别色泽特别深或特别浅的丝筒做降级处理。

3. 油污项目中，油污系指浅黄色油污，"极微"指浅黄色油污总面积不超过0.2cm²，"轻微"指浅黄色油污总面积不超过0.6cm²，或较深色油污总面积不超过0.3cm²，"稍明显"指浅黄色油污总面积不超过1.2cm²，或较深色油污总面积不超过0.6cm²，"较明显"指浅黄色油污总面积不超过2.0cm²，或较深色油污总面积不超过1.0cm²。

（2）丙纶弹力丝。丙纶弹力丝产品质量指标包括物理性能质量指标和外观质量指标。丙纶弹力丝分为优等品、一等品、二等品和三等品4个等级，按FZ/T 54009（原 ZB W 52014）标准取样逐项评定，以最低等定等，低于三等者为等外品。丙纶弹力丝的物理性能质量指标和外观质量指标见表5-44和表5-45。

表 5-44　丙纶弹力丝的物理性能质量指标（FZ/T 54009）

序号	项目			优等品	一等品	二等品	三等品
1	线密度偏差率 /%			$M_1 \pm 4.0$	$M_1 \pm 5.0$	$M_1 \pm 6.0$	$M_1 \pm 7.0$
2	线密度变异系数（CV）/%		≤	3.00	4.50	5.50	6.50
3	断裂强度 cN/dtex	本色	≥	3.6	3.4	3.3	3.2
		有色	≥	3.4	3.2	3.1	3.0
4	断裂强度变异系数（CV）/%		≤	7.00	12.00	13.00	15.00
5	断裂伸长率 /%			30 ± 3.0	30 ± 6.0	30 ± 8.0	30 ± 10.0
6	断裂伸长变异系数（CV）/%		≤	12.00	20.0	22.0	25.0
7	紧缩伸长率 /%	（1）<111dtex×2	≥	120	110	100	90
		（2）≥111dtex×2	≥	110	100	90	80
8	弹性恢复率 /%		≥	84.0	80.0	78.0	75.0
9	含油率 /%			$M_2 \pm 8$	$M_2 \pm 12$	$M_2 \pm 15$	$M_2 \pm 20$

注：1. M_1 为伸长丝的名义线密度。

2. M_2 为合股捻数的中心值，根据线密度由各厂自定，一经选定不得任意变更。

表5-45　丙纶弹力丝的外观质量指标（参考 FZ/T 54009）

序号	项目	优等品	一等品	二等品	三等品
1	成型（标样）	好	较好	一般	较差
2	毛丝（标样）	轻微	较好	稍重	较重
3	油污丝（标样）	不允许	极轻	轻微	稍重
4	色差（标样）	极微	轻微	较明显	明显
5	僵丝（标样）	不允许	不允许	不允许	轻微
6	卷缩不匀（标样）	极少	较少	少	较多
7	粘连（标样）	极微	轻微	轻	较重
8	竹节丝	极少	较少	少	较多
9	单股	不允许	不允许	不允许	不允许
10	多股	不允许	不允许	不允许	不允许
11	丝绞质量 /g	150 ± 50	150 ± 50	150 ± 60	150 ± 70

注：1. 色差标样参照 GB/T 250 规定，4级或4级以上为"极微"，3.5～4级以下为"轻微"，
3～3.5级以下为"较明显"，2.5～3级以下为"明显"。
2. 线绞结头采用满把结，结头长度不大于 3mm。

六、维纶

维纶是工业化比较晚的纤维，于1950年才在日本投入工业化生产。维纶亦称维尼纶，是聚乙烯醇缩甲醛纤维的商品名。维纶的主要组成为聚乙烯醇，聚乙烯醇的部分羟基经缩甲醛化处理后被封闭，从而进一步提高了纤维对热水的稳定性。维纶大多为湿法纺丝制得，干法用于生产某些专门用途的长丝。维纶和棉的性能十分相似，所以其短纤维产品以棉型为主。

1. 结构特征

聚乙烯醇经缩醛化（最普遍的是缩甲醛化，其他醛缩醛化所占比例很小）后，其性能有较大改变。

聚乙烯醇长链分子上的羟基（图5-17）在空间排布位置不同，存在3种构型，其中以间同立构大分子之间最易形成氢键，大约70%的羟基受氢键作用处于束缚状态。所以无论结晶性、取向性还是耐热性都以间同立构聚乙烯醇为最好。

聚乙烯醇的晶胞纯属单斜晶系，晶格中大分子呈锯齿状排列，每个晶胞含有两个单元链节，其晶胞结构见图5-18。

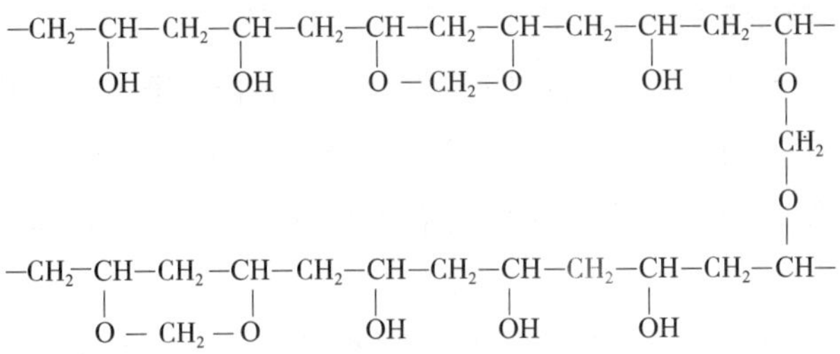

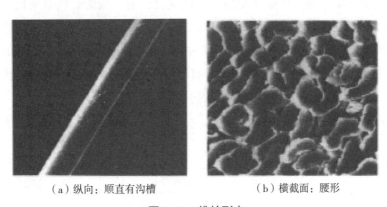

图 5-17　维纶分子结构 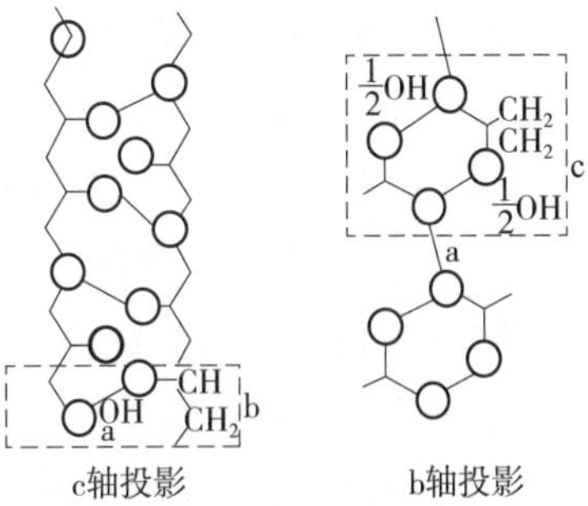　　　　　　　　　图 5-18　维纶晶胞结构

维纶的形态特征见图 5-19 维纶形状的电镜图。维纶纵向平直有 1～2 条沟槽，横截面呈腰圆形，皮芯结构。

（a）纵向：顺直有沟槽　　　　　　　　（b）横截面：腰形

图 5-19　维纶形态

2. 主要性能指标

（1）密度。维纶的密度比黏胶纤维、涤纶低，为 $1.26～1.30g/cm^3$，较棉纤维轻 20%，所以同样质量的纤维可纺成较多相同密度的织物。

（2）力学性能。维纶的强度、断裂伸长率、弹性等较其他化学纤维要差。维纶的强度取决于聚乙烯醇的聚合度和纺丝加工的条件。温度对维纶强度的影响比较小，其原因在于维纶的结晶度、取向度及分子间作用力较高。在干燥状态下，在 0～10℃的温度范围内，维纶的强度随温度升高而降低；而湿态时温度对强度的影响大，下降百分率比黏胶纤维和涤纶长丝都大。维纶短纤维的弹性恢复能力较差，织物有较多的褶痕。

（3）吸湿性能。维纶的吸湿能力是常见合成纤维中最好的，在一般大气条件下回潮率可达 5% 左右，但仍比天然纤维低。维纶的吸湿性随热拉伸程度和缩醛化程度的提高而降低。其原因在于热拉伸能显著提高纤维的结晶度、大分子取向度，而缩醛化程度则和亲水性羟基受封闭程度有关。

（4）光学性能。维纶具有相当好的耐日光性、耐腐蚀性，长时间放置在海水中和埋在地下强度无明显变化，它的耐日光性远比锦纶好，在日光照射500h的情况下，锦纶强度降低60%，而维纶仅降低11%。

（5）染色性能。维纶的染色性能较差，虽然可用多种染料，如直接染料、硫化染料、偶氮染料、还原染料、酸性染料等进行染色，但由于皮芯结构和缩醛化处理，影响染料的渗入及扩散，丙纶的染色仍普遍存在上染速率慢、染料吸收量低和色泽不鲜艳、染色色谱不全等问题。

（6）耐热性能。维纶的玻璃化温度大约为80℃，随其结构的变化以及设施条件的不同而稍有波动，维纶的熔点不明显，因为它在熔点附近就已开始分解。维纶在沸水中的尺寸稳定性随着缩醛化程度的提高而提高。维纶的耐干热稳定性也很好，到180℃时的收缩率仅为2%。维纶的热传导率低，故保暖性良好。

（7）化学稳定性能。维纶的耐酸、碱性优良，对一般的有机溶剂抵抗力强，且不易腐蚀，不霉不蛀。在常温下，在50%的氢氧化钠溶液中或浓氨水溶液以及沸腾氢氧化钠溶液中强度几乎没有降低；20℃时能经受10%盐酸和30%硫酸的作用，以及65℃时能经受5%硫酸的作用而无影响；但不耐强酸，能溶于浓的盐酸、硫酸、硝酸和80%的蚁酸中。在间甲苯酚和苯酚中只能溶胀。

维纶的性能指标见表5-46。

表5-46　维纶的性能指标

项目		维纶短纤维		维纶长丝	
		普通	强力	普通	强力
断裂强度 cN/dtex	干态	4.0～5.3	6.0～7.5	2.6～3.5	5.3～7.9
	湿态	2.8～4.6	4.6～6.0	1.8～2.8	4.4～7.0
相对湿强度 /%		72～85	78～85	70～80	75～90
相对勾接强度 /%		40	35～40	88～94	62～65
相对打结强度 /%		65	65～70	80	40～50
断裂伸长率 /%	干态	12～26	11～17	17～22	9～22
	湿态	12～26	11～17	17～25	10～26
弹性恢复率 /%（伸长率3％时）		70～85	72～85	70～90	70～90
初始模量 /（cN/dtex）		22～62	62～92	53～79	62～158
密度 /（g/cm）		1.26～1.30			
回潮率 /%	20℃、相对湿度65%	4.5～5.0		3.5～4.5	3.0～5.0
	20℃、相对湿度95%	10～12			
耐热性		在110～150℃热水中发生强烈收缩和变形 软化点：200～230℃，熔点不明显：220～240℃			

3. 维纶短纤维的质量指标

维纶的物化性能见表 5-47，维纶主要以短纤维为主，它的主要产品分为棉型和中长型，棉型维纶短纤维等级分为优等品、一等品和合格品，低于最低等级者为等外品；中长型维纶只有合格品，它们的质量指标见表 5-48。

表 5-47　棉型维纶质量指标（参考 FZ/T 52008）

序号	项目		优等品	一等品	二等品
1	线密度偏差率 /%		± 5	± 5	± 6
2	长度偏差率 /%		± 4	± 4	± 6
3	干断裂强度 /（cN/dtex）	≥	4.4	4.4	4.2
4	干断裂伸长率 /%		17 ± 2.0	17 ± 3.0	17 ± 4.0
5	湿断裂强度 /（cN/dtex）	≥	3.4	3.4	3.3
6	缩甲醛化度 /%		33 ± 2.0	33 ± 2.0	33 ± 3.5
7	水中软化点 /℃	≥	115	113	112
8	色相	≤	1.80	1.90	2.00
9	异状纤维 /（mg/100g）	≤	2.0	8.0	15.0
10	卷曲数 /（个 /25mm）	≥	3.5	3.5	—

表 5-48　中长型维纶质量指标

序号	项目		合格品	序号	项目		合格品
1	线密度偏差率 /%		± 6	6	干断裂伸长率 /%		$M ± 4.0$
2	长度偏差率 /%		± 6	7	水中软化点 /℃	≥	111
3	干断裂强度 /（cN/dtex）	≥	2.2	8	树脂化丝 /（mg/100g）	≤	30
4	湿断裂强度 /（cN/dtex）	≥	1.7	9	色相	≤	2.00
5	缩甲醛化度 /%		35.0 ± 4.0				

注：M 为预定干态伸长率，根据用户要求确定，已经确定不得任意更改。

第三节　废化学纺织原料

一、化纤行业情况

1. 我国化纤生产情况

我国化纤生产始于 20 世纪 50 年代末，是我国纺织服装产业的重要组成部分，是纺织工业的基础产业，始终是我国规划发展的重点行业。近几年来，随着纺织纤维需求量的持续增长，我国化纤产能和产业规模不断扩大，行业竞争力有较大提升。中国是纺织品生产及进出口贸易大国，也是全球化学纤维贸易大国。由于天然纤维（棉、麻、毛、丝）的发展受到环境和资源的制约，普通纺织品最基础的原料70%以上是化学纤维；而产业用纺织品的原料则基本为高性能化学纤维，主要应用于航空航天、核电站、国防装备、安全防护、医疗卫生、环境保护、基础设施、交通、新能源等领域。

2014—2019年，我国化纤产量逐年增长。2019年，我国化学纤维产量实现5 953万t，较2018年增长18.79%；2020年1～8月，在新冠疫情的影响下，我国化学纤维产量增速有所放缓，仅实现3 827万t，较2019年同比减少2.38%，但最后一个季度持续发力，最终2020年，我国化纤产量为6 025万t，同比增长3.4%。其中，涤纶产量4 923万t，同比增长3.9%；锦纶产量384万t，同比增长3.9%；黏胶短纤产量379万t，同比下降3.8%；氨纶产量83万t，同比增长14.4%。2020年，化纤行业实现营业收入7 984.2亿元，同比下降10.4%；利润总额263.48亿元，同比下降15.1%；2020年，化纤产品出口466万t，同比下降7.92%（数据来源：工信部）。

从区域格局来看，我国化学纤维的产地主要集中在东部沿海一带。2019年，浙江省化学纤维产量就占到了全国化学纤维产量的47.4%；其次为江苏省，占全国化学纤维产量的25.7%；浙江、江苏、福建3省的化学纤维产量合计达到了全国化学纤维产量的85%以上

2. 我国化纤进出口情况

从国家统计局公布的化学纤维制造业企业景气指数来看，自2019年第一季度行业企业景气指数达到高点135%之后，逐渐下降至2020年第一季度的78.62%，宏观经济下行和新冠疫情的叠加影响对国内纤维制造企业打击较大，之后随着国内疫情逐渐得到控制，逐渐恢复至2020年第四季度的123.32%。

2020年我国进口化学纤维主要产品有涤纶长丝、涤纶短纤、锦纶长丝、腈纶、黏胶长丝、黏胶短纤、氨纶7类。进口数量方面，2020年我国进口化纤产品总量75.92万t，同比减少17.30%，其中，除氨纶进口量同比增长5.16%外，其他主要产品的进口量均同比下降；进口金额方面，7种产品均呈现不同程度的下降，其中黏胶短纤降幅最大42.4%，氨纶降幅最小为12.5%。

与进口产品类似，2020年我国出口化学纤维主要产品有涤纶长丝、涤纶短纤、锦纶长丝、腈纶、黏胶长丝、黏胶短纤、氨纶七类。出口数量方面，2020年我国出口化纤产品总量466.06万t，同比下降7.92%，其中氨纶和腈纶出口量增长强劲，分别同比增长6.08%、20.49%，而涤纶短纤出口量降幅最大，同比下降18.92%；出口金额方面，7种产品均呈现不同程度的下降，其中涤纶短纤降幅最大33.91%，氨

纶降幅最小为 0.33%。

二、化纤工艺情况

合成化纤一般有两个办法，一种是熔融纺，一种溶液纺。下面分别以涤纶和氨纶为例介绍一下这两种工艺。

1. 涤纶主要是融体纺和切片纺，是典型的熔融纺工艺，大致过程如下：

（1）切片纺：对苯二甲酸＋乙二醇→对苯二甲酸乙二酯→聚对苯二甲酸乙二酯（导热油出口温度 310～315℃，工艺温度 280～300℃）→铸带→水冷却→干燥→切粒（可能需要导热油加热）→打包→聚合（纺丝）涤纶湿切片→开袋→筛选→除铁→脉冲输送→湿切片料仓→预结晶→干燥→涤纶干切片→干切片料仓→纺前过滤器→静态混合器→螺杆挤压机→熔体→喷丝头（工艺温度 270～290℃）→熔体细流→侧吹风→甬道→固化丝条→上油→卷绕→涤纶 POY→张力器→喂入辊→第一加热器→假捻器→第二热箱—第三罗拉→卷绕辊→涤纶 DTY（长丝）。

（2）融体纺：对苯二甲酸＋乙二醇→对苯二甲酸乙二酯（五釜聚合或三釜聚合）→（同心管伴热，工艺温度 270～290℃）融体过滤→增压—冷却—五通阀—融体分配管—纺丝箱—计量泵—组件（工艺温度 270～290℃）—侧吹风—油轮—预网络—涤纶 POY→张力器→喂入辊→第一加热器→假捻器→第二热箱—第三罗拉→卷绕辊→涤纶 DTY。

2. 以氨纶为例介绍溶液纺主要生产工艺

（1）干法溶液纺丝

干法纺丝以聚醚二醇与二异氰酸酯以 1∶2 的摩尔比在一定的反应温度及时间条件下形成预聚物，预聚物经溶剂混合溶解后，再加入二胺进行链增长反应，形成嵌段共聚物溶液，再经混合、过滤、脱泡等工序，制成性能均匀一致的纺丝原液。然后用计量泵定量均匀地压入纺丝头。在压力的作用下，纺丝液从喷丝板毛细孔中被挤出形成丝条细流，并进入甬道。甬道中充有热空气，使丝条细流中的溶剂迅速挥发，并被空气带走，丝条浓度不断提高直至凝固，与此同时，丝条细流被拉伸变细，最后被卷绕成一定的卷装。可纺氨纶丝的纤度范围为 1.1～246.4tex，纺丝速度 200～600m/min，有的可高达 1 000m/min。

（2）湿法溶液纺丝

湿法纺丝与干法类似，也形成嵌段共聚物溶液，通过计量泵压入喷丝头。从喷丝板毛细孔中压出的原液细流进入凝固浴，原液细流中的溶剂向凝固浴扩散，聚合物的浓度不断提高，在凝固浴中析出形成纤维，再经洗涤干燥后进行卷绕。纺丝速度一般为 5～50m/min，加工纤度 0.55～44tex。干法纺丝与湿法纺丝相比，纺丝聚合物浓度，黏度也高，能够承受更大的喷丝板拉伸比，纤维比湿纺更细。同时干纺使用热空气作为凝固介质,与凝固浴相比在纺程上丝条流体力学阻力小,纺丝速度高,产量也更大。湿法纺丝由于生产成本高,已逐渐被淘汰。

（3）熔法纺丝

熔法纺丝是将干燥后的热塑性聚氨酯切片送入螺杆挤压机,切片由于受热而熔融,熔体以一定压力被挤出并输送到纺丝部位,然后用纺丝泵将熔体定量均匀地压至纺丝组件。熔融细流从喷丝板小孔挤出,在甬道中冷却而凝固成纤维。熔融纺丝只适用于易熔的和熔融温度下稳定性良好的聚氨酯嵌段共聚物,纺丝速度为200~800m/min。熔纺生产流程短,投资少,不需溶剂回收,成本低。但熔纺氨纶技术仍不够成熟,生产成本、产品品质受原料影响较大,而原料切片生产受制于人。同时由于纺丝工艺和纺丝原料的不同,干纺氨纶与熔纺氨纶在结构和性能上存在一定差异,干纺氨纶性能优良,而熔纺氨纶在生产过程中由于预聚体在加工温度下不稳定,在高温的停留时间稍长时,会发生过量交联,生成凝胶,导致成品物理机械能也比干纺差,产品档次低,应用范围小。目前我国熔纺氨纶装置规模都偏小,产能也低。

三、废化纤纺织原料的情况

1. 化纤纺织废料的主要来源

化学纤维类废料指的是两类长丝及短纤的废料,包括将有机单体物质加以聚合而制得。例如:聚酰胺、聚酯、聚氨基甲酸酯或聚乙烯衍生物的纤维（即合成纤维）,或者将天然有机聚合物经化学变化而制得的纤维（即人造纤维）。废化纤可以包括:废纤回花（如在长丝成形和加工过程中所得的相当长的废纤维）;从粗梳、精梳及其他短纤纺前加工所得纤维卷、梳条或粗纱的落绵、小碎片、废纱（硬回丝）,即在纺纱、并纱、卷绕、机织、针织等工序中收集的断裂、打结或缠乱的废纱线;回收纤维,即把废碎化纤布或纱线撕松成为原状的纤维。

2. 化纤纺织废料的再利用情况

建设生态文明、实现高质量发展的关键是推行绿色的发展和生活方式,循环经济是推行绿色发展的具体实现模式和依靠,而循环再利用化学纤维行业也是纺织工业绿色发展的组成部分,是废旧聚酯瓶片、废旧纺织品综合利用的主要方向之一。

通常制造化纤材料过程中产生的下脚料,由于材料来源比较干净,容易回收,通常通过熔融再生产化纤材料。工业过程中产生的废旧化纤材料、制造化纤材料等下脚料,一般通过打碎、熔融等工序后再回收利用。农业制造过程中已经使用的化纤废弃物通常包含杂质甚至有危害的物质,给回收工作带来了很大的挑战。另外,由于在回收再利用技术上也存在瓶颈,因此,农业制造过程中已经使用的化纤废弃物通常被丢弃，通常采用填埋、焚烧等方式处理，目前回收再利用做得比较少。

　　用改性法将废旧化纤材料进行改性，进而制备性能优异的高分子材料，是目前废旧化纤材料再回收利用的研究热点。利用机械的共混或者化学接枝的方法，对再生材料进行改性操作能够有效改善回收废旧化纤材料的各种性能，有效提高其力学性能。废旧化纤材料具有综合力学性能好但加工利用困难的特点，PP/PE 等材料则具有综合力学性能差但加工便利等特点，因此，利用 PP/PE 等材料改性废旧化纤材料成为目前废旧化纤材料改性的研究热点。

第二部分

纺织原料固体废物检测技术

所谓的纺织类固体废物是指在成纱、织造、印染、制衣等各个工序过程中产生的回丝、废纱（布）、边角料等副产品，以及废旧或废弃的纺织品等。这些纺织固体废物品种多样，来源渠道丰富，用途广泛，有些可降等、降级直接作为其他原料使用，有些需要通过简单工序进行二次加工后才能使用，有些则不属于可回收利用范畴。我国每年会产出大量的各类纺织类固体废物，这些纺织类固体废物在生产、运输、贮存、再利用过程中，可能含有或携带含氯苯酚、塑化剂、多环芳烃、致敏分散染料或氯苯类等有害化学物质，若是将这些有害化学物质含量超标的纺织固体废物进行二次加工利用，则对人体健康、资源消耗、环境承载能力等都会产生不利影响，因此，无论是美国、日本等发达国家，还是发展中国家都非常重视纺织固体废物的安全再利用问题，在法律条文中明确规定了禁止焚烧纺织固体废物，积极倡导建立纺织固体废物回收体系，并提倡安全再利用废旧纺织品。

　　纺织原料固体废物来源广泛且物质复杂，如果要充分合理地利用纺织原料固体废物资源，就必须考虑在此过程中所产生的一系列安全问题，所有废旧物资的再生利用均存在分检问题。通过一系列的检测手段，对固体废物中的有害物质进行测定，继而对固体废物进行归类。

第六章　含氯苯酚检测技术

第一节　概论

含氯苯酚（Chlorinated Phenols，CPs）又称氯酚类化合物，是指苯酚的氯化取代物。苯酚结构中的氢原子被氯原子所取代，根据氯原子的数量可以分为一氯苯酚（MCP）、二氯苯酚（DCP）、三氯苯酚（TrCP）、四氯苯酚（TeCP）和五氯苯酚（PCP）。CPs具有很好的消毒灭菌以及防腐化特性。在纺织和服装等材料行业中，对材料的保存通常都有非常高的要求，因此，CPs被作为防腐剂广泛应用到这些行业中。另外，在纺织行业中，人们还经常将它作为一种中间物质，来对分散染料进行合成。纺织原料固废物中CPs的来源主要有两个：一是纺织原材料的半成品（例如毛坯布）和成品等贮存时作为防腐剂在上浆等过程加入，以及在印花色浆中作为增稠剂被引入；二是纺织原料固废物与别的固废一起贮存时由于环境污染使得原料中包含氯酚类物质。CPs的使用尽管给我们的生活提供了很多便利和帮助，但不可否认，它本身是一种毒物，同时不容易降解，对我们的身体以及自然环境都有极其严重的危害。因此，在纺织与服装行业中，需严格限制CPs的含量。表6-1中列出了几种常见CPs的英文缩写、CAS号、相对分子质量及分子式。

表 6-1　常见 CPs 的英文缩写、CAS 号、相对分子质量及分子式

化合物	英文缩写	CAS 号	相对分子质量	分子式
2- 氯苯酚	2-CP	95-57-8	128.56	C_6H_5ClO
4- 氯苯酚	4-CP	106-48-9	128.56	C_6H_5ClO
3- 氯苯酚	3-CP	108-43-0	128.56	C_6H_5ClO
2,5- 二氯苯酚	2,5-DCP	583-78-8	163.00	$C_6H_4Cl_2O$
2,4- 二氯苯酚	2,4-DCP	120-83-2	163.00	$C_6H_4Cl_2O$
3,5- 二氯苯酚	3,5-DCP	591-35-5	163.00	$C_6H_4Cl_2O$
2,3- 二氯苯酚	2,3-DCP	576-24-9	163.00	$C_6H_4Cl_2O$
2,6- 二氯苯酚	2,6-DCP	87-65-0	163.00	$C_6H_4Cl_2O$

续表

化合物	英文缩写	CAS 号	相对分子质量	分子式
3,4- 二氯苯酚	3,4-DCP	95-77-2	163.00	$C_6H_4Cl_2O$
2,4,6- 三氯苯酚	2,4,6-TrCP	88-06-2	197.45	$C_6H_3Cl_3O$
2,3,6- 三氯苯酚	2,3,6-TrCP	933-75-5	197.45	$C_6H_3Cl_3O$
2,3,5- 三氯苯酚	2,3,5-TrCP	933-78-8	197.45	$C_6H_3Cl_3O$
2,4,5- 三氯苯酚	2,4,5-TrCP	95-95-4	197.45	$C_6H_3Cl_3O$
2,3,4- 三氯苯酚	2,3,4-TrCP	15950-66-0	197.45	$C_6H_3Cl_3O$
3,4,5- 三氯苯酚	3,4,5-TrCP	609-19-8	197.45	$C_6H_3Cl_3O$
邻苯基苯酚	OPP	90-43-7	170.21	$C_{12}H_{10}O$
2,3,4,6- 四氯苯酚	2,3,4,6-TeCP	58-90-2	231.89	$C_6H_2Cl_4O$
2,3,5,6- 四氯苯酚	2,3,5,6-TeCP	935-95-5	231.89	$C_6H_2Cl_4O$
2,3,4,5- 四氯苯酚	2,3,4,5-TeCP	4901-51-3	231.89	$C_6H_2Cl_4O$

CPs 作为生态纺织行业中常用的防腐、防霉、防蛀剂成分，被广泛应用于纺织品、皮革、纸张等行业当中，以此来提高织物、皮革等制品的防霉蛀以及耐用性。同时为提高纤维的品质，保护纤维不受虫害的干扰，也常常被作为农药、杀虫剂中的添加剂来使用，伴随着农药的喷洒，被释放到自然环境中。除此之外，CPs 也可作为部分染料合成的中间体来使用，随着染料废水的排放被随之排放于环境水体当中。由于 CPs 上氯原子数目和位置的不同，导致其化学性质以及毒性大小也存在着一定的差异。通常来说，CPs 上的氯原子数目越多其毒性也会越大；当氯原子取代羟基的 3 或者 3，5 号位置时，其毒性较大，氯原子在 2 或者 2，6 位置的毒性较小。

CPs 由于其自身所具有的毒性，当人们在穿戴有 CPs 残留的纺织品及其制品时，CPs 会通过人体的汗液、皮肤或黏膜进入人的体内，并在人体内产生生物积蓄效应，导致人体疲乏、高烧、心力衰竭，同时对人体肝、肾也会产生一定的影响。由于 CPs 自身结构的稳定性，在自然环境中极难被降解，且土壤、水体、固体废物等对其吸附和固定作用很弱，伴随着生态循环在环境和生物体内易产生富集作用，给环境和人体带来了严重的威胁。

鉴于 CPs 对人体健康造成的影响以及对环境所造成的潜在威胁，美国环境保护署和其他国家将其列为优先污染物控制行列。目前，在国内外纺织行业标准以及规定中，非常明确地规定了 TrCP、TeCP 和 PCP 的使用限量。比如，最新版的 Oeko-Tex100 标准中规定：在第二、三、四类纺织品中，对 TrCP 的 6 种同分异构体总量要求在 0.2～2.0mg/kg 之间，对 TeCP 的 3 种同分异构体总量以及 PCP 的含量都需要低于 0.5mg/kg；而对于第一类纺织品，3 种物质的含量都不能高于 0.05mg/kg。另外，当前用于对 CPs 的检测标准包括 GB/T 18414.1《纺织品　含氯苯酚的测定　第 1 部分：气相色谱 - 质谱法》、GB/T 18414.2《纺织品　含氯苯酚的测定　第 2 部分：气相色谱法》。可以发现，现有的标准测定方法中，仅针对其中的几种 CPs 进行了检测，且前处理过程复杂，对于成分复杂的纺织固废物中 CPs 的检测，存在较大的局限性。因此，对纺织固废物样品中 CPs 的检测方法进行研究具有重要的意义。本书研究了 17 种 CPs，见表 6-2，具体的化学结构式见图 6-1。

表 6-2　17 种 CPs 的化学信息

序号	化合物	CAS 号	分子式
1	苯酚（phenol）	108-95-2	C_6H_5OH
2	叔戊基苯酚（p-tert-Amylphenol）	80-46-6	$C_{11}H_{16}O$
3	3- 氯苯酚（3-MCP）	108-43-0	C_6H_5ClO
4	4- 氯苯酚（4-MCP）	106-48-9	C_6H_5ClO
5	2,6- 二氯苯酚（2,6-DCP）	87-65-0	$C_6H_4Cl_2O$
6	2,3- 二氯苯酚（2,3-DCP）	576-24-9	$C_6H_4Cl_2O$
7	2,5- 二氯苯酚（2,5-DCP）	583-78-8	$C_6H_4Cl_2O$
8	2,4- 二氯苯酚（2,4-DCP）	120-83-2	$C_6H_4Cl_2O$
9	3,5- 二氯苯酚（3,5-DCP）	591-35-5	$C_6H_4Cl_2O$
10	3,4- 二氯苯酚（3,4-DCP）	95-77-2	$C_6H_4Cl_2O$
11	2,3,6- 三氯苯酚（2,3,6-TrCP）	933-75-5	$C_6H_3Cl_3O$
12	2,3,4- 三氯苯酚（2,3,4-TrCP）	15950-66-0	$C_6H_3Cl_3O$
13	2,3,5- 三氯苯酚（2,3,5-TrCP）	933-78-8	$C_6H_3Cl_3O$
14	2,4,6- 三氯苯酚（2,4,6-TrCP）	88-06-2	$C_6H_3Cl_3O$
15	2,4,5- 三氯苯酚（2,4,5-TrCP）	95-95-4	$C_6H_3Cl_3O$
16	2,3,4,6- 四氯苯酚（2,3,4,6-TeCP）	58-90-2	$C_6H_2Cl_4O$
17	2,3,5,6- 四氯苯酚（2,3,5,6-TeCP）	935-95-5	$C_6H_2Cl_4O$

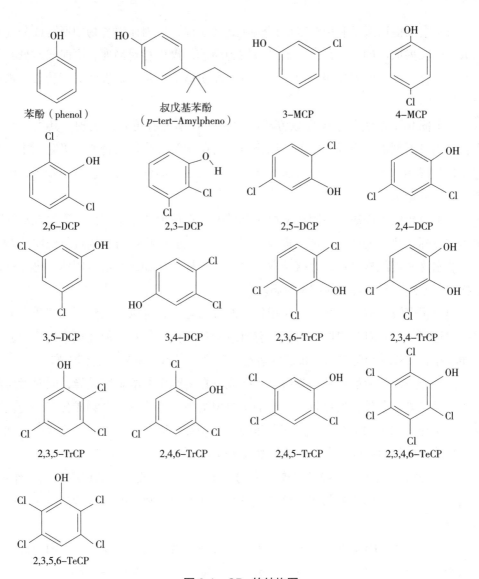

图 6-1 CPs 的结构图

第二节 样品前处理

一、引言

纺织行业中对原料中 CPs 进行提取的方法有：索氏提取法（SE）、超声波萃取法（UE）、固相萃取法（SPE）、固相微萃取法（SPME）、微波辅助萃取法（MAE）以及加速溶剂萃取法（ASE）。

（1）索氏提取法是利用溶剂的回流和虹吸原理，对固体混合物中所需成分连续萃取。索氏提取法的优点是：仪器设备较为简单，操作相对简便，同时成本低、体积小，适合小型实验室使用。但该方法也存在明显的不足，如提取时间较长、消耗溶剂较多等。

（2）固相萃取法与索氏提取方法相比在回收率上有更好的表现。其主要步骤为：先用吸附剂提取出样品中的待测物质，再用洗脱液将待测物质从吸附剂中洗脱进而得到待测物质。固相萃取方法可同时处理大批量的样品且所需时间较短，因此被试验人员青睐。

（3）固相微萃取法是在固相萃取法基础上改良后形成的新方法。不仅能从样品中提取目标物质，还能对其进行提纯。同时，在提取过程中可不用进行洗脱，对于空气和水这一类的样品可以直接萃取。对于特殊样品比如废水或者固体，进样可以选择顶空方式，但是检测的成本较高。

（4）超声波萃取法是实验室使用较多的方法之一，可以应用到不同基质类的样品提取过程中。它具有提取用时短、有机溶剂消耗少等特点。但在提取过程中温度不便于控制，经常会随着超声仪器的运行而升高，导致萃取效率受到影响。

（5）加速溶剂萃取是利用物质中不同成分在溶剂中的溶解度差异，同时考虑温度和压强等外部条件，选择特定的溶剂来提取溶液中相应的化合物成分。一定范围内，溶质在溶剂中的溶解度与温度和压强呈正相关，因此，可以通过改变温度和压强来加速目标物的提取，该方法的萃取效率较高。

（6）微波萃取法是一种新发展起来的技术，依靠微波能，利用电磁场的作用，使固体或半固体物质中的某些有机物成分与基体有效分离，并能保持分析对象的原本化合物状态。

目前，对于 CPs 的样品提取，以上几种方法均有涉及。陈秋凯等采用甲醇超声提取纺织皮革中的 CPs，回收率为 96%～116%，相对标准偏差（RSD）低于 8%。张权等运用了 SPME 的方法，对萃取过程中的平衡温度、加盐量、平衡时间以及固液比等一些试验参数进行优化，运用气相色谱法测定了生活饮用水中的 4 种 CPs，加标回收率在 89.3%～95.6%，RSD 为 0.93%～3.2%。张志荣等采用甲醇超声萃取和固相萃取净化，结合气相色谱 - 质谱（GC-MS）法对食品用纸制品中 CPs 残留量进行测定，平均回收率为 80.1%～110%，RSD 为 3.2%～9.9%，该方法样品前处理简单，准确性和灵敏度均较好。曾立平等采用微波萃取法来提取纺织品中的 CPs，以甲醇 - 水为溶剂进行提取，在此基础上，采用超高效液相色谱法结合二极管阵列（PDA）检测器对其进行检测，方法回收率在 88.7%～98.8% 范围内，TECP 和 PCP 的检出限分别为 0.000 50mg/L 和 0.001 0mg/L，RSD 为 0.6%，方法前处理简单且结果可靠。唐玉红等对皮革和纺织品中的 CPs 和邻苯基苯酚（OPP）的萃取技术进行了研究，介绍了目前的一些萃取方法，包括以上介绍的几种萃取方法，并对其优缺点及应用前景进行了分析。黄娇等采用超声萃取法对食品接触再生纸及其制品中的 CPs 进行了提取，并采用 GC-MS 法对其进行检测，方法的加标回收率范围在 86.0%～102% 之间，RSD 小于 6.2%，方法灵敏准确，再现性好。

二、试验部分

1. 仪器、试剂与材料

Agilent 7890A/5975C 气相色谱 - 质谱联用仪（美国，Agilent 公司）；KQ-300DE 型数控超声波清洗器（昆山市超声仪器有限公司）；磁力搅拌器配微型转子（德国，IKA 公司）；N-EVAP-112 水浴氮吹仪（美国，Organomation 公司）；ELIX5+60L 纯水制备系统（美国，密理特公司）；电子天平（瑞士，梅特勒 - 托利多）；SmarVapor RE 501 旋转蒸发仪（德国，De Chem-Tech 公司）；Allegra X-22R 高速离心机（德国，Beckman 公司）；EYELA MMV—1 000W 振荡器（日本，东京理化公司）；MS 3 型涡旋混匀器（德国，IKA 公司）。

标准品：2-CP、3-CP、4-CP、2,3-DCP、2,4-DCP、2,5-DCP、2,6-DCP、3,4-DCP、3,5-DCP、2,3,4-TrCP、2,3,5-TrCP、2,3,6-TrCP、2,4,5-TrCP、2,4,6-TrCP、3,4,5-TrCP、2,3,4,5-TeCP、2,3,4,6-TeCP、2,3,5,6-TeCP、OPP。18 种 CPs 和 OPP 标准品均购自德国 Dr.Ehrenstorfer GmbH 公司，纯度均大于 98.0%。

甲醇、丙酮、异丙醇、氯苯、三氯甲烷、乙腈、四氯化碳均为色谱纯（德国 Merck 公司）；二氯甲烷为色谱纯（Fisher 公司）；乙酸酐、碳酸钾、氢氧化钠、氨水、无水乙醇、无水硫酸钠（450℃烘 6h）均为分析纯（天津致远化学试剂有限公司）；试验用水为超纯水。

2. 样品制备

将废纺织固体废物样品剪碎至 3mm × 3mm 后称取 50g 于玻璃器皿中备用。

注：样品制备过程不允许接触任何塑料制品，以确保试验的准确性。

3. 标准溶液的配制及工作曲线的绘制

将 18 种 CPs 和 OPP 标准品分别用甲醇配制成 1 000mg/L 的标准储备液，于棕色贮存瓶 -20℃条件下避光贮存。根据需要用丙酮配制成 10.0mg/L 的混合标准工作液，于棕色贮存瓶 -20℃条件下避光贮存。

取 7 份 0.15mol/L 碳酸钾溶液进行加标，加标后 18 种 CPs 和 OPP 的浓度分别为 0.002 0mg/L、0.005 0mg/L、0.010mg/L、0.020mg/L、0.040 0mg/L、0.080mg/L、0.16mg/L，各取 6mL 按照"节衍生与 DLLME 萃取"方法进行衍生化处理后进行测定，得到标准曲线。

4. 样品前处理

（1）提取

取代表性纺织固体废物样品，准确称取 1g（精确至 0.01g），加入 15mL 0.1mol/L 碳酸钾溶液，于磁力搅拌器上搅拌 5min，使样品与溶液充分混合，室温条件下超声萃取 15min，过滤，残留物中再次加入 15mL 0.1moL/L 碳酸钾溶液，按以上步骤操作，合并两次提取液，定容至 30.0mL。

（2）衍生与 DLLME 萃取

准确移取 6.00mL 样品提取液于 10mL 尖底离心管中，加入 0.120mL 乙酸酐，拧紧瓶盖，涡旋混匀，于 60℃ 条件下衍生 35min 后，冷却至室温，将 0.7mL 体积比为 2：5 的萃取剂和分散剂的混合溶液迅速注入尖底离心管中，涡旋混匀，于常温下 40kHz 条件下超声萃取 5min，在 8 000r/min 下离心 3min，抽取下层有机相进行 GC-MS 分析。

5. GC–MS 条件

（1）色谱条件

色谱柱：采用 HP-5MS 毛细管色谱柱，规格 30.0m × 0.25mm × 0.25μm，不分流进样，进样口温度 280℃，载气：氦气（纯度≥99.999%），溶剂延迟 8min，流速 1.0mL/min；进样量 1.0μL，程序升温：50℃ 保持 2min，以 10℃/min 升至 230℃，全部程序总时长为 20min。

（2）质谱条件

传输线温度为 280℃，四极杆温度为 150℃，离子源温度为 230℃，电离源为 EI 源，电离能为 70eV，选择离子扫描（SIM）模式，质量扫描范围（m/z）为 45～500。

6. 定性依据及定量方法

以样品与标准品的色谱保留时间和特征离子对样品进行定性，18 种 Cps 和 OPP 的保留时间、特征离子及相对丰度比见表 6-3。

定量方法：外标法定量。

表 6-3　18 种 CPs 和 OPP 的保留时间、特征离子及相对丰度比

化合物	保留时间 /min	特征离子及相对丰度比（m/z）
2-CP	10.082	128*（100）、130（31.30）、63（25.90）、170（14.00）
4-CP	10.492	128*（100）、130（34.70）、170（17.10）、162（13.20）
3-CP	10.594	128*（100）、130（33.40）、170（13.50）、99（11.50）
2，5-DCP	11.876	162*（100）、164（66.00）、133（16.10）、206（11.60）

续表

化合物	保留时间 /min	特征离子及相对丰度比（m/z）
2,4-DCP	12.162	162*（100）、164（65.10）、63（20.00）、166（11.90）
3,5-DCP	12.334	162*（100）、164（65.10）、204（21.00）、206（13.90）
2,3-DCP	12.602	162*（100）、164（65.00）、126（22.70）、204（16.50）
2,6-DCP	12.779	162*（100）、164（64.90）、126（18.00）、166（10.30）
3,4-DCP	12.962	162*（100）、164（66.50）、63（22.40）、166（14.80）
2,4,6-TrCP	13.427	196*（100）、198（94.60）、200（30.20）、97（28.50）
2,3,6-TrCP	14.007	196*（100）、198（98.30）、97（34.70）、200（33.20）
2,3,5-TrCP	14.106	196*（100）、198（93.50）、135（42.10）、240（16.30）
2,4,5-TrCP	14.191	196*（100）、198（97.20）、200（33.40）、97（29.10）
2,3,4-TrCP	14.735	196*（100）、198（96.80）、200（31.50）、97（29.40）
3,4,5-TrCP	14.904	196*（100）、198（94.60）、200（32.00）、238（12.50）
OPP	15.549	170*（100）、169（45.20）、115（20.40）、141（18.20）
2,3,4,6-TeCP	15.667	232*（100）、230（82.90）、234（47.40）、131（37.10）
2,3,5,6-TeCP	15.725	232*（100）、230（77.60）、236（13.20）、96（22.30）
2,3,4,5-TeCP	16.416	232*（100）、230（78.10）、234（51.80）、131（26.30）

注："*"为定量离子。

7. 样品前处理条件的选择与优化

（1）萃取基体的选择

通常 CPs 样品呈弱酸性，因此在提取时以弱碱性溶剂作为基体可以使其以离子状态存在于溶液中，增加溶解度，从而提高提取效率。因此，试验分别以不同浓度的 NaOH 溶液、弱碱性 $NH_3 \cdot H_2O$ 溶液和 K_2CO_3 溶液作为萃取基体，观察目标物提取效率的变化情况。取具有代表性的 2,5- 二氯苯酚（2,5-DCP）、2,3,4- 三氯苯酚（2,3,4-TrCP）、2,3,4,5- 四氯苯酚（2,3,4,5-TeCP）、邻苯基苯酚（OPP）作为目标化合物，添加到阴性样品中，按照"GC-MS条件"进行试验测试。结果（见图 6-2）表明，碱性溶液浓度在 0.01～0.15mol/L 范围内，提取效率随着浓度的增加而增加，当浓度为 0.15mol/L 时提取效率达到最大，再增加浓度，提取效率反而出现下降的趋势，原因可能是强碱性环境所导致。当碱性溶液浓度都达到 0.15mol/L 时，K_2CO_3 溶液的提取效率明显优于 NaOH 溶液和 $NH_3 \cdot H_2O$ 溶液。因此，本书选择浓度为 0.15mol/L 的 K_2CO_3 溶液作为 18 种 CPs 和 OPP 萃取基体。

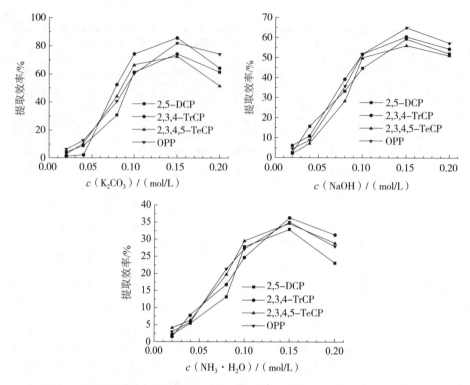

图 6-2　不同浓度的 NaOH 溶液、弱碱性 NH$_3$·H$_2$O 溶液和 K$_2$CO$_3$ 溶液作为萃取基体对 2,5-DCP、2,3,4-TrCP、2,3,4,5-TeCP、OPP 提取效率的影响

（2）衍生化试剂用量的选择

在 0.15mol/L 的碳酸钾溶液中加入 0.8mg/L 标准工作液，以四氯化碳作为萃取剂，丙酮作为分散剂，考察了衍生化试剂乙酸酐由 10μL 增加到 300μL 对试验的影响。试验显示，当乙酸酐用量在 80～120μL 之间时，峰面积有明显的增加，当体积超过 150μL 时，峰面积出现一定程度的下降，可能的原因是过量的乙酸酐影响了溶液体系的 pH，同时乙酸酐过量会对色谱柱产生一定的影响，故试验最终选择衍生化试剂乙酸酐的用量为 0.12mL。

（3）衍生化温度的优化

由于 CPs 属于易挥发性物质，但反应温度又会对衍生化过程产生一定的影响，因此在保证反应体系温度使 CPs 物质有较大的溶解度的同时降低其挥发性，本试验在 35～80℃内确定的较为理想的衍生化温度为 60℃。

（4）衍生化时间的优化

衍生化时间应保证体系内的酚类物质与乙酸酐充分反应，当反应时间达到一定条件后，继续延长反应时间，大部分目标物质的峰面积将无明显变化，个别峰面积有所下降，可能是由于酯的水解所导致。因此，本试验在 20～60min 内确定较为理想的衍生化时间为 35min。

（5）萃取剂与分散剂的选择

以丙酮作为分散剂，分别考察了氯苯、二氯甲烷、三氯甲烷、四氯化碳作为萃取剂时对萃取效率的影响。结果如图 6-3 所示，当萃取剂选用四氯化碳时，各个目标物质的萃取效率相对较好，富集倍数较为理想，且四氯化碳对待测组分无干扰。

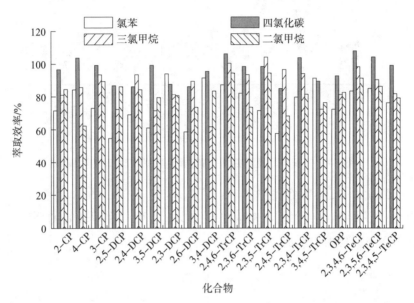

图 6-3　氯苯、二氯甲烷、三氯甲烷、四氯化碳作为萃取剂时各目标组分的萃取效率

以四氯化碳作为萃取剂，进一步考察分散剂（丙酮、异丙醇、乙腈、甲醇）的种类。试验结果显示，当分散剂选择丙酮，各个目标物质的富集倍数较好，各个组分的萃取效率均高于其他 3 种分散剂，且相对标准偏差（RSD）相对较低，故选择丙酮作为分散剂。

（6）萃取剂与分散溶剂用量的优化

以 0.4mL 丙酮作为分散剂，分别考察了 0.1mL、0.2mL、0.3mL、0.4mL 的四氯化碳对萃取效率的影响。结果表明，随着四氯化碳体积的增加萃取效率呈现出明显下降的趋势，考虑萃取剂体积过小时不利于取液进样，本试验推荐萃取剂用量为 0.2mL。

在以上基础上，分别考察了四氯化碳和丙酮不同体积比（2∶2、2∶3、2∶4、2∶5、2∶6、2∶7、2∶8）时对目标化合物提取效率的影响。结果如图 6-4 所示。当四氯化碳和丙酮体积比为 2∶5 时，除 3,5- 二氯苯酚（3,5-DCP）、2,3,6- 三氯苯酚（2,3,6-TrCP）和 3,4,5- 三氯苯酚（3,4,5-TrCP）外其余目标化合物的萃取率均高于其他体积比，综合考虑，本试验将最终选择萃取剂和分散剂的体积比为 2∶5，用量为 0.7mL。

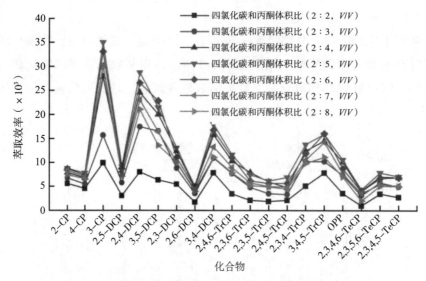

图6-4　不同体积比的四氯化碳和丙酮对萃取效率的影响

（7）乙酰化后 DLLME 色谱图

标准色谱图如图 6-5 所示。18 种 CPs 和 OPP 均可以实现较好的分离，萃取效率良好，符合分析检测的要求。

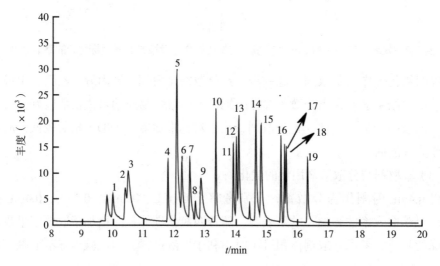

1—2-CP；2—4-CP；3—3-CP；4—2,5-DCP；5—2,4-DCP；6—3,5-DCP；7—2,3-DCP；8—2,6-DCP；9—3,4-DCP；10—2,4,6-TrCP；11—2,3,6-TrCP；12—2,3,5-TrCP；13—2,4,5-TrCP；14—2,3,4-TrCP；15—3,4,5-TrCP；16—OPP；17—2,3,4,6-TeCP；18—2,3,5,6-TeCP；19—2,3,4,5-TeCP

图6-5　18 种 CPs 和 OPP 混合标准溶液乙酰化后分散液相微萃取（DLLME）色谱图

8.标准曲线、线性范围、检出限和定量限

配制 7 个不同浓度（0.002 0mg/L、0.005 0mg/L、0.010mg/L、0.020mg/L、0.040mg/L、

0.080mg/L、0.16mg/L）的混合标准工作液，以混合标准工作液的质量浓度为横坐标、定量离子质量色谱峰面积为纵坐标，绘制标准工作曲线，得到线性方程和相关系数，结果见表6-4。质量浓度在 0.002 0～0.16mg/L 范围内各化合物线性关系良好，相关系数为 0.999 1～1.000。采用"HJ168—2020"关于检出限（LOD）的计算方法，计算各个目标物质的 LOD，并进行验证。最终确定 18 种 CPs 和 OPP 的 LOD 为 0.070～0.76μg/kg，以 4 倍检出限来限定其定量限（LOQ）为 0.28～3.0μg/kg。

表6-4　18种 CPs 和 OPP 的线性方程、线性范围、线性相关系数和检出限

化合物	回归方程	线性范围 mg/L	相关系数 r	检出限 （LOD） μg/kg	定量限 （LOQ） μg/kg
2-CP	$y=114\ 055x-281.64$	0.002～0.16	0.999 1	0.29	1.16
4-CP	$y=94\ 803x+8.795\ 3$	0.002～0.16	0.999 9	0.75	3.00
3-CP	$y=434\ 628x+152.26$	0.002～0.16	0.999 8	0.24	0.96
2,5-DCP	$y=107\ 186x+687.56$	0.002～0.16	0.999 6	0.44	1.76
2,4-DCP	$y=358\ 672x-559.41$	0.002～0.16	0.999 3	0.71	2.84
3,5-DCP	$y=271\ 916x-111.21$	0.002～0.16	0.999 9	0.38	1.52
2,3-DCP	$y=153\ 092x+339.84$	0.002～0.16	0.999 8	0.43	1.72
2,6-DCP	$y=49\ 620x+1\ 089.7$	0.002～0.16	0.999 2	0.070	0.28
3,4-DCP	$y=203\ 606x+1\ 790$	0.002～0.16	0.999 2	0.14	0.56
2,4,6-TrCP	$y=142\ 040x+280.77$	0.002～0.16	0.999 3	0.64	2.56
2,3,6-TrCP	$y=86\ 319x-81.461$	0.002～0.16	0.999 6	0.09	0.36
2,3,5-TrCP	$y=84\ 706x-163.56$	0.002～0.16	0.999 5	0.76	3.04
2,4,5-TrCP	$y=88\ 122x+5.195\ 8$	0.002～0.16	1.000 0	0.38	1.52
2,3,4-TrCP	$y=156\ 817x-127.59$	0.002～0.16	0.999 2	0.44	1.76
3,4,5-TrCP	$y=187\ 105x+103.84$	0.002～0.16	0.999 7	0.57	2.28
OPP	$y=128\ 490x+144.54$	0.002～0.16	0.999 9	0.35	1.40
2,3,4,6-TeCP	$y=56\ 995x-21.072$	0.002～0.16	0.999 5	0.56	2.24
2,3,5,6-TeCP	$y=97\ 530x+48.716$	0.002～0.16	0.999 8	0.27	1.08
2,3,4,5-TeCP	$y=90\ 863x+12.908$	0.002～0.16	1.000 0	0.75	3.00

9. 加标回收率和精密度

取代表性纺织固体废物样品，分别添加 3 个不同的加标水平 0.005 0mg/L、0.040mg/L、0.10mg/L，每一个加标水平做 6 次平行对照组，做加标回收测试，结果

见表 6-5。18 种 CPs 和 OPP 加标回收率为 84.2%～105%，相对标准偏差（RSD）为 0.60%～6.4%。

表 6-5 18 种 CPs 和 OPP 加标回收率和相对标准偏差

化合物	5.0μg/L		40μg/L		100μg/L	
	回收率 /%	相对标准偏差（RSD）/%	回收率 /%	相对标准偏差（RSD）/%	回收率 /%	相对标准偏差（RSD）/%
2-CP	93.7	1.9	92.7	3.0	91.9	2.2
4-CP	92.7	1.5	94.5	2.6	92.5	2.6
3-CP	90.2	4.4	97.9	3.1	88.2	2.2
2,5-DCP	100	2.2	90.5	2.8	98.4	3.6
2,4-DCP	94.3	0.90	86.9	5.4	102	1.0
3,5-DCP	98.9	1.9	100	0.90	94.3	3.4
2,3-DCP	105	3.6	95.5	2.7	95.7	4.9
2,6-DCP	102	0.80	90.1	1.8	96.0	2.4
3,4-DCP	102	2.1	103	4.5	100	1.8
2,4,6-TrCP	97.2	2.3	99.6	3.7	93.1	2.6
2,3,6-TrCP	87.6	3.8	102	0.80	92.2	5.3
2,3,5-TrCP	98.8	1.9	94.2	2.2	95.2	2.6
2,4,5-TrCP	99.6	2.2	90.0	6.4	99.9	2.1
2,3,4-TrCP	100	0.60	87.4	3.3	98.9	5.3
3,4,5-TrCP	89.2	2.4	92.8	1.8	84.2	3.9
OPP	105	1.8	99.2	5.5	102	1.1
2,3,4,6-TeCP	96.9	3.2	93.5	3.7	92.4	1.8
2,3,5,6-TeCP	93.9	3.4	91.1	5.6	94.5	3.9
2,3,4,5-TeCP	95.7	1.2	95.1	1.7	92.1	2.6

10. 与标准方法比较

将本文建立的方法（DLLME-GC/MS）与相关国际标准方法、国家标准方法进行对比，结果见表 6-6。本方法实现了基质更为复杂的纺织固体废物中 18 种 CPs 和 OPP 的提取和测定，方法具有操作简单、提取效率高、成本低廉、灵敏度较高、准确性较好等优点。

表 6-6 不同方法的比较

方法名称	前处理方法	主要萃取溶剂	溶剂用量 mL	萃取时间 min	检测器	检出限 μg/kg	应用范围	样品种类	回收率 %
ISO 17070: 2006	水蒸气蒸馏	H_2SO_4、H_2O、正己烷	570	120	GC/MSD	100	PCP	皮革	80.0~105
GB/T 24166—2009	超声波萃取	K_2CO_3、Na_2SO_4、正己烷	142	60	GC/MSD 和 GC/ECD	100（GC/MSD）、10（GC/ECD）	2356-TeCP、PCP	染料、燃料制品、染料中间体、纺织印染助剂	90.0~110
GB/T 18414.2—2006	液液萃取	K_2CO_3、Na_2SO_4、丙酮、正己烷	135	60	GC	20	PCP、TeCP	纺织品	89.0~103
GB/T 20386—2006	超声波萃取	K_2CO_3、Na_2SO_4、甲醇、正己烷	85（方法一）、108（方法二）	25（方法一）、36（方法二）	GC/MSD	100（方法一）、50（方法二）	OPP	纺织品	85.0~110
DLLME-GC/MS	衍生-液液微萃取	K_2CO_3、Na_2SO_4、H_2O、四氯化碳、丙酮	30	23	GC/MS	0.07-0.76	TeCP、TrCP、DCP、MCP、OPP	纺织固体废物	84.2~105

11. 实际样品测定

采用本文建立的方法对市场委托和进口报检的 62 批次纺织固体废物中 18 种 CPs 和 OPP 进行测定，其中包含：废棉（粗疏和精梳落棉、絮胎、棉短绒）、废棉纱线、废布样（废棉布料、废牛仔布料、废涤棉混纺布料）。结果见表 6-7。其中 2,4-DCP 在絮胎、废棉布料中被检出，含量分别为 15.1μg/kg、11.2μg/kg；2,4,6-TrCP 在粗疏和精梳落棉、废棉纱线中被检出，含量分别为 60.5μg/kg、68.2μg/kg；2,3,4-TrCP 在棉短绒、废棉布料被检出，含量分别为 49.4μg/kg、31.3μg/kg；2,4,5-TrCP 在粗梳和精梳落棉、废棉布料中被检出，含量分别为 48.3μg/kg、94.6μg/kg；OPP 在废棉布料、废牛仔布料、废涤棉混纺布料中被检出，含量分别为 9.81μg/kg、16.3μg/kg、21.4μg/kg；2,3,4,6-TeCP 在絮胎、棉短绒、废棉布料、废涤棉混纺布料中被检出，含量分别为 23.6μg/kg、30.1μg/kg、27.8μg/kg、7.17μg/kg；2,3,4,5-TeCP 在粗疏和精梳落棉、棉短绒、废棉纱线、废牛仔布料、废涤棉混纺布料中被检出，含量分别为 52.1μg/kg、58.3μg/kg、47.2μg/kg、7.23μg/kg、9.47μg/kg。

表 6-7　不同纺织固体废物样品中酚类化合物的检测结果　　　　单位：μg/kg

化合物	样品类型						
	A	B	C	D	E	F	G
2,4-DCP	ND	15.1	ND	ND	11.2	ND	ND
2,4,6-TrCP	60.5	ND	ND	68.2	ND	ND	ND
2,3,4-TrCP	ND	ND	49.4	ND	31.3	ND	ND
2,4,5-TrCP	48.3	ND	ND	ND	94.6	ND	ND
OPP	ND	ND	ND	ND	9.81	16.3	21.4
2,3,4,6-TeCP	ND	23.6	30.1	ND	27.8	ND	7.17
2,3,4,5-TeCP	52.1	ND	58.3	47.2	ND	7.23	9.47

注：A——粗疏和精梳落棉；B——絮胎；C——棉短绒；D——废棉纱线；E——废棉布料；F——废牛仔布料；G——废涤棉混纺布料；ND——未检出。

第三节　分析条件

一、引言

CPs 类化合物具有良好的杀菌效果，是一类重要的杀菌剂，它在纺织行业的应用很广泛，是纺织品、皮革、织造浆料和印花色浆中普遍采用的一种防霉防腐剂。但 CPs 类化合物具有很强的毒性，难以降解且能在生物体内富集，可对人类的健康及自然环境产生影响。

目前，检测 CPs 类化合物使用最为广泛的是 GC-MS 法。国家制定的相关标准中，采用了 GC 测定法以及 GC-MS 测定法。不过，这些方法在应用过程中需要对样品进行衍生化处理，同时所需溶剂的用量较多，提取的时间较长，操作也相对繁琐，对于成分复杂的纺织原料固体废物来说不利于大批量地检测分析。

本章主要以高效液相色谱仪与 PDA 紫外检测器为基础，建立了纺织固体废物中 17 种 CPs 类化合物的分析方法。另外，还对色谱和样品前处理条件进行优化，筛选出最佳条件和方法，继而对实际样品进行测定。本文建立的方法，具备分析过程中目标物质无须气化、衍生化，样品前处理简单且富集效率高，检测方法高效、灵敏、检出限低等特点。

二、试验部分

1. 试验仪器、试验试剂和试验材料

本试验所用到的所有纺织固废样品均来自进口抽查和市场委托的纺织固废机织物。根据纺织品材质不同对其进行分类如下：植物纤维（棉、麻等）、动物纤维（羊毛、蚕丝等）、化学纤维（聚酯类）、合成纤维（涤纶、腈纶等）。样品均统一编号。登记花色及材质。试验分别选取 4 种代表性纺织品各 5 个，样品详情见表 6-8。

药品：在本节试验中，所用到的化学药品所属规格以及生产厂家信息，详见表 6-9。

仪器：主要的检测仪器名称、型号以及相应的生产厂家信息，见表 6-10。

表 6-8　待测样品详情

编号	材质	颜色
1	棉	蓝色
2	棉	纯白色
3	棉	红白相间
4	棉	深蓝色白色相间
5	棉	粉色
6	羊毛	褐色
7	羊毛	暗红色
8	羊毛	蓝色
9	羊毛	军绿色
10	羊毛	米白色
11	聚酯	浅绿色
12	聚酯	淡紫色

编号	材质	颜色
13	聚酯	粉色
14	聚酯	黄色
15	聚酯	草绿色
16	腈纶	黄色
17	腈纶	粉色
18	腈纶	蓝色
19	腈纶	米白色
20	腈纶	红色

表 6-9 试验药品信息

药品名称	规格	生产厂家
苯酚（phenol）	标准品	Dr Ehrenstorfer 公司
氯苯酚（3-MCP）	标准品	Dr Ehrenstorfer 公司
氯苯酚（4-MCP）	标准品	Dr Ehrenstorfer 公司
叔戊基苯酚（p-tertAmylphenol）	标准品	Dr Ehrenstorfer 公司
2,3- 二氯苯酚（2,3-DCP）	标准品	Dr Ehrenstorfer 公司
2,4- 二氯苯酚（2,4-DCP）	标准品	Dr Ehrenstorfer 公司
2,5- 二氯苯酚（2,5-DCP）	标准品	Dr Ehrenstorfer 公司
2,6- 二氯苯酚（2,6-DCP）	标准品	Dr Ehrenstorfer 公司
3,4- 二氯苯酚（3,4-DCP）	标准品	Dr Ehrenstorfer 公司
3,5- 二氯苯酚（3,5-DCP）	标准品	Dr Ehrenstorfer 公司
2,3,4- 三氯苯酚（2,3,4-TrCP）	标准品	Dr Ehrenstorfer 公司
2,3,5- 三氯苯酚（2,3,5-TrCP）	标准品	Dr Ehrenstorfer 公司
2,3,6- 三氯苯酚（2,3,6-TrCP）	标准品	Dr Ehrenstorfer 公司
2,4,5- 三氯苯酚（2,4,5-TrCP）	标准品	Dr Ehrenstorfer 公司
2,3,4,6- 四氯苯酚（2,4,6-TrCP）	标准品	Dr Ehrenstorfer 公司
2,3,5,6- 四氯苯酚（2,4,6-TrCP）	标准品	Dr Ehrenstorfer 公司
丙酮	标准品	Dr Ehrenstorfer 公司
乙腈	色谱纯	德国 Merck 公司
甲醇	色谱纯	德国 Merck 公司
正己烷	色谱纯	德国 Merck 公司
乙酸乙酯	色谱纯	德国 Merck 公司
乙酸铵	色谱纯	德国 Merck 公司
氨水	分析纯	四川西陇化工有限公司

表 6-10　试验仪器信息

仪器名称	型号	生产厂家
高效液相色谱仪	Agilent 2998A	美国 Agilent 公司
超声波发生器	KQ-300DE	昆山市超声仪器有限公司
加速溶剂萃取仪	8011ES	美国 Waring 公司
旋转蒸发仪	SmarVapor RE 501	德国 DeChem-Tech 公司
氮吹仪	N-EVAP112	美国 Organomation Associates 公司
超纯水一体机	Milli-Q	美国 Millipore 公司
电子分析天平	AL204-IC	梅特勒 - 托利多仪器（上海）有限公司
涡旋混匀器	MS3	德国，IKA 公司

2. 试验样品制备

准确称取 1.00g 代表性纺织固废机织物样品，剪成约 5mm×5mm 以下的小块，粉碎机充分粉碎后混匀，待测。

3. 标准溶液的配制

用色谱纯甲醇溶剂将 17 种 CPs 标准物质分别配制成质量浓度为 500μg/mL 的标准储备液，并根据需要配制成合适质量浓度的混合标准溶液。于棕色贮存瓶 4℃下保存，有效期 3 个月。

4. 样品前处理

（1）超声萃取样品

取代表性纺织固废机织物样品，剪成 5mm×5mm 以下碎片，称取 1.00g，向样品中加入 30mL 所选用的提取剂，分别研究不同提取溶剂、提取温度和提取时间对提取效率的影响。提取结束后，将提取液移入鸡心瓶中，然后用 20mL 的提取液再次清洗锥形瓶及纺织品残渣，把两次提取溶液合并在一起，在 40℃条件下旋转蒸发至近干，用 1.00mL 的甲醇溶解残渣，然后过 0.2μm 滤膜，装入进样瓶中。应用本试验确定的高效液相色谱检测方法进行检测，每组试验重复 3 次，结果计算平均值。

（2）加速溶剂萃取样品

取代表性纺织固废机织物样品，剪成约 5mm×5mm 碎片，称取 1.00g，移入 34mL 不锈钢加速溶剂萃取池中进行萃取。萃取压力为 10MPa，加热时间为 3min，循环萃取 2 次，冲洗体积为 40% 萃取池体积，探讨不同萃取溶剂、萃取温度、静态萃取时间对萃取率的影响。萃取结束后用氮气吹扫萃取池 100s，萃取液收集在 60mL 收集瓶中，把萃取液转移到 100mL 的鸡心瓶中，在 40℃的水浴中浓缩至近干，加入 1.00mL 甲醇定容，过 0.2μm 的滤膜后转入进样瓶。用本试验所确定的高效液相色谱方法进行检测，试验重复 3 次，结果计算平均值。

5. HPLC–PDA 分析条件

（1）HPLC 条件

为了实现 17 种 CPs 中同分异构体的有效分离，需要选择合适的色谱柱。本节试验分别采用了 ZORBAX Eclipse plus C_{18} 柱（4.6mm×250mm×5μm）和 Spursil C_{18} 柱（4.6mm×250mm×5μm），以及 ZORBAX Extend-C_{18} 柱（4.6mm×250mm×5μm）3 种色谱柱来进行试验，探究它们对 17 种 CPs 的分离效果的影响。

（2）流动相

试验分别选用甲醇 - 水、乙腈 -NH_4AC（浓度 10%）、甲醇 - 乙酸（浓度 10%）、乙腈 - 水，甲醇 - 乙酸铵（浓度 10%），乙腈 - 甲酸（浓度 0.5%，pH=4）作为流动相，比较其对 CPs 的出峰情况影响。

（3）流速与柱温

色谱分离过程中，流速大小、色谱柱的温度变化都会对其产生一定影响。在不改变其他色谱条件的前提下，试验分别考察了流速为 0.50mL/min、0.60mL/min、0.70mL/min、0.80mL/min、0.90mL/min、1.0mL/min 下的出峰效果。另外，还考察了在不同色谱柱温度条件下（25℃、30℃、35℃）CPs 化合物的出峰效果。选用 PDA 紫外检测器进行检测，检测波长为 275nm，进样量大小为 10.0μL。

（4）提取方式的选择

目前，对于样品的提取最常用的方法就是超声提取和加速溶剂提取，对两种方式进行对比，从而得出最佳提取方式。

（5）线性和方法检出限的确定

配制不同浓度下的混合标准工作溶液，1.00μg/mL、2.00μg/mL、5.00μg/mL、10.0μg/mL、20.0μg/mL 浓度梯度的 CPs 混合标准液。根据浓度（x）以及峰面积（y）做标准曲线，得出线性方程和相关系数。以信噪比 $S/N=3$ 得出检出限（LOD）。

（6）方法的回收率测定、方法精密度测定

称取 1.00g 样品，在加标浓度为 2.00、5.00、10.0mg/L 三个水平对目标物进行加标回收实验，每个加标水平重复实验 6 次，外标法进行定量。

6. 实际样品检测

应用试验所建立的高效液相色谱（HPLC）测定法，对待测样品进行测定，并分析该方法下的检测结果。

三、试验结果与分析讨论

1. HPLC 色谱条件优化

色谱条件对目标物质的分离有直接的影响，进而影响检测结果。本节对色谱柱、流动相组成、流速及柱温进行了系统的研究，对 HPLC 参数做了优化处理。

（1）色谱柱

分别采用了 ZORBAX Eclipse plus C$_{18}$ 柱（4.6mm×250mm×5μm）和 SpursilC$_{18}$ 柱（4.6mm×250mm×5μm），以及 ZORBAX Extend C$_{18}$ 柱（4.6mm×250mm×5μm）3 种色谱柱，来对 CPs 化合物进行分离处理。它们的分离效果依次对应图 6-6、图 6-7、图 6-8。可以观察到，ZORBAX Eclipse plus C$_{18}$ 柱（4.6mm×250mm×5μm）对 CPs 的分离效果较差，峰形拖尾，Spursil C$_{18}$ 柱（4.6mm×250mm×5μm）对 CPs 的分离效果较好，但用时间相对较长。ZORBAX Extend C$_{18}$ 柱对 CPs 分离效果最好。

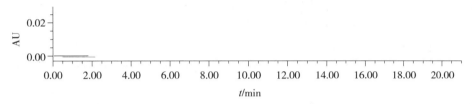

图 6-6　ZORBAX Eclipse plus C$_{18}$ 色谱柱

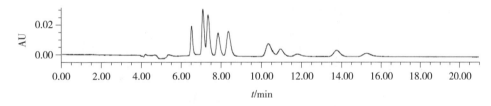

图 6-7　Spursil C$_{18}$ 色谱柱

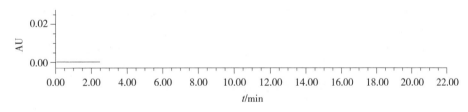

图 6-8　ZORBAX Extend C$_{18}$ 柱

单氯酚和多氯酚有很多互为同分异构体，保留时间之间相差很小，很难完全进行分离，国际生态纺织品标签 Oeko-Tex100 中对于单氯酚和每一类多氯酚总量进行限量，因此对于同一类的不能完全分离的 CPs 化合物，可对其总量进行定量，因此试验分两组进行。17 种含 CPs 化合物的 HPLC 图如图 6-9 所示。

（2）流动相

分别选用甲醇 - 水、乙腈 -NH$_4$AC（浓度 10%）、甲醇 - 乙酸（浓度 10%）、乙腈 - 水，甲醇 - 乙酸铵（浓度 10%），乙腈 - 甲酸（浓度 0.5%，pH=4）作为流动相，比较其对 CPs 的出峰情况影响。CPs 的分离效果如图 6-10～图 6-15 所示，结果表明，在甲醇 - 乙酸（浓度 10%）的条件下，CPs 化合物的出峰时间相对较晚。另外，在甲醇 - 乙酸铵（浓度 10%）的条件下，CPs 化合物的出峰表现较好，在其他几种流动相条件下，目标化合物无法分离。

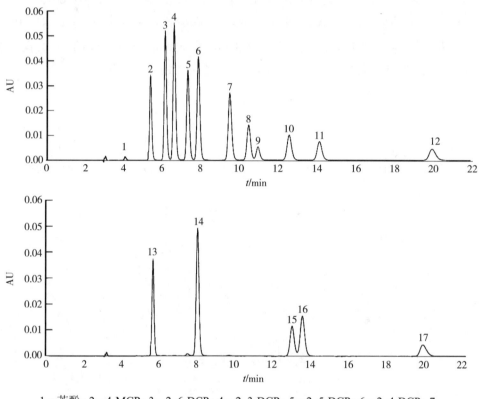

1—苯酚；2—4-MCP；3—2,6-DCP；4—2,3-DCP；5—2,5-DCP；6—2,4-DCP；7—2,3,6-TrCP；8—3,5-DCP；9—2,3,4-TrCP；10—叔戊基苯酚；11—2,3,5-TrCP；12—2,3,4,6-TeCP；13—3-MCP；14—3,4-DCP；15—2,4,6-TrCP；16—2,4,5-TrCP；17—2,3,5,6-TeCP

图 6-9　17 种 CPs 标准品的高效液相色谱图

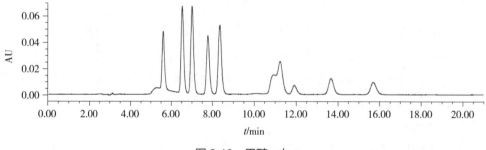

图 6-10　甲醇 - 水

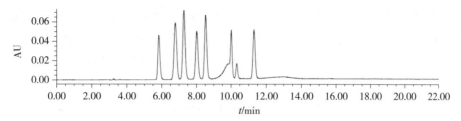

图 6-11　乙腈 - 水

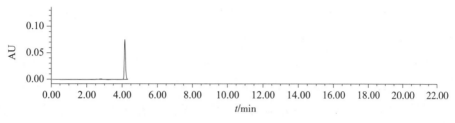

图 6-12　乙腈 - 乙酸铵（10%，pH=3）

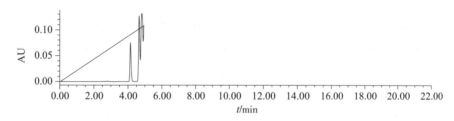

图 6-13　乙腈 - 甲酸（0.5%，pH=4）

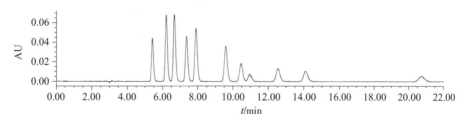

图 6-14　甲醇 - 乙酸（10%）

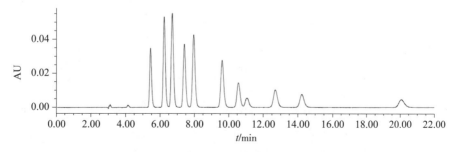

图 6-15　甲醇 - 乙酸铵（10%，pH=3）

本节试验通过改变甲醇-乙酸铵两者的比例大小，进一步探究其与CPs化合物出峰之间的关系。结果表明，在 V（甲醇）：V（乙酸铵10%）=70：30条件下17种CPs的出峰情况较好，试验最终选择以甲醇-乙酸铵（10%）为流动相。

（3）流速与柱温

本小节研究了流动相流速大小以及色谱柱的温度与色谱分离之间的关系。结果表明：一定时间内，在其他色谱条件不变的情况下，流速与整体保留时间呈负相关。加快流速会使保留时间缩短，提高分离的效率。研究发现，流速大小为0.7mL/min时，CPs化合物的分离效果相对较好。当流速大于0.7mL/min时分离效果变差，目标物质不能较好分离，故选用0.7mL/min的流速。

确定流速为0.7mL/min之后，进一步研究柱温对色谱分离的影响。试验表明：色谱的分离度会随着色谱柱温度的上升而提高，保留时间也随之减小，峰形更加尖锐，柱温提高到35℃时，整体分离效果较好。考虑继续升高柱温可能会损伤色谱柱，故选用柱温35℃的条件下进行试验。

2. 定性定量方法

以色谱图各物质保留时间和DAD提取光谱图吸收波长来定性，外标法进行定量。17种CPs保留时间和吸收波长如表6-11所示。

表6-11　17种CPs的保留时间和吸收波长

编号	化合物	吸收波长 /μm	保留时间 /min
1	苯酚（phenol）	271.1	4.14
2	叔戊基苯酚（p-tert-Amylphenol）	226.2	5.44
3	3-氯苯酚（3-MCP）	277.1	6.24
4	4-氯苯酚（4-MCP）	278.3	6.71
5	2,6-二氯苯酚（2,6-DCP）	281.8	7.42
6	2,3-二氯苯酚（2,3-DCP）	286.6	7.96
7	2,5-二氯苯酚（2,5-DCP）	288.9	9.62
8	2,4-二氯苯酚（2,4-DCP）	278.3	10.57
9	3,5-二氯苯酚（3,5-DCP）	293.7	11.05
10	3,4-二氯苯酚（3,4-DCP）	221.5	12.68
11	2,3,6-三氯苯酚（2,3,6-TrCP）	290.1	14.21
12	2,3,4-三氯苯酚（2,3,4-TrCP）	299.7	20.06
13	2,3,5-三氯苯酚（2,3,5-TrCP）	275.9	5.54
14	2,4,6-三氯苯酚（2,4,6-TrCP）	285.4	7.92
15	2,4,5-三氯苯酚（2,4,5-TrCP）	288.9	12.90
16	2,3,4,6-四氯苯酚（2,3,4,6-TeCP）	291.3	13.42
17	2,3,5,6-四氯苯酚（2,3,5,6-TeCP）	293.7	20.07

3. 超声提取

（1）提取溶剂

试验分别考察了丙酮、乙腈、甲醇、正己烷、乙酸乙酯作为萃取剂对各物质的提取效果。结果如图 6-16 所示。甲醇作为提取溶剂时 17 种 CPs 的提取率为91.0%～106%，高于其他 4 种溶剂，且提取液所含杂质少。乙腈的萃取液呈浑浊状，可能是将样品中杂质也一同萃取下来了。乙酸乙酯及正己烷的提取率比较低，可能是因为溶剂极性较弱，而 CPs 化合物属于强极性物质，无法将样品中的极性化合物完全萃取出来。因此试验最终选择以甲醇作为提取剂。

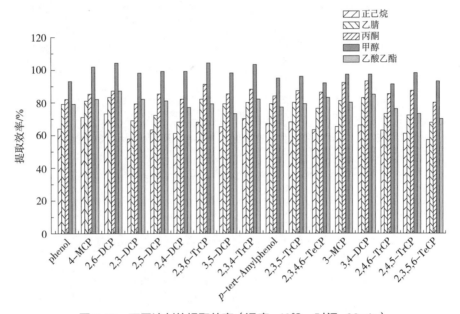

图 6-16　不同溶剂的提取效率（温度：40℃，时间：30min）

（2）提取温度

本节试验对不同温度下的提取效率进行了研究。相同条件下净化并分析，结果如图 6-17 所示。当温度从 20℃升至 40℃时，目标物质的提取率随之提高，17 种CPs 的回收率在 90.0%～105% 之间，温度的升高有利于提取的进行，当温度升至50℃时，一些化合物的提取率开始降低，当温度升至 60℃时，几乎全部化合物的提取效率都呈降低趋势，说明进一步提高温度对回收率帮助不大。所以，最终确定在40℃下进行萃取。

（3）提取时间

试验依次考察了超声时长为 10min、20min、30min、40min、50min 下的提取率。试验结果如图 6-18 所示。从图中可以观察到，在 10～30min 的超声萃取过程中，CPs 化合物的提取率与时间整体呈正相关。另外，10～30min 内，化合物的提取率为 87.0%～102%。30min 后提取率不再增加，继续增加时间至 50min，萃取效率反而下降，分析原因，可能是因为提取时间长，将样品中其他杂质带入了溶剂中，故超声提取时间选择 30min。

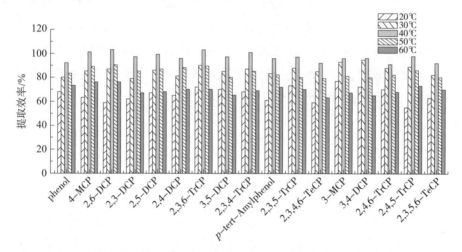

图 6-17　不同提取温度的提取效率（溶剂：甲醇，时间：30min）

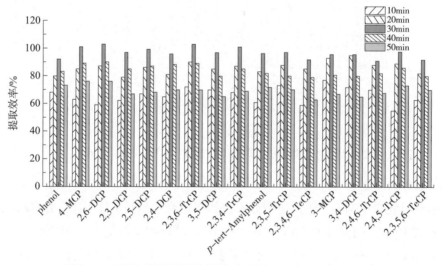

图 6-18　不同时间下的提取效率（溶剂：甲醇，温度：40℃）

（4）线性方程及其相关系数、检出限和定量限

分别配制 1.00μg/mL、2.00μg/mL、5.00μg/mL、10.0μg/mL、20.0μg/mL 质量浓度的 CPs 混合标准溶液，在"HPLC 色谱条件优化"的高效液相色谱条件下测定，以浓度（x）和峰面积（y）做标准曲线，得出线性方程和相关系数等见表 6-12。从表中数据可以发现：在质量浓度为 1.00～20.0μg/mL 的线性区间内，17 种 CPs 化合物相关系数 r^2 均大于 0.99，检出限（S/N=3）范围为 0.002 0～0.25mg/kg，定量限

（S/N=10）为 0.007 0～0.83mg/kg。

表 6-12 17 种 CPs 的相关系数和线性方程、检出限、定量限、回收率以及相对标准偏差（n=6）

编号	化合物	相关系数 r	回归方程	线性范围 mg/L	检出限（LOD） mg/kg	定量限（LOQ） mg/kg	回收率 R/%	相对偏差（RSD） S_r/%
1	phenol	0.999 7	y=0.27x+0.2	1～20	0.04	0.13	93.7	1.25
2	4-MCP	0.999 7	y=68 818x+2 667.5	1～20	0.002	0.007	102.6	1.33
3	2.6-DCP	0.999 7	y=114 957x+3 627	1～20	0.018	0.06	104.2	1.58
4	2.3-DCP	0.999 7	y=129 239x+4 622	1～20	0.11	0.35	98.3	0.94
5	2.5-DCP	0.999 6	y=91 682x+3 869	1～20	0.17	0.5	99.6	0.57
6	2,4-DCP	0.999 6	y=111 440x+4 295	1～20	0.146	0.45	99.2	1.23
7	2,3,6-TrCP	0.999 5	y=84 958x+2 062.5	1～20	0.023	0.08	104.3	1.56
8	3,5-DCP	0.999 6	y=47 539x+767.5	1～20	0.16	0.49	98.7	0.37
9	2,3,4-TrCP	0.999 6	y=19 212x-92.5	1～20	0.12	0.4	103.7	2.11
10	p-tert-Amylphenol	0.999 2	y=42 183x-3 065.5	1～20	0.09	0.3	95.1	2.26
11	2,3,5-TrCP	0.999 3	y=32 899x-2 630.5	1～20	0.25	0.8	96.8	1.58
12	2,3,4,6-TeCP	0.999 6	y=27 108x-6 779	1～20	0.25	0.83	92.5	1.77
13	3-MCP	0.999 4	y=77 664x-5 084.9	1～20	0.017	0.06	97.2	1.29
14	3,4-DCP	0.999 4	y=136 610x-9 901.4	1～20	0.012	0.04	97.6	3.5
15	2,4,6-TrCP	0.999 5	y=46 886x-5 984.5	1～20	0.075	0.25	91.7	1.25
16	2,4,5-TrCP	0.999 4	y=66 886x-6 923.8	1～20	0.05	0.17	98.5	1.37
17	2,3,5,6-TeCP	0.999 2	y=27 475x-8 331.8	1～20	0.25	0.83	93.6	0.29

（5）方法的回收率及精密度

在加标浓度为 2.00mg/L、5.00mg/L、10.0mg/L 3 个水平对目标物进行加标回收试验，每个加标水平重复试验 6 次。外标法进行定量。结果表明，在加标浓度范围内 17 种 CPs 的回收率在 91.7%～104%，相对标准偏差（RSD）为 0.29%～3.5%。

4. 加速溶剂萃取

（1）提取溶剂

试验分别探讨了丙酮、乙腈、甲醇、正己烷、乙酸乙酯作为萃取溶剂时各目标物质的提取情况，相同条件下试验并分析，结果如图 6-19 所示。结果表明，甲醇作为提取剂时提取效率最高，17 种 CPs 的提取率为 90.0%～104%，均高于其他 4 种溶剂。分析试验结果，可能是由于甲醇的极性和 CPs 化合物最为接近，因此提取率最高。因此最终选择以甲醇作为提取溶剂。

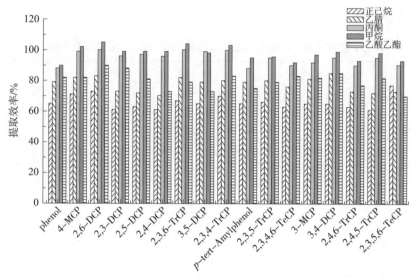

图 6-19　不同溶剂的提取效率（温度：90℃，时间：5min）

（2）提取温度

本节试验研究了萃取温度与提取率之间的关系。具体的试验结果如图 6-20 所示。从图中可以观察到：在 60~80℃条件下，CPs 化合物的提取效率与温度呈正相关。17 种 CPs 的回收率在 92.0%~103% 之间，加速溶剂萃取（ASE）过程中温度升高可以减少基体效应，降低溶剂的黏度，可以提高溶剂分子向基体中的扩散速度，进而提高提取率。当温度达到 90℃时，样品中部分 CPs 化合物的提取率开始下降，对应的回收率为 86.0%~102%。在 100℃时，样品中所有 CPs 化合物的提取率开始不断降低，相应回收率区间为 73.0%~92.0%。因此，本试验选择 80℃作为萃取温度。

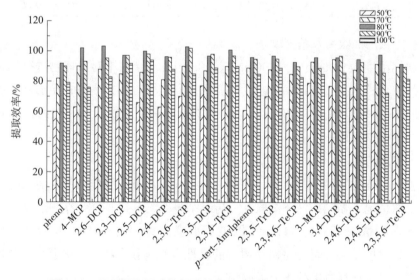

图 6-20　不同提取温度的提取效率（溶剂：甲醇，时间：5min）

（3）静态萃取时长

本节试验中考察了不同静态萃取时间对提取率的影响。分别在 4min、5min 和 10min 下，观察 CPs 化合物的提取率。试验结果如图 6-21 所示。从图中可以看到：静态萃取时长为 4min 时，17 种 CPs 的回收率比较低，在 88.0%～95.0% 之间；在 5min 时提取率提高到 96.0%～102%；10min 时的回收率和 5min 时相差不大。所以最终确定静态萃取时长为 5min。

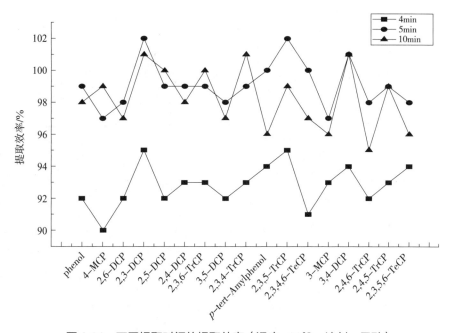

图 6-21　不同提取时间的提取效率（温度：80℃，溶剂：甲醇）

（4）线性方程及其相关系数、检出限和定量限

分别配制 1.00μg/mL、2.00μg/mL、5.00μg/mL、10.0μg/mL、20.0μg/mL 质量浓度的 CPs 混合标准溶液，在"HPLC 色谱条件优化"的高效液相色谱条件下测定，并根据浓度（x），以及峰面积（y）来做标准曲线图。具体的线性方程，以及其相关系数信息可见表 6-13。从表中数据可以发现：在质量浓度为 1.00～20.0μg/mL 的线性区间内，17 种 CPs 化合物的相关系数 r 都高于 0.99。另外，其检出限范围为 0.003 0～0.31mg/kg。同时，定量限范围为 0.010～1.0mg/kg。

（5）HPLC 方法回收率及其精密度

在加标浓度为 2.00mg/L、5.00mg/L、10.0mg/L 3 个水平对目标物进行加标回收试验，每个加标水平重复试验 6 次。外标法进行定量。试验结果表明，在 3 种浓度的加标水平下，17 种 CPs 的回收率为 91.3%～102%，相对标准偏差（RSD）为 0.39%～3.2%，能满足纺织原料固废物中含氯苯酚的检测需求。

表 6-13　17 种 CPs 的相关系数和线性方程、检出限、定量限、回收率以及相对标准偏差（n=6）

编号	化合物	相关系数 r	回归方程	线性范围 mg/L	检出限（LOD）mg/kg	定量限（LOQ）mg/kg	回收率 R/%	相对偏差（RSD）S_r/%
1	phenol	0.999 6	$y=6\ 050.6x+1\ 092.2$	1～20	0.040	0.13	94.5	1.27
2	4-MCP	0.999 4	$y=13\ 764x+2\ 667.5$	1～20	0.0030	0.010	102.5	1.29
3	2.6-DCP	0.999 4	$y=22\ 991x+3\ 627$	1～20	0.0090	0.030	102.5	1.68
4	2.3-DCP	0.999 1	$y=25\ 848x+4\ 622$	1～20	0.12	0.40	97.6	1.25
5	2.5-DCP	0.999 6	$y=18\ 336x+3\ 869$	1～20	0.17	0.56	98.7	0.39
6	2,4-DCP	0.999 3	$y=22\ 288x+4\ 295$	1～20	0.152	0.50	98.9	1.33
7	2,3,6-TrCP	0.999 3	$y=16\ 968x+2\ 262.5$	1～20	0.025	0.080	99.9	1.25
8	3,5-DCP	0.999 3	$y=9\ 507.9x+767.5$	1～20	0.18	0.060	101.2	0.56
9	2,3,4-TrCP	0.999 5	$y=3\ 842.3x-92.5$	1～20	0.14	0.46	100.4	1.97
10	p-tert-Amylphenol	0.999 5	$y=8\ 436.5x-3\ 065.5$	1～20	0.12	0.40	93.7	2.35
11	2,3,5-TrCP	0.999 3	$y=6\ 579.7x-2\ 630.5$	1～20	0.27	0.90	95.6	1.89
12	2,3,4,6-TeCP	0.999 6	$y=5\ 421.7x-6\ 779$	1～20	0.26	0.87	93.2	1.77
13	3-MCP	0.999 5	$y=15\ 521x-4\ 971.5$	1～20	0.020	0.070	96.2	1.36
14	3,4-DCP	0.999 3	$y=27\ 249x-9\ 174$	1～20	0.015	0.05	96.9	2.17
15	2,4,6-TrCP	0.999 5	$y=9\ 419.7x-6\ 410.5$	1～20	0.082	0.27	91.3	3.25
16	2,4,5-TrCP	0.999 6	$y=13\ 422x-7\ 373$	1～20	0.06	0.20	96.8	1.98
17	2,3,5,6-TeCP	0.999 2	$y=5\ 492.5x-8\ 307$	1～20	0.31	1.01	94.5	1.36

（6）超声萃取和加速溶剂萃取对比

分别用超声萃取和加速溶剂萃取两种方式对 CPs 类化合物进行前处理，对萃取溶剂、萃取温度及萃取时间进行优化，得到两种提取方式下的最优萃取条件，在最佳条件下，进行加标回收试验，进而得出两种方法下的回收率、检出限及定量限。由结果可知：当前处理采用超声提取时，17 种 CPs 化合物的回收率区间为 91.7%～104%。另外，CPs 检出限范围为 0.002 0～0.25mg/kg，定量限范围为 0.007 0～0.83mg/kg。前处理采用加速溶剂萃取方式时，17 种 CPs 的回收率为 91.3%～102%。另外，CPs 检出限范围为 0.003 0～0.31mg/kg，定量限范围为 0.010～1.0mg/kg。由数据可知，在同等试验条件下，超声萃取 CPs 化合物效果更好，回收率更高，检出限也更低。因此在样品检测中采用超声萃取方式。

第四节 实际样品测试

本节应用 HPLC 方法来对待测纺织品样品进行检测，样品检测结果见表 6-14。70% 以上样品中均检测出 3～6 种目标物，其中检测出纺织品限量物质：2,6-DCP、2,3-DCP、3,5-DCP 等 DCP 含量为 0.03～2mg/kg，2,3,6-TrCP、2,3,5-TrCP 等 DCP 的含量为 0.03～0.07mg/kg，苯酚含量为 0.02～0.2mg/kg，TeCP 含量较少。与国标方法（LOD 为 0.05mg/kg）相比，苯酚、2,6-DCP、2,3-DCP、2,3,6-TrCP、3-MCP、3,4-DCP（其中 LOD 依次为 0.04mg/kg、0.003mg/kg、0.009mg/kg、0.025mg/kg、0.02mg/kg、0.015mg/kg）检出限更低，本方法适用于 CPs 化合物的检测。

表 6-14 实际样品检测范围表

化合物	样品 1# mg/kg	样品 3# mg/kg	样品 7# mg/kg	样品 12# mg/kg	样品 16# mg/kg	样品 20# mg/kg
4-MCP	0.00	0.02	0.27	0.00	0.00	0.00
2.6-DCP	0.05	0.03	0.00	0.00	0.27	0.00
2.3-DCP	0.03	0.01	0.24	0.03	0.00	0.00
2.5-DCP	0.37	0.25	0.13	0.32	1.85	1.19
2,4-DCP	0.05	0.11	0.25	1.53	0.00	0.85
2,3,6-TrCP	0.39	0.23	0.17	0.35	1.32	1.11
3,5-DCP	0.04	0.17	0.00	0.17	0.76	1.75
2,3,4-TrCP	0.01	0.31	0.25	0.53	0.14	0.84
p-tert-Amylphenol	0.01	1.41	0.28	0.44	1.91	0.92
2,3,5-TrCP	0.02	0.00	0.18	0.00	0.01	0.00
2,3,4,6-TeCP	0.06	0.49	0.07	0.13	1.12	0.84
3-MCP	0.05	3.46	0.33	4.17	2.01	0.93
3,4-DCP	0.03	68.52	5.22	0.03	0.17	2.10
2,4,6-TrCP	0.22	2.06	0.22	0.24	1.51	0.87
2,4,5-TrCP	0.02	0.03	0.15	0.03	0.05	0.12
2,3,5,6-TeCP	0.04	0.12	0.03	0.03	0.02	0.13
phenol	0.00	0.22	0.02	0.02	0.05	0.15

第五节　结论

本文建立了纺织固体废物中 18 种 CPs 和 OPP 的同时测定方法，对提取液中目标物质乙酰化后，采用液液微萃取对衍生产物进行提取，气相色谱 - 质谱法检测，讨论并优化了试验最佳的条件。试验证明，CPs 化合物通过衍生化以后，峰形得到了显著的改善，方法的检出限降低，定量准确。衍生化技术和分散液液微萃取（DLLME）技术相结合，用于测定纺织固体废物中 18 种 CPs 和 OPP 是一种操作简单、有机溶用量少、成本低廉、灵敏度较高、准确性较好的测定方法。本研究系统地考察了纺织固体废物中的 CPs 及 OPP 化合物检测的前处理方法，在对前处理方法进行筛选和优化后，采用气相色谱 - 串联质谱法（GC-MS）对纺织固体废物中的 18 种 CPs 及 OPP 进行准确的定性、定量分析。方法对衍生化体系、乙酸酐用量、衍生化温度和时间、萃取剂种类及用量、分散剂种类及用量进行了筛选和优化，确定的最佳试验条件为：纺织固体废物样品用 0.15mol/L 的 K_2CO_3 溶液超声提取后定容，加入 0.12mL 乙酸酐于 60℃条件下衍生 35min，取 6mL 样品提取液，加入 0.7mL 体积比为 2∶5 的四氯化碳（提取剂）和丙酮（分散剂）的混合溶液分散萃取，8000r/min 下离心 3min，取下层有机相进行 GC-MS 分析。在优化试验条件下 18 种 CPs 和 OPP 在 $2.00 \times 10^{-3} \sim 0.160$mg/L 范围内均呈现出良好的线性关系，相关系数为 0.9991～1.0000，检出限（LOD）为 0.070～0.76μg/kg，定量限（LOQ）为 0.28～3.0μg/kg，样品加标回收率为 84.2%～105%，相对标准偏差（RSD）为 0.60%～6.4%。该方法简单、灵敏、回收率良好，适用于纺织固体废物中 18 种 CPs 和 OPP 的分析。

采用衍生 - 分散液液微萃取样品前处理技术，与相关标准 ISO 17070：2006《皮革中五氯苯酚含量检测方法》、GB/T 24166《染料产品中含氯苯酚的测定》、GB/T 20386《纺织品　邻苯基苯酚的测定》相比，实现了可同时对 CPs 等 19 种目标化合物进行同时提取和测定，且各个目标化合物分离效果良好。在检出限方面，本文方法对于 19 种目标化合物的检出限为 0.070～0.76μg/kg，相比以往对于 CPs 的检测研究，有更低的检出限，实现了纺织固体废物中的 CPs 及 OPP 的痕量测定。

同时，建立了 HPLC-PDA 紫外检测器联用的检测方法，可以对纺织原料固体废物中 17 种 CPs 化合物进行测定。另外，优化后的色谱条件情况：色谱柱采用 ZORBAX Extend-C_{18} 色谱柱（4.6mm × 250mm × 5μm）；流动相选用 7∶3 的甲醇 - 乙酸铵水溶液（0.01mol/L）；采用梯度洗脱方法进行检测，流速大小为 0.7mL/min，色谱柱温度为 35℃，采用 PDA 检测器检测波长为 275nm。

采用超声提取和加速溶剂萃取两种方式进行前处理，分别从萃取溶剂、温度以及萃取时间对两种萃取方式进行优化，得到了两种萃取方式下的最佳萃取条件。试验结果表明：以甲醇为萃取剂，在60℃条件下应用超声提取方法萃取30min，CPs化合物的提取效果最好；以甲醇为溶剂，在80℃下，应用加速溶剂方法静态萃取5min，CPs化合物的提取率最高。

对超声提取和加速溶剂萃取方式进行加标回收试验，结果表明：前处理采用超声萃取方式时，在浓度为1.00～20.0μg/mL区间内，线性关系较好，相关系数在0.999 2～0.999 7之间，17种CPs的回收率在91.7%～104%，CPs化合物的检出限范围为0.002 0～0.25mg/kg，定量限范围为0.007 0～0.83mg/kg，相对标准偏差（RSD）为0.29%～3.5%。前处理采用加速溶剂萃取方式时，在浓度为1.00～20.0μg/mL区间内，线性关系良好，相关系数为0.999 1～0.999 6。17种CPs的回收率在91.3%～102.5%，检出限范围为0.003 0～0.31mg/kg，定量限范围为0.010～1.0mg/kg，相对标准偏差（RSD）为0.39%～3.2%。在同等试验条件下，超声萃取效果更好，回收率更高，检出限也更低，满足日常检测的要求。

第七章　塑化剂检测技术

第一节　概论

一、概述

塑化剂是一种用来增强高分子材料可塑性的物质，常以添加剂的方式引入材料中，使材料的柔软性及光稳定性得到提升，同时可降低软化温度，改善加工性能。塑化剂在工业生产上的应用非常广泛，包括用于食品包装以及化妆品材料等。常见的塑化剂包含两大类：邻苯二甲酸酯（Phthalic Acid Esters，PAEs）类及己二酸酯（Adipate Acid Esters，AEs）类。在纺织与服装行业中，塑化剂主要应用于染整工艺过程中，具体地说是在后整理及印花环节。

PAEs 和 AEs 均属于增塑剂中的两大类。由于增塑剂自身具有的一些良好的特性，如延展性、可塑性、热稳定性、柔韧性，同时还可改进表面光泽，因此用途极其广泛，目前在塑料制品、环境水体、食品包装和纺织品等材料中都有涉及。根据有关报道统计，我国塑化剂的年产量超过世界上大多数国家，消费量也不断上升，如今已成为全球增塑剂消费大国。

对于纺织原料固体废物来讲，塑化剂的来源主要包括以下几个方面：

（1）织物经过抗紫外线、防水等工艺整理后含有少量塑化剂。

（2）含聚氯乙烯（PVC）的涂料印花工艺，为了缩减图案在蒸煮以及烘干过程的时长，保证图案的色彩鲜艳度以及持久度，PVC 型的涂料印花工艺中通常加入少量的塑化剂作为缩水剂。

（3）纺织原料固体废物在与别的固体废物一起贮存时，由于环境污染会导致引入塑化剂。

塑化剂是一类环境激素类物质，它会干扰神经、免疫系统和内分泌系统正常的调节，在使用中可迁移出载体，通过不同的途径进入人体，对人体危害极大。塑化剂给人们的生产生活提供了很大的便利，但不可回避的是它能够诱发细胞病变，以及细胞发育异常等，严重危害人类以及其他生物的生命安全。因此，制定相关标准对其使用量进行严格限制是非常必要的。当前，国内外对塑化剂的使用限制主要是针对 PAEs 类化合物。

PAEs 是邻苯二甲酸生成的酯的一大类产物的统称，由于烷基链上碳原子的数目和分布的差异，所构成的 PAEs 类化合物的结构和性质也有较大一定的差别，如碳原子数目在 1~4 个情况下构成的 PAEs 化合物，通常情况下具有良好的黏合性，常被用于黏合剂来使用；碳原子数目在 6 个以上所构成的 PAEs 化合物通常具有良好的可塑性，常被应用于塑料及其制品的改性。通常情况下 PAEs 为无色且带有黏稠状的液体，不易挥发且在水中的溶解度极小，同时具有一定的刺激性和毒性，易溶于大多数的有机溶剂，其结构通式如图 7-1 所示。同时表 7-1 列出了几种常见的 PAEs 化合物的英文简称、CAS 号、相对分子质量和分子式。

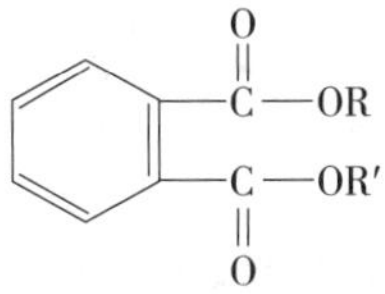

R、R′表示不同的或相同的烷基或芳基

图 7-1 PAEs 结构通式

表 7-1 几种常见 PAEs 类增塑剂的英文简称、CAS 号、相对分子质量和分子式

化合物	英文简称	CAS 号	相对分子质量	分子式
邻苯二甲酸二乙酯	DEP	84-66-2	222.24	$C_{12}H_{14}O_4$
邻苯二甲酸二丙酯	DPRP	131-16-8	250.29	$C_{14}H_{18}O_4$
邻苯二甲酸二异丁酯	DIBP	84-69-5	278.34	$C_{16}H_{22}O_4$
邻苯二甲酸二丁酯	DBP	84-74-2	278.34	$C_{16}H_{22}O_4$
邻苯二甲酸二甲基乙二醇酯	DMEP	117-82-8	282.29	$C_{14}H_{18}O_6$
邻苯二甲酸二戊酯	DPP	131-18-0	306.40	$C_{18}H_{26}O_4$
邻苯二甲酸双 -4- 甲基 -2- 戊酯	BMPP	146-50-9	332.43	$C_{20}H_{30}O_4$
邻苯二甲酸二己酯	DHP	68515-50-4	334.45	$C_{20}H_{30}O_4$
邻苯二甲酸二乙酯	DHXP	84-75-3	334.45	$C_{20}H_{30}O_4$
邻苯二甲酸丁苄酯	BBP	85-68-7	312.36	$C_{19}H_{20}O_4$
邻苯二甲酸二异庚酯	DIHP	41451-28-9	362.50	$C_{22}H_{34}O_4$
邻苯二甲酸二环己酯	DCHP	84-61-7	330.42	$C_{20}H_{26}O_4$
邻苯二甲酸二庚酯	DHP	3648-21-3	362.50	$C_{22}H_{34}O_4$
苯二甲酸二（2- 乙基己基）酯	DEHP	117-81-7	390.56	$C_{24}H_{38}O_4$
邻苯二甲酸二辛酯	DNOP	117-84-0	390.56	$C_{24}H_{38}O_4$
邻苯二甲酸二异壬酯	DINP	20548-62-3	418.61	$C_{26}H_{42}O_4$
邻苯二甲酸二异癸酯	DIDP	26761-40-0	446.66	$C_{28}H_{46}O_4$
邻苯二甲酸二壬酯	DNP	84-76-4	418.61	$C_{26}H_{42}O_4$

AEs 与 PAEs 物理性质基本相似。由于其光稳定性和热稳定性较好，同时还具有一定耐水性，故常被用于定香剂、增稠剂来使用。其结构通式如图 7-2 所示，同时表 7-2 中列出了几种常见的己二甲酸酯类增塑剂的英文简称、CAS 号、相对分子质量和分子式

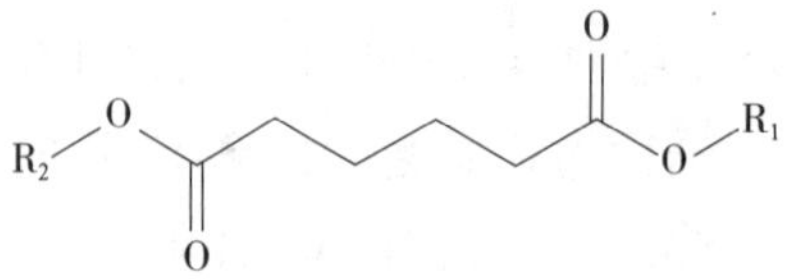

R₁，R₂表示不同的或相同的烷基或芳基

图 7-2　AEs 结构通式

表 7-2　几种常见的 AEs 类增塑剂的英文简称、CAS 号、相对分子质量和分子式

化合物	英文简称	CAS 号	相对分子质量	分子式
己二酸二乙酯	DEA	141-28-6	202.25	$C_{10}H_{18}O_4$
己二酸二异丁酯	DIBA	141-04-8	258.35	$C_{14}H_{26}O_4$
己二酸二丁酯	DBA	105-99-7	258.36	$C_{14}H_{26}O_4$
己二酸二（2-丁氧基乙基）酯	BBOEA	141-18-4	346.46	$C_{18}H_{34}O_6$
己二酸二 -2- 乙基己基酯	DEHA	103-23-1	370.57	$C_{22}H_{42}O_4$

二、迁移行为

PAEs 类和 AEs 类增塑剂与基体之间并非通过共价键的形式存在，而是以非共价键的形式通过范德华力或氢键连接在一起，呈现出一种游离的状态。当遇到高温、水或油状液体时，极易产生迁移。目前，许多专家纷纷对增塑剂从 PVC 材料迁移到织物、食品或其他介质中的行为非常关注。韦航等考察了 6 种特质的含增塑剂的 PVC 膜，用于对饼干加工过程中增塑剂迁移行为的研究。经测试表明，接触时间和温度是影响增塑剂迁移行为最主要的两个因素，尤其是在高温情况下其迁移量会显著增加。试验通过对各个目标物定量分析得出 DINP 和 DIDP 的迁移速率高于 DBP、BBP、DEHP 和 DNOP。在饼干加工过程中，各个环节所接触的平台、容器或包装物均有可能导致增塑剂的迁移。其中包装袋与饼干长时间接触是增塑剂迁移的一个重要因素。付善良等探究了 PVC 塑料中 DIBP、DEHP 和 DEHA3 种增塑剂于微波条件下在橄榄油中的迁移行为。经测试表明，微波加热时间和温度是增塑剂产生迁移行为的两个主要因素，得出随着温度和时间的增加增塑剂的迁移量也会随之增加；通过与常温条件下增塑剂的迁移量做对比，微波加热条件下更容易使增塑

剂产生迁移，且迁移量会显著高于常温条件下的迁移量。此外，Biedermann M 等通过对 PVC 膜包装的油炸食品中增塑剂迁移情况的研究表明，加热后更能使 PVC 中的增塑剂迁移到食品中。

三、毒性及限量

近些年"起云剂""酒鬼酒"等增塑剂事件的频繁发生，逐渐引起了人们对增塑剂的高度关注和重视。由于增塑剂自身的良好特性，一些不法商贩为增加产品的品质，完全不顾及其毒性和对人体产生的危害肆意添加，以此来牟取更大的利润。

目前，我国已经在纺织品、皮革制品中发现 PAEs 和 AEs 类增塑剂的存在，并且此类物质对人体存在着一定的危害。当通过衣物接触人的身体时，因其与基体之间的不稳定性，会通过人的皮肤或黏膜被人体所吸收，并富集于人的体内，导致人体内分泌失调，从而阻碍人体的正常发育，对人体的生殖系统产生影响。

由于增塑剂的迁移行为，当遇到高温、水或油脂类液体时，本处于游离态的增塑剂就会与基体产生分离，随着生态循环，迁移到自然环境中的水、土壤甚至生物体中。随着时间的推移，这些物质会在生物体内和自然环境中产生富集效果，而其在自然环境中难以被降解，当达到一定的量时，对自然环境和生物体均会产生极大的负面影响。

鉴于增塑剂给人体所带来的危害，同时对大自然环境所产生的巨大负面影响，国内外均对其做出了明确的限量标准，并将毒性过大的物质优先列入重点污染物控制名单之中。其中美国环保局将 DMP、DEP、DBP、DNOP、DEHP、BBP 6 种 PAEs 列入重点控制污染物名单；Oeko-Tex®Standard 100 对纺织品中 PAEs 含量进行了明确的分类与规定，其中 Ⅰ 类纺织品中 DINP、DNOP、DIDP、DBP、DIBP、DIHP、BBP、DHP、DMEP、DEHP、DPP 的总量不能超过 0.1%，Ⅱ 类、Ⅲ 类、Ⅳ 类纺织品中 DEHP、BBP、DBP、DIBP、DIHP、DHP、DMEP、DPP 的总量不能超过 0.1%。GB 9685《食品安全国家标准　食品接触材料及制品用添加剂使用标准》中明确规定了 AEs 类增塑剂 DEHA、己二酸二辛酯（DOA）在食品包装材料中含量不能超过 18mg/kg；美国联邦法规 CFR21 明确规定 AEs 类增塑剂己二酸二苄酯（DBzP）、己二酸二癸酯（DDA）、己二酸二异癸酯（DIDA）、己二酸二异壬酯（DIOP）、DOA、己二酸正辛正癸酯（NODA）使用总量不得超过 30%。

四、前处理方法研究现状

1. 国家标准中增塑剂的前处理方法

目前，有关纺织品中增塑剂的检测标准 GB/T 20388《纺织品　邻苯二甲酸酯的测定 四氢呋喃法》，其前处理方法采用超声波萃取法，以四氢呋喃作为萃取剂，主要针对纺织品中 DINP、DEHP 等 9 种 PAEs 类增塑剂进行提取分析。另有 GB 5009.271《食品安全国家标准　食品中邻苯二甲酸酯的测定》针对不同状态的样品采取了不同的前处理方法，其中在针对液态样品进行提取时，采用同位素标记法，以正己烷作为萃取剂，对样品进行超声波萃取；针对半固态样品提取时，以正己烷和乙腈的混合溶液作为萃取剂，先进行涡旋，使样品与提取液充分混合，再进行超声萃取，最后进行离心；固态样品的前处理方法与半固态样品前处理方法相似。

2. 常规增塑剂的前处理方法

目前，常规的样品前处理方法主要有索氏提取法（SE）、超声波萃取法（UWE）、分散液液微萃取（DLLME）、加速溶剂萃取法（ASE）、微波萃取法（MAE）、QuEChERS 萃取法、固相萃取法（SPE）等。以下介绍几种常见的样品前处理方法，以及在纺织品、PVC 制品等领域的相关研究。

（1）索氏萃取法

索氏萃取（Soxhlet extraction，SE）是利用纯有机溶剂的回流及虹吸原理，对固体物质中的目标组分进行多次循环提取，使其被纯有机溶剂连续不断提取的过程，不仅保证了提取液的纯净度，而且有机溶剂与固体物质中的待提取组分进行多次接触，可显著提高提取效率。由于溶剂在分流管中的多次自我循环作用，可有效节约溶剂的使用量。其缺点是对于沸点较高、溶解度较小且加热易分解的物质不宜用此种方法提取。龚振宇采用 SE 提取技术前处理方法对针织服装中 6 种 PAEs 进行提取，试验在确定提取溶剂种类的情况下，分别对提取时间以及净化条件进行选择和优化，优化后各化合物的回收率为 87.3%～106%。采用 GC-MS 选择离子扫描（SIM）模式下进行测定，结果表明 6 种 PAEs 的检出限和精密度良好。

（2）超声波萃取法

超声波萃取（Ultrasonic wave extraction，UWE）原理是利用超声条件下产生的空化效应，同时在高强度的机械振动和高的加速度条件下，对基体会产生强烈的击碎和搅拌作用，使提取物产生乳化、扩散效应，从而增加大分子物质的运动频率和速度，进而使提取溶剂可以穿透到待提取物中，增加其接触面积，使目标组分进入提取剂中，以此达到萃取的目的。其优点是操作简单、安全性好，常温常压条件下即可达到萃取的效果，萃取成本低廉，应用范围广，但对提取物无法进行良好的净化，常伴有杂质和未知组分的存在，直接影响测试的准确性和灵敏度，对检测仪器也会产生一定的损伤。闫海军等采用 UWE 样品前处理方法对纺织品中的 5 种 AEs 进行提取，试验对萃取剂种类和萃取时间进行选择和优化，最终确定萃取剂为二氯甲烷，理想萃取时间为 20 min，在最优化试验条件下测得 5 种 AEs 化合物的回收率为 84.0%～102%。

（3）分散液液微萃取法

分散液液微萃取（Disperse liquid-liquid microextraction，DLLME）原理是通过分散剂将萃取剂均匀地分散于样品萃取体系之中，增加萃取溶剂与待提取物质的接触面积，同时所构成的乳浊液体体系可以使待提取物源源不断地扩散到有机相中，从而达到良好的提取和富集效果。该方法对分散剂和萃取剂的选择和要求较高。周艳芬等采用 DLLME 样品前处理方法，用于中药甘草中 5 种 PAEs 的高效提取。试验以四氯化碳（CCl_4）作为提取溶剂，纯水作为分散剂，同时对萃取体系中的离子强度进行考察，确认 NaCl（添加量 0.15g）较为适宜，最终回收率在 87.8%～121% 之间。

（4）加速溶剂萃取法

加速溶剂萃取（Accelerated solvent extraction，ASE）原理是在高温、高压的环境下使目标物质与基体之间的范德华力、氢键以及目标物与集体之间的活性位置上的偶极吸引力大大降低，从而使萃取溶剂进入固体或半固体待提取物当中，增加与待测目标组分之间的接触面积，使目标组分不断被融入提取液当中，从而达到萃取的目的。该方法仪器化程度高，避免了人为因素所造成的误差或干扰；但同时在高温高压的环境下极易将固体或半固体物质中的干扰组分一并提取出来，干扰测定结果。郑翊等采用 ASE 样品前处理方法，对玩具中的 6 种 PAEs 进行提取，试验对加速溶剂萃取的萃取溶剂以及萃取时间进行选择与优化，在优化后的试验条件下，测得各目标化合物的回收率良好。通过与 SE 萃取法对比发现，ASE 样品前处理方法较好。

（5）微波萃取法

微波萃取（Microwave assisted extraction，MAE）是近几年广受欢迎的一种样品前处理技术。微波能在加强提取剂穿透能力的基础上，大大增加萃取剂与待提取物的接触面积，从而极大程度地提高提取效率。因不同物质对微波能的吸收能力存在一定的差别，因此还可以通过调节微波能的大小来实现对某些特定物质进行有选择性的提取，此是目前较为地理想的提取手段。Ortazar E 等使用 MAE 前处理方法，对 PVA 中 AEs 进行提取。方法对 MAE 萃取条件、萃取溶剂、温度、时间和微波功率进行选择和优化，同时以 DEHA 作为参考条件，对试验进一步优化后测得 6 种AEs 化合物回收率良好。同时试验还将 MAE 前处理技术与超临界流体萃取技术对比发现，萃取剂种类、加热温度和加热时间是微波萃取的关键性因素，萃取温度取决于微波萃取功率大小和辐照时间。

（6）QuEChERS 萃取法

QuEChERS（Quick、Easy、Cheap、Effective、Rugged、Safe）萃取法原理是借助填料和吸附剂与基体中的待测组分的相互作用来实现对目标物质的提取的一种方法，其中吸附剂和填料的选择至关重要，吸附剂的选择不仅要对基质中杂质和待测组分起到良好的吸附效果，同时还不会对目标组分测定产生干扰。该方法操作程度较高，易受外界因素的干扰，其优点是环保、有机溶剂需求量少、基质干扰小、净化效果好。Wang W W 等用 QuEChERS 样品前处理技术，对水产品中 5 种 PAEs 进行提取，试验以乙醇作为提取剂，发现在针对蛋白质基质样品中的 PAEs 提取时，提取效率较差，其原因是 PAEs 与蛋白质之间存在高亲和力的相互作用，降低了 PAEs 的提取效率。因此试验在此基础上将乙醇的体积分数调至 80% 的水溶液作为提取剂，再次对其进行提取，结果表明，在改良和优化后的条件下各个化合物回收率为 81.7%～90.5%，经方法测试验证，结果表明，该方法 LOD 和 RSD 分别为 2.53～9.61mg/L 和 1.15%～4.85%。

（7）固相萃取法

固相萃取（Solid-phase extraction，SPE）是借助固相萃取柱中填料的不同，以此来对待提取物有针对性地吸附的同时对杂质和未知组分进行过滤，从而达到净化本底和富集目标物质的效果。由于填料不同，在对固相萃取柱进行洗脱以及活化柱子时所采用的洗脱剂和活化剂也有所不同，在针对带提取物质极性的不同时，根据"相似相溶"原理对洗脱溶剂可进行有针对性的选择，以此来达到一个很好的洗脱效率。在对样品纯化、分离和浓缩时有较高的使用价值。同时可以有效地避免基质效应对仪器测定所带来的干扰，应用领域较为广泛。王会锋等采用 SPE 前处理技术，将其用于对蔬菜中 PAEs 的提取和净化，试验以乙腈为提取液，对蔬菜中的 PAEs 进行提取，同时采用玻璃 Florisil 固相萃取柱对提取液进行净化，最后采用 15mL 的正己烷 - 丙酮（90：10，V/V）作为洗脱剂对目标组分进行洗脱，最终测得各目标化合物的方法回收率为 81.3%～104%。经 GC-MS 测试分析得出，RSD 在 3.2%～11% 之间。

前处理方法是否合理，会直接影响检测的灵敏度和准确性。良好的前处理方法不仅可以对样品中目标物质进行有效提取，同时可以排除基体中的杂质和未知组分所带来的干扰，保护仪器色谱柱不受损坏，延长仪器使用寿命，同时得到准确的定性、定量分析结果。针对基质较为复杂的样品进行前处理时，普通单一的前处理方法很难实现对目标组分的高度纯化和富集效果，需要在原有方法的基础之上做出改进。

目前，国内外对于增塑剂的样品前处理方法，检测对象大多是在 PVC 制品、水产品、药品等领域，鲜有针对纺织固体废物中增塑剂的前处理方法研究。同时纺织固体废物来源广泛、基质复杂，常规的萃取方法难以对其中的有毒害物质进行有效的分离和提取。相关标准中对于增塑剂的测定多采用气相色谱法、液相色谱等方法，在对目标化合物进行定性分析时仅仅依靠保留时间或吸收波长对其定性，容易出现"假阳性"现象，导致定性结果不准确。相关文献方法中有采用 GC-MS 进行测定，但在目标化合物的提取和检测方面数目过少，其结果并不具有代表性。

本文针对纺织固体废物中增塑剂采用GC-MS法同时测定，尚未见相关标准的制定，且在相关文献和标准中对增塑剂进行检测分析时，其检出限普遍偏高，如：GB/T 20388《纺织品　邻苯二甲酸酯的测定　四氢呋喃法》检测方法中目标化合物的检出限范围为40.0～200μg/g，难以满足目前对纺织固体废物中增塑剂的痕量测定要求。本文研究了14种PAEs类和AEs类化合物，见表7-3，具体的化学结构式见图7-3。

表7-3　14种塑化剂的化学信息

序号	名称	CAS 号	分子式
1	己二酸二乙酯（DEA）	141-28-6	$C_{10}H_{18}O_4$
2	己二酸二异丁酯（DIBA）	141-04-8	$C_{14}H_{26}O_4$
3	己二酸二丁酯（DBA）	105-99-7	$C_{14}H_{26}O_4$
4	邻苯二甲酸二乙酯（DEP）	84-66-2	$C_{12}H_{14}O_4$
5	邻苯二甲酸二丙酯（DPHP）	131-16-8	$C_{16}H_{22}O_4$
6	邻苯二甲酸二异丁酯（DIBP）	84-69-5	$C_{16}H_{22}O_4$
7	邻苯二甲酸二丁酯（DBP）	84-74-2	$C_{16}H_{22}O_4$
8	己二酸二辛酯（DNOP）	123-79-5	$C_{22}H_{42}O_4$
9	邻苯二甲酸二戊酯（DAP）	131-18-0	$C_{18}H_{26}O_4$
10	己二酸二（2-丁氧乙基）酯（BXA）	141-18-4	$C_{18}H_{34}O_6$
11	邻苯二甲酸二-2-甲氧基乙酯（DMEP）	117-82-8	$C_{14}H_{18}O_6$
12	邻苯二甲酸二己酯（DHP）	84-75-3	$C_{20}H_{30}O_4$
13	邻苯二甲酸二-2-乙基己基酯（DEHP）	117-81-7	$C_{24}H_{38}O_4$
14	邻苯二甲酸二庚酯（DEHP）	3648-21-3	$C_{22}H_{34}O_4$

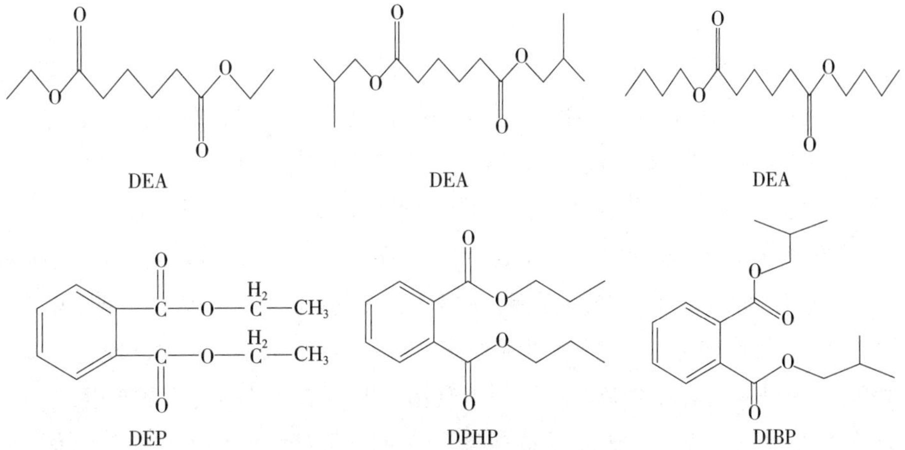

DEA　　　　　　　　　DEA　　　　　　　　　DEA

DEP　　　　　　　　　DPHP　　　　　　　　　DIBP

图7-3　塑化剂的结构图

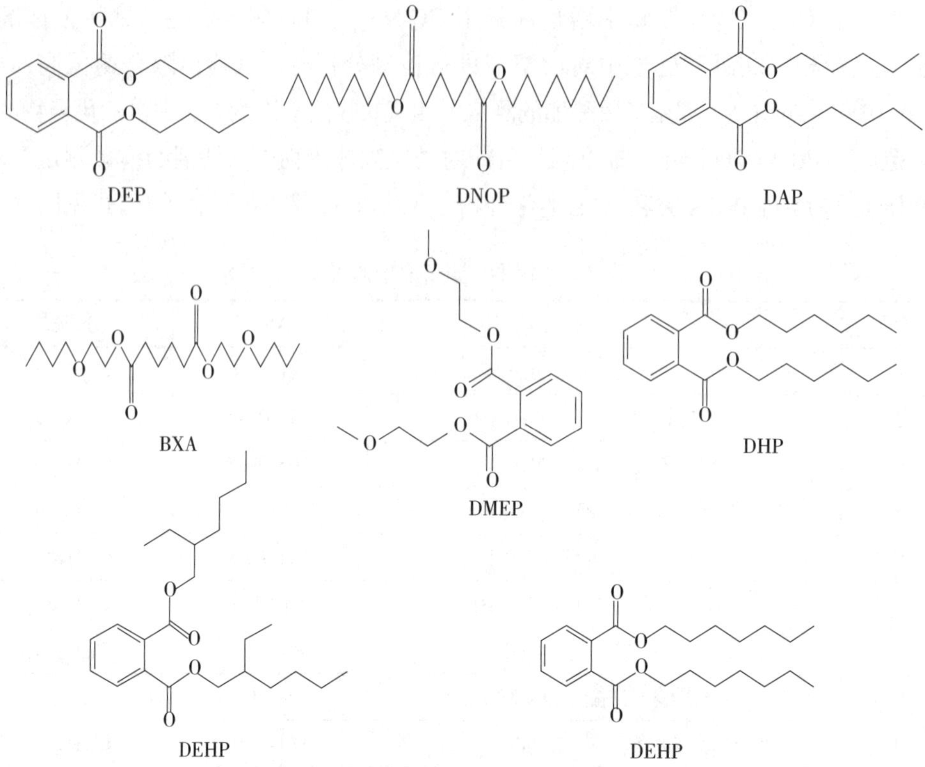

DEP　DNOP　DAP

BXA　DMEP　DHP

DEHP　DEHP

图 7-3　塑化剂的结构图（续）

第二节　样品前处理

一、引言

由于纺织固体废物种类繁多，基质复杂，国内也没有一个系统的、完善的、可靠的纺织固体废物中 PAEs 和 AEs 类增塑剂的检测方法，同时纺织固体废物前处理难度较大，经常会有提取不充分，且常有杂质和未知成分伴随其中，对提取液无法进行良好净化的情况，导致无法对待测物进行准确的定性和定量分析。因此，建立纺织固体废物中增塑剂高效提取方法具有重要意义。目前，国内外对 PAEs 和 AEs 类增塑剂的前处理方法主要采用超声波萃取法、固相萃取法、加速溶剂萃取法、液液萃取法等，但这些方法存在处理流程长、有机溶剂的消耗量大、操作复杂等不足，特别是针对基质成分复杂的纺织固体废物，更加增大了前处理的难度。

本节将采用超声辅助 - 固相萃取前处理方法强化对目标物的富集与纯化，并降低基质效应对目标物的干扰，以期针对复杂基质建立操作简单、溶剂需求量少、成本低廉、对环境友好且富集效率高的前处理方法。

二、试验部分

1. 仪器、试剂与材料

Agilent 7890A/5975C 气相色谱 - 质谱联用仪（美国，Agilent 公司）；KQ-300DE 型数控超声波清洗器（昆山市超声仪器有限公司）；N-EVAP-112 水浴氮吹仪（美国，Organomation 公司）；电子天平（瑞士，梅特勒 - 托利多）；SmarVapor RE 501 旋转蒸发仪（德国，De Chem-Tech 公司）；EYELA MMV—1 000W 振荡器（日本，东京理化公司）；MS 3 型涡旋混匀器（德国，IKA 公司）。Na2SO4/Florisil 固相萃取柱（2g/2g，6mL）、HC-C18 固相萃取柱（2g，6mL）、Alumina-N 固相萃取柱（1g，6mL）、Florisil 固相萃取柱（250mg，6mL）均购自上海安谱科学仪器有限公司。

PAEs 类增塑剂标准品：DEP、DPrP、DIBP、DBP、DMEP、DPP、BMPP、DEEP、DNHP、BBP、DIHP、DCHP、DHP、DEHP、DNOP、DINP、DIDP、DNP。AEs 类增塑剂标准品：DEA、DIBA、DBA、BBOEA、DEHA，23 种增塑剂标准品均购自德国 Dr. Ehrenstorfer GmbH 公司，纯度均大于98.0%。正己烷、甲醇、丙酮、异丙醇、乙酸乙酯，均为色谱纯（德国 Merck 公司）；二氯甲烷，色谱纯（Fisher 公司）；无水乙醇、无水硫酸钠（450℃烘 6h），均为分析纯（天津致远化学试剂有限公司）。

2. 样品制备

将废纺织固体废物样品剪碎至 3mm×3mm 后称取 50g 于玻璃器皿中备用。

注：样品制备过程不允许接触任何塑料制品，以确保试验的准确性。

3. 标准溶液的配制及工作曲线的绘制

标准储备液的配制：准确称取 22 种标准品各 0.01g（精确至 0.000 1g）于 10.00mL 的容量瓶中，用正己烷定容至刻度，分别配制成 1 000mg/L 的标准储备液，于棕色试剂瓶中 4℃±2℃条件下贮藏，有效期为 3 个月。

混合标准溶液的配制：分别移取上述标准储备液 0.50mL 于 25mL 的容量瓶中（由于 DIDP、DIHP 和 DINP 3 种物质具有较高的测定低限，且具有多重峰，在配制混标时其浓度应大于其他标准工作液浓度的 5 倍），其中 DIDP、DINP、DIHP 3 种物质移取 2.5mL，用正己烷定容至刻度，配制成质量浓度为 20.0mg/L（DIDP、DINP、DIHP 3 种物质浓度为 100mg/L）的混合标准溶液，于棕色试剂瓶中 4℃±2℃条件下贮藏。

标准工作液的配制：分别移取上述混合标准溶液 0.050 0mL、0.100mL、0.250mL、0.500mL、1.00mL 置于进样瓶中，用正己烷定容至 1.00mL，配制成质量浓度分别为 1.00mg/L、2.00mg/L、5.00mg/L、10.0mg/L、20.0mg/L 的系列混合标准溶液（其中

DIDP、DINP、DIHP 3 种物质浓度为其他物质浓度的 5 倍），待 GC-MS 上机测试。

标准工作曲线：以标准工作液的质量浓度为横坐标、定量离子质量色谱峰面积为纵坐标，绘制标准工作曲线。

4. 样品前处理

为避免试验过程中其他杂质对试验结果的干扰，在样品处理前，应对试验过程中所用到的玻璃器皿，采用去离子水超声清洗后，再用有机溶剂丙酮浸泡 1h，然后放入烘箱中 150℃烘 2h，取出冷却至室温备用。

（1）超声辅助 - 固相萃取

将样品混匀后准确称取 1g（精确至 0.000 1g）于 100mL 的具塞锥形瓶中，并加入 20mL 正己烷 - 二氯甲烷（4∶1，V/V）作为提取剂，于高速振荡器振荡 15min，使样品和提取液充分混合。取出后迅速冷却至室温，并于 30℃、40kHz 条件下超声萃取 30min，取上清液于鸡心瓶中，重复操作 1 次，合并提取液于鸡心瓶中，旋蒸至 1mL，待固相萃取小柱进一步纯化。

将强极性的中性 Alumina-N 固相萃取柱先用 4mL 二氯甲烷 - 正己烷（1∶1，V/V）预先活化 1 遍，再用 4mL 正己烷平衡 2 遍，保持柱面湿润；将提取液通过 Alumina-N 固相萃取柱富集与纯化后转移至玻璃试管内，待过完柱子后，用 10mL 正己烷 - 二氯甲烷（6∶1，V/V）洗脱剂进行洗脱，收集流出液于 30℃水浴条件下氮吹至尽干后，用正己烷定容至 1mL，待 GC-MS 测试分析。

（2）GB/T 20388 样品前处理方法

取代表性纺织固体废物样品，搅碎后准确称取 5g（精确至 0.001g）于 100mL 的反应瓶中，加入四氢呋喃提取液摇匀，并用 PTFE 膜密封，于 30℃、40kHz 条件下超声提取 30min，以 4 000r/min 离心 3min，转移提取液至 10mL 的试管中，用氮气吹至 1.00mL，供 GC-MS 检测。

5. GC–MS 条件

（1）色谱条件

色谱柱：采用 HP-5MS 毛细管色谱柱，规格 30.0m×0.25mm×0.25μm，不分流进样，进样口温度 280℃，载气：氦气（纯度≥99.999%），溶剂延迟 5min，流速 1.0mL/min；进样量 1.2μL，程序升温：60℃保持 1min，以 5℃/min 升至 200℃，保持 1min，再以 15℃/min 升至 280℃，保持 5min，全部程序总时长为 32min。

（2）质谱条件

传输线温度为 280℃，四极杆温度为 150℃，离子源温度为 230℃，电离源为 EI 源，电离能为 70eV，选择离子扫描（SIM）模式，质量扫描范围（m/z）为 45～500。

6. 定性和定量方法

以样品与标准品的色谱保留时间和特征离子来对样品进行定性，23 种增塑剂保留时间、定性及定量离子见表 7-4。

定量方法：外标法定量。

表 7-4　23 种增塑剂的保留时间、定性及定量离子

序号	化合物	保留时间 /min	定量离子（m/z）	定性离子（m/z）
1	DEA	8.25	111	157、29、55
2	DEP	10.07	149	177、76、150
3	DIBA	10.71	129	57、185、41
4	DBA	11.44	129	185、111、41
5	DPrP	11.60	149	150、76、104
6	DIBP	12.55	149	57、104、150
7	DBP	13.62	149	150、104、76
8	DMEP	14.09	59	58、149、104
9	DPP	16.04	149	150、237、76
10	BMPP	17.63	149	85、43、251
11	BBOEA	17.86	57	56、85、45
12	DEEP	18.17	149	150、251、55
13	DNHP	18.72	149	104、233、251
14	BBP	18.84	149	91、206、104
15	DEHA	19.47	129	57、112、55
16	DIHP	19.64～21.16	256	149、57、99
17	DCHP	21.23	149	167、150、55
18	DHP	21.48	149	150、57、265
19	DEHP	21.61	149	167、57、70
20	DNOP	24.21	149	279、150、43
21	DINP	24.58～25.50	293	149、127、57、
22	DIDP	25.60～26.66	307	149、141、71、
23	DNP	26.84	149	293、71、57

三、试验结果与讨论

1. SIM 特征离子的选择

选择离子扫描（SIM）是根据目标物质的某些特征离子来进行有选择性的检测，所以会大大增加目标物质的色谱峰强度，有效减少杂峰的产生，降低基质的干扰，提高检测方法的精确度和准确性。本文首先对 23 种增塑剂的混合标准工作液进行全扫描（SCAN）模式检测，以此来确定各个目标物质的出峰时间，并根据质谱

图中离子碎片来确定其种类以及定性和定量离子。其中发现 DIHP、DINP 和 DIDP 3 种物质的色谱峰均为多重峰，且 DINP 和 DIDP 2 种物质色谱峰有部分重叠，为了使 DINP 和 DIDP 2 种目标物质的色谱峰能够得到良好的分离，以确保对试验结果分析的准确性，试验分别以 149、149 和 293、307 作为 DINP、DIDP 的目标离子，通过 SIM 模式对其进行测试。结果表明，当以 293、307 作为 DINP、DIDP 的目标离子相比 149、149 作为目标离子时的分离效果要好。因此，试验选择 293、307 作为 DINP、DIDP 的目标离子离子。23 种增塑剂的混合标准工作液 SIM 模式测试结果见图 7-4，各个目标物质色谱峰均能实现较好的分离。

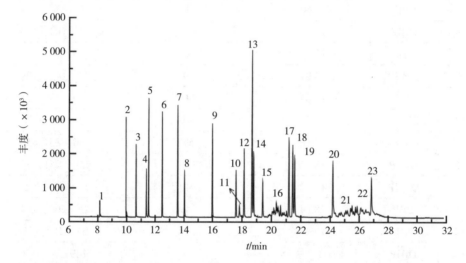

1—DEA；2—DEP；3—DIBA；4—DBA；5—DPrP；6—DIBP；7—DBP；8—DMEP；
9—DPP；10—BMPP；11—BBOEA；12—DEEP；13—DNHP；14—BBP；15—DEHA；
16—DIHP；17—DCHP；18—DHP；19—DEHP；20—DNOP；21—DINP；22—DIDP；23—DNP

图 7-4 23 种增塑剂标准品选择离子扫描（SIM）总离子流色谱图

2. 超声辅助 - 固相萃取条件的筛选

（1）提取溶剂的选择

考察了正己烷 - 二氯甲烷（2∶1，V/V）、正己烷、二氯甲烷、甲醇、丙酮对 23 种增塑剂的萃取效率，以二氯甲烷、甲醇和正己烷作为提取剂时 DIHP、DINP、DIDP 均未被提取出来，其余化合物提取效率在 37%～62% 之间，提取效率较低。可能原因是 DIHP、DINP、DIDP 3 种化合物自身具有较高的测定下限，在测定时响应值较低，因此未被检出。以丙酮作为萃取溶剂时除 DIHP、DINP 和 DIDP 提取效率低于 45%，其余化合物提取效率均大于 60%。以正己烷 - 二氯甲烷（2∶1，V/V）作为提取剂时 23 种化合物提取效率均在 60% 以上，考虑 PAEs 和 AEs 类增塑剂属于弱极性或中等极性的物质，根据相似相溶原理，提取溶剂的极性大小可能会对目标物质的提取效率产生一定的影响，因此试验又进一步考察了不同体积比时正己烷 - 二氯甲烷的提取效

率，结果如图 7-5 所示。当正己烷 - 二氯甲烷溶液体积比为 4∶1 时，23 种增塑剂的
提取效率均在 70% 以上，因此，选择正己烷 - 二氯甲烷（4∶1，*V/V*）作为萃取剂。

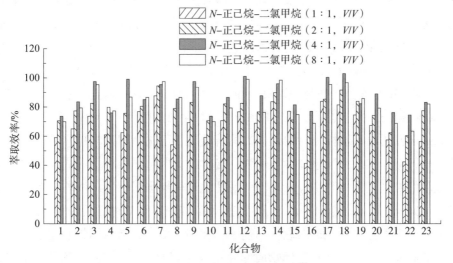

图 7-5　不同萃取溶剂对萃取效率影响

（2）超声萃取时间选择

以正己烷 - 二氯甲烷（4∶1，*V/V*）作为萃取剂，探讨了萃取时间对萃取效率的
影响，结果如图 7-6 所示。随着萃取时间的增加，萃取效率也逐渐增加，当萃取时
间达到 30min 时，延长萃取时间，大部分目标物质萃取效率均无明显增加，反而目
标化合物 DPrP、DMEP、DPP、DEEP、DINP、DIDP 的萃取效率均有不同程度下降
趋势，原因可能是由于 PAEs 属于半挥发性物质，在长时间的超声处理情况下有部
分已挥发。因此推荐萃取时间为 30min。

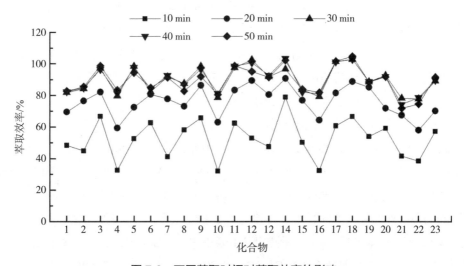

图 7-6　不同萃取时间对萃取效率的影响

（3）固相萃取柱及洗脱剂的选择

试验分别比较了 Na_2SO_4/Florisil、HC-C_{18}、Florisil、Alumina-N 4 种固相萃取柱对样品提取液的净化效果，结果发现，强极性的中性 Alumina-N 固相萃取柱相对于其他 3 种固相萃取柱可以有效吸附样品提取液中杂质和未知成分。因此，本试验选择 Alumina-N 固相萃取柱来净化本底和富集目标物。

选用丙酮、二氯甲烷、乙酸乙酯、异丙醇、正己烷 - 二氯甲烷（2 : 1，V/V）5 种溶剂各 15mL 作为洗脱剂分别对 Alumina-N 固相萃取柱进行洗脱，收集流出液，供 GC-MS 测试分析。结果发现，15mL 正己烷 - 二氯甲烷（2 : 1，V/V）洗脱液可将 Alumina-N 固相萃取柱吸附的目标物质有效洗脱下来，但同时也伴随着部分杂质峰的产生，根据相似相溶原理，当洗脱剂极性过大时可能会将 Alumina-N 固相萃取柱中吸附的极性杂质一并洗脱下来。考虑洗脱剂极性强弱问题，试验又考察了不同体积比（3 : 1、4 : 1、6 : 1、8 : 1）时正己烷 - 二氯甲烷对样品提取液的净化效率。结果表明，当正己烷 - 二氯甲烷体积比为 6 : 1 时，既可以将目标物质完全洗脱，同时 Alumina-N 固相萃取柱对目标物质的纯化效果较好。综合考虑，选用 Alumina-N 固相萃取柱对样品提取液进行吸附杂质净化本底和富集目标物，正己烷 - 二氯甲烷（6 : 1，V/V）进行洗脱。

以正己烷 - 二氯甲烷（6 : 1，V/V）作为洗脱溶剂，进一步优化洗脱溶剂用量，每 2mL 用量收集 1 次，共收集 10 次，分别计算每段流出液中目标物质的回收率。结果表明，当洗脱溶剂体积达到 10mL 时，各目标物质的回收率为 83.3%～104%，继续增加洗脱剂用量，各种目标物质的回收率均再无明显增加。因此，最终选用 10mL 正己烷 - 二氯甲烷（6 : 1，V/V）混合溶剂作为 Alumina-N 固相萃取柱的洗脱剂。

采用以上优化过的固相萃取方法，对不含目标物质的样品提取液（添加 1 倍定量限的 DPrP、DIBP 和 DBP 3 种物质）进行测定，测试结果如图 7-7 所示。图 7-7（a）是未经过固相萃取柱净化的样品测试结果，可以明显看出样品中存在较多未知成分的杂质峰，基质对目标物质的干扰较大。图 7-7（b）是经过固相萃取柱净化的样品测试结果，几乎不存在杂质峰，基质对目标物质几乎无干扰。

3. 标准曲线、线性范围和检出限

配制 5 个不同质量浓度（1.00μg/mL、2.00μg/mL、5.00μg/mL、10.0μg/mL、20.0μg/mL）的混合标准工作液（DIHP、DINP、DIDP 为 5.00μg/mL、10.0μg/mL、25.0μg/mL、50.0μg/mL、100μg/mL），以标准工作液的质量浓度为横坐标、定量离子质量色谱峰面积为纵坐标，绘制标准工作曲线，得到线性方程和相关系数，相关系数 $r \geqslant 0.990\ 7$，结果见表 7-5。根据 HJ 168 中关于 LOD 的计算方法来计算对各化合物的 LOD，23 种增塑剂 LOD 在 0.084～1.7μg/g 之间，其中 DIHP、DINP、DIDP

3 种物质的 LOD 分别为 1.5μg/g、1.4μg/g、1.7μg/g，明显高于其他物质的 LOD，其原因可能是由于这 3 种物质具有较高的测定底限，且具有多重峰，线性范围是其他物质的 5 倍，因此，LOD 比其他物质 LOD 高。以 4 倍的 LOD 来计算其 LOQ，23 种增塑剂的 LOQ 为 0.34～7.0μg/g。

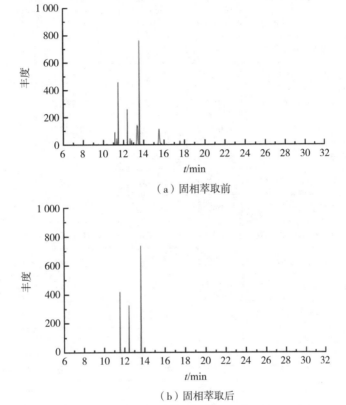

（a）固相萃取前

（b）固相萃取后

图 7-7　样品提取液在固相萃取前和固相萃取后色谱图对比

表 7-5　23 种增塑剂的线性相关系数、线性范围、检出限（LOD）和定量限（LOQ）

化合物	回归方程	相关系数 r	线性范围 μg/mL	检出限（LOD）/（μg/g）	定量限（LOQ）/（μg/g）
DEA	$y=82\,420x+19\,171$	0.995 9	1～20	0.201	0.804
DEP	$y=511\,008x-16\,121$	0.996 3	1～20	0.121	0.484
DIBA	$y=744\,819x+145\,000$	0.998 4	1～20	0.203	0.812
DBA	$y=171\,738x-101\,345$	0.998 9	1～20	0.192	0.768
DPrP	$y=775\,135x+202\,487$	0.990 7	1～20	0.223	0.892
DIBP	$y=720\,836x+83\,739$	0.999 6	1～20	0.113	0.452

化合物	回归方程	相关系数 r	线性范围 μg/mL	检出限 （LOD）/（μg/g）	定量限 （LOQ）/（μg/g）
DBP	$y=916\ 542x+71\ 567$	0.993 4	1～20	0.130	0.52
DMEP	$y=317\ 517x-207\ 238$	0.998 8	1～20	0.149	0.596
DPP	$y=947\ 408x-294\ 655$	0.996 7	1～20	0.173	0.692
BMPP	$y=439\ 535x-257\ 273$	0.998 1	1～20	0.153	0.612
BBOEA	$y=132\ 532x-171\ 820$	0.998 0	1～20	0.097	0.388
DEEP	$y=765\ 154x-309\ 162$	0.997 3	1～20	0.164	0.656
DNHP	$y=2E+06x+643\ 820$	0.995 9	1～20	0.227	0.908
BBP	$y=485\ 434x-56\ 443$	0.994 6	1～20	0.186	0.744
DEHA	$y=333\ 361x-191\ 226$	0.997 9	1～20	0.172	0.688
DIHP	$y=104\ 740x-73\ 273$	0.997 9	5～100	1.464	5.856
DCHP	$y=764\ 873x-304\ 698$	0.997 1	1～20	0.196	0.784
DHP	$y=903\ 620x-498\ 051$	0.998 4	1～20	0.084	0.336
DEHP	$y=610\ 048x-184\ 988$	0.997 1	1～20	0.123	0.492
DNOP	$y=956\ 467x-721\ 251$	0.998 2	1～20	0.114	0.456
DINP	$y=115\ 324x-144\ 526$	0.997 9	5～100	1.423	5.692
DIDP	$y=58\ 518x+33\ 939$	0.993 0	5～100	1.748	6.992
DNP	$y=832\ 901x-457\ 295$	0.996 9	1～20	0.317	1.268

4. 加标回收率和精密度

由于纤维结构比较复杂，考虑直接对纺织固体废物样品进行加标测试，大部分目标物质可能会只存在于纤维表面，无法进入内部结构，其测试结果不具代表性。因此，为模拟自然环境中增塑剂在纺织固体废物中的存在环境，试验选取代表性纺织固体废物样品，分别添加3个不同的加标水平5.00μg/mL、10.0μg/mL、20.0μg/mL（DIHP、DINP、DIDP为25.0μg/mL、50.0μg/mL、100μg/mL），搅拌使样品与目标物质充分混匀后，密封于常温下静置12h，使目标物充分浸润到纤维内部结构中。按照样品前处理方法对样品进行处理后，按GC-MS仪器条件上机测试，每一个加标水平做6次平行对照组，做加标回收测试，结果见表7-6。23种增塑剂日内平均回收率为83.3%～104%，RSD（n=6）为1.9%～8.1%，日间平均回收率为83.4%～103%，RSD（n=6）为1.6%～8.7%。

表 7-6 23 种增塑剂的平均加标回收率和相对标准偏差（RSD）

化合物	添加水平 μg/mL	日内（n=6）		日间（n=6）	
		回收率 /%	相对标准偏差（RSD）/%	回收率 /%	相对标准偏差（RSD）/%
DEA	5	97.7	3.3	97.9	2.7
	10	95.5	4.0	95.1	3.4
	20	96.2	4.5	95.4	4.6
DEP	5	92.4	2.1	92.1	3.0
	10	95.5	4.1	95.0	3.2
	20	98.9	3.5	97.4	3.5
DIBA	5	100.8	2.8	100.9	1.6
	10	83.3	3.5	83.4	3.7
	20	87.9	3.4	88.2	2.7
DBA	5	101.4	3.2	99.3	4.6
	10	87.6	2.3	87.5	2.9
	20	92.9	2.9	92.3	3.6
DPrP	5	103.1	1.9	101.9	1.9
	10	100.3	3.5	100.3	3.5
	20	98.8	4.3	98.4	3.6
DIBP	5	91.8	4.8	94.0	4.6
	10	93.8	4.9	94.7	4.1
	20	94.6	2.3	94.2	2.7
DBP	5	95.8	2.6	94.2	2.0
	10	94.1	3.2	90.4	5.2
	20	90.0	7.5	89.6	8.7
DMEP	5	88.7	3.8	88.2	2.5
	10	90.7	4.6	89.5	4.0
	20	89.4	4.8	88.0	4.8
DPP	5	101.9	4.5	99.6	5.0
	10	90.6	4.9	89.9	5.4
	20	98.2	3.7	97.5	4.4
BMPP	5	85.9	5.3	86.1	4.2
	10	87.3	5.4	86.7	3.1
	20	86.8	5.9	87.1	5.7

续表

化合物	添加水平 μg/mL	日内（n=6）		日间（n=6）	
		回收率 /%	相对标准偏差（RSD）/%	回收率 /%	相对标准偏差（RSD）/%
BBOEA	5	102.0	2.2	102.1	1.8
	10	98.7	5.7	98.41	4.1
	20	101.0	2.9	100.5	3.1
DEEP	5	89.1	7.5	88.2	3.6
	10	90.4	3.4	89.9	2.8
	20	92.5	4.6	91.0	4.3
DNHP	5	98.0	2.1	98.3	4.3
	10	90.0	5.4	91.1	5.5
	20	92.8	3.8	93.8	3.7
BBP	5	104.3	2.2	103.3	2.7
	10	98.4	4.5	98.9	2.9
	20	101.2	3.5	99.6	3.0
DEHA	5	100.1	5.9	99.9	3.9
	10	89.1	3.3	87.3	5.5
	20	91.0	3.6	89.1	4.6
DIHP	25	94.0	4.7	93.9	4.5
	50	86.8	7.3	85.5	8.2
	100	90.2	8.1	89.8	8.1
DCHP	5	100.3	3.8	97.9	4.6
	10	101.3	3.0	99.7	3.2
	20	98.5	3.6	97.8	4.3
DHP	5	93.3	2.6	92.5	4.9
	10	90.9	3.6	91.6	4.1
	20	99.1	4.4	97.9	3.3
DEHP	5	98.6	7.2	99.4	6.3
	10	91.4	5.3	89.8	5.4
	20	95.9	4.5	95.7	4.4
DNOP	5	86.0	3.8	85.5	3.6
	10	85.1	4.5	85.6	4.3
	20	87.0	5.8	87.3	5.3

续表

化合物	添加水平 μg/mL	日内（n=6）		日间（n=6）	
		回收率 /%	相对标准偏差（RSD）/%	回收率 /%	相对标准偏差（RSD）/%
DINP	25	95.4	5.1	92.5	5.4
	50	89.3	4.5	88.7	3.7
	100	86.5	5.0	85.8	6.0
DIDP	25	88.6	4.6	87.5	4.8
	50	84.8	6.5	85.2	6.9
	100	86.0	7.2	84.9	6.6
DNP	5	94.5	5.4	94.9	4.7
	10	92.7	3.5	92.2	4.0
	20	91.5	5.9	91.2	4.7

5. 实际样品测定

根据本节建立的方法与 GB/T 20388 关于增塑剂的样品前处理方法进行对比，分别对市场委托和进口报检的 50 批次纺织固体废物样品，其中包括：带有涂料的废棉纱线（16 批）、清花落棉（9 批）、棉短绒（11 批）、其他废棉样品（14 批），进行了 23 种增塑剂成分的测定，结果见表 7-7。GB/T 20388 方法检测结果表明，50 批纺织固体废物样品中仅检出 2 种目标物质，分别为 DIBP 和 DNOP。运用本节建立的方法检测，有 7 种目标物质均不同程度地被检出，其中带有涂料的废棉纱线检测出目标物质：DBA、DIBP、DBP 和 DNOP，含量分别为 0.427～0.813μg/g、0.466～0.573μg/g、0.684～1.32μg/g 和 0.475～1.73μg/g，在清花落棉、棉短绒样品中均检测出 DEHP，含量分别为 0.574～0.651μg/g、0.597～0.714μg/g，其他废棉样品中检测出 DEP、DNHP 和 DNOP，含量分别为 0.558～0.847μg/g、0.435～0.973μg/g 和 0.755～1.44μg/g。

表 7-7 本节方法与 GB/T 20388 方法分别对 50 批纺织固体废物样品测试结果

化合物	带有涂料的废棉纱线（16 批）/（μg/g）		清花落棉（9 批）/（μg/g）		棉短绒（11 批）/（μg/g）		其他废棉样品（14 批）/（μg/g）	
	M1	M2	M1	M2	M1	M2	M1	M2
DEA	ND	ND	ND	ND	ND	ND	ND	ND
DEP	ND	ND	ND	ND	ND	ND	ND	0.558～0.847
DIBA	ND	ND	ND	ND	ND	ND	ND	ND
DBA	ND	0.427～0.813	ND	ND	ND	ND	ND	ND

续表

化合物	带有涂料的废棉纱线（16 批）/（µg/g）		清花落棉（9 批）/（µg/g）		棉短绒（11 批）/（µg/g）		其他废棉样品（14 批）/（µg/g）	
	M1	M2	M1	M2	M1	M2	M1	M2
DPrP	ND	ND	ND	ND	ND	ND	ND	ND
DIBP	0.541~0.746	0.466~0.573	ND	ND	ND	ND	ND	ND
DBP	ND	0.684~1.320	ND	ND	ND	ND	ND	ND
DMEP	ND	ND	ND	ND	ND	ND	ND	ND
DPP	ND	ND	ND	ND	ND	ND	ND	ND
BMPP	ND	ND	ND	ND	ND	ND	ND	ND
BBOEA	ND	ND	ND	ND	ND	ND	ND	ND
DEEP	ND	ND	ND	ND	ND	ND	ND	ND
DNHP	ND	ND	ND	ND	ND	ND	ND	0.435~0.973
BBP	ND	ND	ND	ND	ND	ND	ND	ND
DEHA	ND	ND	ND	ND	ND	ND	ND	ND
DIHP	ND	ND	ND	ND	ND	ND	ND	ND
DCHP	ND	ND	ND	ND	ND	ND	ND	ND
DHP	ND	ND	ND	ND	ND	ND	ND	ND
DEHP	ND	ND	ND	0.574~0.651	ND	0.597~0.714	ND	ND
DNOP	0.648~1.702	0.475~1.731	ND	ND	ND	ND	0.841~1.327	0.755~1.436
DINP	ND	ND	ND	ND	ND	ND	ND	ND
DIDP	ND	ND	ND	ND	ND	ND	ND	ND
DNP	ND	ND	ND	ND	ND	ND	ND	ND

注：M_1 为 GB/T 20388 方法；M_2 为本节建立的方法；ND 表示未检出。

第三节　分析条件

一、引言

PAEs 类和 AEs 类作为增塑剂常用在纺织品弹性塑料部件、装饰品中，是一类环境激素类物质，会干扰神经、免疫和内分泌系统的正常调节，在使用中可迁移出载体，通过不同的途径进入人体，对人体危害极大。

目前，国家制定的标准采用的是 GC-MS 联用法，但该方法前处理过程繁琐，检测物质范围小，检出限高，回收率及灵敏度也有待提高。纺织原料固体废物成分复杂，采用上述方法进行提取和检测是不够的，如何排除基质干扰，提高富集程度，同时对多种塑化剂类化合物进行检测显得尤为关键。

本章主要以 GC-MS 法为基础，建立检测纺织固废物中 14 种塑化剂类化合物的分析方法，对色谱和样品前处理条件进行优化，筛选出最佳的条件和方法，并对实际样品进行测定。为有效克服国标方法中所存在的问题，本节建立的方法，具备样品前处理简单且富集程度高，检测方法高效、灵敏、检出限低等特点。

二、试验部分

1. 仪器与试剂

试验样品来源：本试验所用到的所有纺织固体废物样品均来自进口抽查和市场委托的纺织固废机织物。根据纺织品材质不同对其进行分类如下：植物纤维（棉、麻等）、动物纤维（羊毛、蚕丝等）、化学纤维（聚酯类）、合成纤维（涤纶、腈纶等），样品均统一编号，登记花色及材质。试验分别选取 4 种代表性纺织品各 5 个，样品详情见表 7-8。

表 7-8　待测样品详情

编号	材质	颜色
1	棉	蓝色
2	棉	纯白色
3	棉	红白相间
4	棉	深蓝色白色相间
5	棉	粉色
6	羊毛	褐色
7	羊毛	暗红色
8	羊毛	蓝色
9	羊毛	军绿色
10	羊毛	米白色
11	聚酯	浅绿色
12	聚酯	淡紫色
13	聚酯	粉色

编号	材质	颜色
14	聚酯	黄色
15	聚酯	草绿色
16	腈纶	黄色
17	腈纶	粉色
18	腈纶	蓝色
19	腈纶	米白色
20	腈纶	红色

试验药品：本试验所用主要化学药品、规格及生产厂家见表7-9。试验仪器：本试验所用的主要仪器名称、型号及生产厂家见表7-10。

表 7-9 主要试验药品

药品名称	规格	生产厂家
邻苯二甲酸二乙酯（DEP）	标准品	Dr Ehrenstorfer 公司
邻苯二甲酸二丙酯（DPHP）	标准品	Dr Ehrenstorfer 公司
邻苯二甲酸二异丁酯（DIBP）	标准品	Dr Ehrenstorfer 公司
邻苯二甲酸二丁酯（DBP）	标准品	Dr Ehrenstorfer 公司
邻苯二甲酸二戊酯（DAP）	标准品	Dr Ehrenstorfer 公司
邻苯二甲酸二 -2- 甲氧基乙酯（DMEP）	标准品	Dr Ehrenstorfer 公司
邻苯二甲酸二己酯（DNHP）	标准品	Dr Ehrenstorfer 公司
邻苯二甲酸二 -2- 乙基己基酯（DEHP）	标准品	Dr Ehrenstorfer 公司
邻苯二甲酸二庚酯（DHP）	标准品	Dr Ehrenstorfer 公司
己二酸二乙酯（DEA）	标准品	Dr Ehrenstorfer 公司
己二酸二异丁酯（DIBA）	标准品	Dr Ehrenstorfer 公司
己二酸二丁酯（DBA）	标准品	Dr Ehrenstorfer 公司
己二酸二辛酯（DNOP）	标准品	Dr Ehrenstorfer 公司
己二酸二（2- 丁氧乙基）酯（BXA）	标准品	Dr Ehrenstorfer 公司
丙酮	色谱纯	德国 Merck 公司
二氯甲烷	色谱纯	德国 Merck 公司
甲醇	色谱纯	德国 Merck 公司
正己烷	色谱纯	德国 Merck 公司
乙酸乙酯	色谱纯	德国 Merck 公司

表 7-10　主要试验仪器

仪器名称	型号	生产厂家
气相色谱 / 质谱仪	Agilent 7890A/5975C	美国 Agilent 公司
超声波发生器	KQ-300DE	昆山市超声仪器有限公司
电子分析天平	AL204-IC	梅特勒 - 托利多仪器（上海）有限公司
涡旋混匀器	MS3	德国 IKA 公司
加速溶剂萃取仪	8011ES	美国 Waring 公司
超纯水一体机	Milli-Q	美国 Millipore 公司
破碎仪	8011ES	美国 Waring 公司
旋转蒸发仪	RC900	德国凯恩孚
固相萃取小柱	2g/6mL	美国 Agilent 公司
针式滤膜过滤头	0.22μm	津腾实验设备有限公司

2. 试验样品的制备

称取 1.00g 代表性纺织固体废物机织物样品，将其剪成 5mm×5mm 以下的小块，粉碎机充分粉碎后混匀待测。

3. 标准溶液配制

单一标准储备液的配制：分别准确称取 9 种 PAEs 和 5 种 AEs 标准物质 10.00mg，用色谱纯正己烷溶剂配制成质量浓度为 1 000μg/mL 的标准储备液，转移至密封棕色贮存瓶，4℃下避光保存，有效期 3 个月。根据需要配制成合适质量浓度的混合标准溶液。

4. 样品前处理

（1）超声萃取检测样品

取代表性纺织固体废物机织物样品，剪成约 5mm×5mm 碎片，称取 1.00g，并将其放入选用的提取剂中（提取剂用量为 30mL）。分别考察不同提取溶剂、提取温度、提取时间下的萃取率。提取结束后，将得到的提取液转移到鸡心瓶中保存。然后用 20mL 的提取液，对锥形瓶和纺织残渣进行再次清洗，将 2 次得到的提取液合并。40℃旋转蒸发至近干，待固相萃取净化。

（2）加速溶剂萃取样品

取代表性纺织固废机织物样品，剪成大小 5mm×5mm 的碎片，并称取 1.00g 样品，移入 34mL 不锈钢萃取池中，采用加速溶剂萃取方法，对样品进行萃取操作。冲洗体积为 40% 萃取池体积，萃取压力定为 10MPa，加热 3min，并反复萃取 2 次。在不同萃取溶剂、温度，以及静态萃取时间下进行试验，探究它们与萃取率之间的关系。萃取完成后，用 N_2 对萃取池吹扫 100s。收集萃取液并转移至 100mL 的鸡心瓶中，于40℃水浴中旋转蒸发浓缩至近干，待固相萃取净化。

（3）固相萃取净化

固体废物成分复杂，在分析检测过程中干扰组分影响分析物的定量检测，需要进一步纯化。PAEs和AEs属于塑化剂类物质，因此本试验选用玻璃的硅酸镁SPE小柱，以吸附极性杂质洗脱目标物的方式来净化本底和富集目标物。PAEs和AEs属于弱极性的物质，将弱极性溶剂与极性稍强的溶剂混合配比作为洗脱液会有助于目标物的洗脱。将硅酸镁Florisil固相萃取柱中加入2g无水硫酸钠，用5mL的正己烷活化柱子，5mL洗脱液平衡，然后将加速溶剂萃取液转移至固相萃取柱中，加入洗脱液洗脱。考察不同配比的正己烷-二氯甲烷溶液（$V : V$=9∶1、5∶1、4∶1、3∶1、2∶1）和不同体积（5mL、10mL、15mL）的洗脱液与PAEs和AEs回收率之间的关系。净化结束后，氮气吹至1.00mL，过0.22μm有机滤膜，进行GC-MS分析。

5. 色谱–质谱测定条件

色谱柱：HP-INNOWAX毛细管色谱柱，30m×0.25mm×0.25μm，脉冲不分流进样，进样口温度220℃，载气；高纯氦气（纯度99.999%），流速1.0mL/min；分别设置3种升温体系进行对比试验，得出最适合的升温程序。色谱-质谱接口温度250℃，电离源为EI源，电离能量70eV，进样量1μL。

通过全扫描（SCAN）、选择离子（SIM）2种采集模式对加标样品进行对比测试。

6. 提取方式的选择

目前，对于样品的提取最常用的方法就是超声提取和加速溶剂提取，在接下来的试验中，对超声提取和加速溶剂提取2种方式进行对比，从而得出最佳提取方式。

7. 线性和方法检出限的确定

配制不同浓度的混合标准工作溶液，1.00μg/mL、2.00μg/mL、5.00μg/mL、10.0μg/mL、20.0μg/mL梯度浓度的含氯苯酚混合标准溶液，在GC-MS的优化色谱条件下进行测定，以浓度（x）和峰面积（y）做标准曲线，得到线性方程及相关系数。以信噪比S/N=3作为LOD。

8. GC–MS方法的回收率及其精密度的测定

称取1.00g代表性样品，每个样品分别加入1.00μg/mL、5.00μg/mL、20.0μg/mL 3个不同浓度混合标准品，每个加标水平重复试验6次，计算加标回收率和精密度。

9. 样品检测

应用在试验中所建立的GC-MS测定法，对塑化剂化合物进行测定，并对试验结果加以分析。

三、试验条件优化

1. GC-MS 条件的优化

色谱质谱条件直接影响目标物质分离，从而影响分析结果。本工作对升温程序及扫描模式进行了研究，优化了 GC-MS 测定条件。

（1）升温程序

在本节试验中，分别在 3 种不同的升温程序下进行了试验，并对试验结果进行分析对比。3 种升温程序的具体设定分别为：

①先在初始柱温 100℃条件下保持 2min，然后以 10℃/min 的速率将色谱柱的温度提升到 200℃，并在该条件下保持 3min，最后以 5℃/min 的速率将色谱柱的温度进一步提升到 250℃，并在该条件下保持 8min。

②先在初始柱温 70℃条件下保持 3min，然后以 15℃/min 的速率将色谱柱的温度提升到 200℃，并在该条件下保持 4min，最后以 5℃/min 的速率将色谱柱的温度进一步提升到 250℃，并在该条件下保持 8min。

③先在初始柱温 60℃条件下保持 1min，然后以 20℃/min 的速率将色谱柱的温度提升到 220℃，并在该条件下保持 2min，最后以 5℃/min 的速率将色谱柱的温度进一步提升到 250℃，并在该条件下保持 5min。

试验结果表明：采用第一种升温程序时，初始柱温高，塑化剂化合物出峰速度快，目标峰堆积在一起，不能很好地分离。采用第二种升温程序时，塑化剂化合物出峰较第一种缓和，但仍存在峰型拖尾，目标峰连在一起，达不到预期效果。采用第三种升温程序时，含塑化剂化合物的分离效果相对较好，14 种标准品的 SIM 模式离子流图如图 7-8 所示。

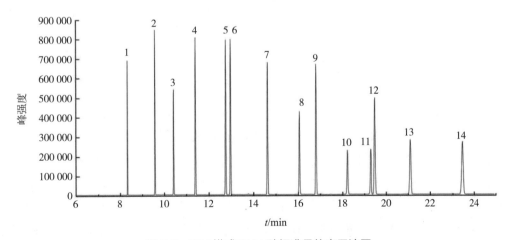

图 7-8　SIM 模式下 14 种标准品的离子流图

（2）PAEs 和 AEs 的定性和定量离子选择

本节试验中，分别在全扫描采集模式，以及选择离子采集模式下，对加标样品进行对比测试。结果表明，采用 SIM 模式较 SCAN 模式可减少干扰，使目标组分的检测灵敏度提高。因此采用 SIM 模式对 9 种 PAEs 和 5 种己二酸酯类成分进行分析测定，选择的定性、定量离子见表 7-11。

表 7-11　PAEs 和 AEs 在 SIM 模式下的保留时间以及特征离子

编号	t_R/min	化合物	特征离子	
			定性离子	定量离子
1	8.387	DEA	157.128.115	111
2	9.633	DIBA	185.57.111	129
3	10.472	DBA	129.111.55	185
4	11.451	DEP	177.150.176	149
5	12.805	DPHP	150.209.191	149
6	13.015	DIBP	57.150.223	149
7	14.668	DBP	150.223.104	149
8	16.102	DNOP	57.112.70	129
9	16.853	DAP	150.237.104	149
10	18.260	BXA	85.56.155	57
11	19.336	DMEP	58.149.104	59
12	19.520	DNHP	150.251.55	149
13	21.138	DEHP	167.57.150	149
14	23.481	DHP	150.57.265	149

2. 超声提取

（1）提取溶剂

试验分别考察了丙酮、二氯甲烷、甲醇、正己烷、乙酸乙酯为萃取溶剂对各物质的提取效果，相同条件下净化并分析。试验结果如图 7-9 所示。结果表明，选用正己烷作为萃取溶剂时，样品中 14 种塑化剂的提取率为 91.0%～106%，高于其他4 种溶剂，且提取液所含杂质少。二氯甲烷的萃取液呈浑浊状，可能是溶剂极性较塑化剂类化合物较强，将样品中杂质也一同萃取下来了。所以，本节试验最终确定选用正己烷作为萃取溶剂。

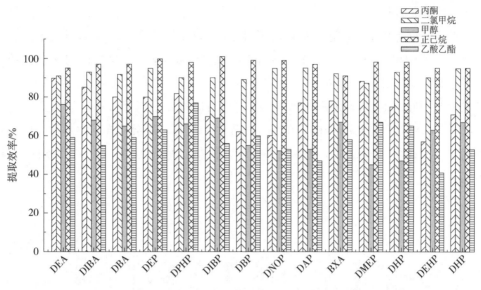

图 7-9　不同溶剂的提取效率（温度：40℃，萃取时间：30min）

（2）提取温度

本节试验研究了萃取温度与提取效率之间的关系。在相同的条件下进行萃取试验，并对试验结果进行分析。具体的试验结果如图 7-10 所示。从图中可以观察到，在 20～30℃的条件下，塑化剂类化合物的提取效率与温度呈正相关。14 种含塑化剂的回收率在 92.0%～105% 之间，温度的升高有利于提取的进行。当温度到达 40min 时，样品中部分塑化剂化合物的提取效率开始下降。在 60min 时，样品中所有塑化剂化合物的提取效率开始不断降低。因此，本节试验将萃取温度确定为 80min。

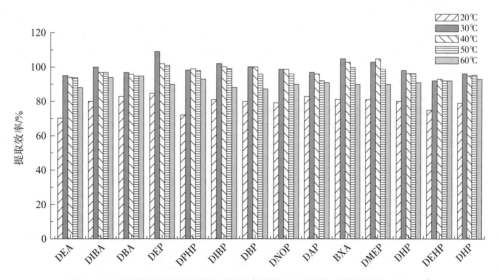

图 7-10　不同提取温度的提取效率（溶剂：正己烷，萃取时间：30min）

（3）提取时长

本节试验考察了不同超声提取时间对提取率所产生的影响。试验结果如图7-11所示。从图中可以看到，在10～30min时间范围内，样品中含塑化剂化合物的提取率与时间呈正相关，提取率的范围在93.0%～105%之间；而在30～40min之间，提取率与30min的提取率基本持平；将超声时间继续延长到50min后，提取率反而在下降。对该现象进行分析，在超声过程中，很有可能会将样品中其他杂质带入溶剂中。因此，时间过长反而会使得提取率降低。综合考虑，超声提取时间选择30min。

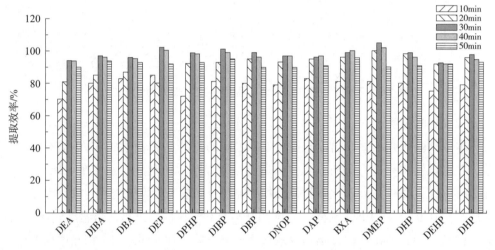

图7-11　不同提取时间的提取效率（温度：40℃，溶剂：正己烷）

（4）SPE纯化方法

PAEs和AEs属于弱极性的物质，将弱极性溶剂与极性稍强的溶剂混合配比作为洗脱液，会有助于目标物的洗脱。本节试验研究了不同比例的洗脱液与样品回收率之间的关系。试验结果如表7-12所示。

表7-12　不同强度的洗脱液下PAEs类和AEs类物质回收率大小情况

N-正己烷：二氯甲烷（$V:V$）	9:1	5:1	4:1	3:1	2:1
DEA	76.2	90.2	99.7	100.1	93.2
DIBA	80.3	89.7	100.2	100.1	95.1
DBA	82.1	92.3	100.5	101.2	94.7
DEP	84.2	93.5	100.3	99.8	94.3
DPHP	70.6	80.2	99.5	100.3	95.2

N- 正己烷：二氯甲烷 (V：V)	9：1	5：1	4：1	3：1	2：1
DIBP	81.1	90.7	101.3	100.5	94.5
DBP	80.6	90.1	100.7	100.7	94.6
DNOP	79.3	88.6	99.8	99.6	92.3
DAP	84.2	94.0	102.7	103.1	95.7
BXA	80.0	88.3	99.9	100.2	94.9
DMEP	80.3	90.1	100.6	99.9	93.1
DHP	80.3	89.2	101.5	101.2	93.6
DHP	78.7	87.5	99.8	99.6	92.9
DEHP	78.5	86.9	99.7	100.2	93.4

当正己烷：二氯甲烷配比为 9：1 时，作为洗脱液的回收率最低，两者配比为 4：1 和 3：1 时，回收率相差不大，基本可以将目标物 100% 洗脱，增大二氯甲烷比例至 2：1 时，回收率稍有下降，可能是因为洗脱液的极性增强，把柱子上吸附的一些极性杂质一并洗脱了下来。综合考虑，选择正己烷：二氯甲烷配比为 4：1 作为洗脱液。另外，我们还研究了洗脱液的用量大小与回收率之间的关系。试验表明，当洗脱液的体积大小为 5mL 时，14 种塑化剂的回收率基本都超过了 80%；当洗脱液的体积大小为 10mL 时，回收率与 5mL 体积下的回收率接近。因此，最终选择在体积为 10mL 的洗脱液下进行试验。

（5）线性方程、相关系数、检出限和定量限

配制 1.00μg/mL、2.00μg/mL、5.00μg/mL、10.0μg/mL、20.0μg/mL 系列浓度的两类塑化剂混合标准溶液，在优化后的 GC-MS 条件下进行测定。并根据浓度（x），以及峰面积（y）来做标准曲线。具体的线性方程，以及其相关系数信息可见表 7-13。从表中数据可以发现：在浓度为 1.00～20.0μg/mL 的线性区间内，14 种塑化剂化合物的相关系数 r 都高于 0.99。另外，检出限（$S/N=3$）为 0.070～0.52mg/kg。定量限（$S/N=10$）为 0.23～1.7mg/kg。

（6）GC-MS 方法回收率及其精密度

在加标浓度为 2.00mg/L、5.00mg/L、10.0mg/L 3 个水平对目标物进行加标回收试验，每个加标水平重复试验 6 次。外标法进行定量。结果表明（表 7-13），在加标浓度范围内 14 种塑化剂的回收率在 89.3%～104%，RSD 为 0.34%～2.3%，能满足纺织原料固体废物中塑化剂的检测需求。

表 7-13　14 种塑化剂的相关系数和线性方程、检出限、定量限、
回收率以及相对标准偏差（n=6）

编号	化合物	相关系数 r	线性方程	检出限（LOD）mg/kg	定量限（LOQ）mg/kg	回收率 R/%	相对标准偏差（RSD）S_r/%
1	DEA	0.998 6	y=32 221x+3 724.3	0.12	0.41	98.5	1.25
2	DIBA	0.999 5	y=88 223x+2 181.8	0.070	0.23	99.5	1.27
3	DBA	0.998 9	y=58 847x+1 349.2	0.16	0.57	91.4	1.62
4	DEP	0.999 3	y=138 984x−30 144	0.18	0.61	103.5	2.31
5	DPHP	0.999 5	y=288 749x−56 330	0.15	0.50	92.1	1.97
6	DIBP	0.999 4	y=254 326x−53 825	0.12	0.39	98.7	1.73
7	DBP	0.999 5	y=279 187x−48 406	0.21	0.70	99.7	1.56
8	DNOP	0.999 7	y=112 035x−10 701	0.52	1.70	98.6	0.79
9	DAP	0.999 1	y=335 526x−92 167	0.13	0.44	91.3	1.59
10	BXA	0.999 1	y=44 786x+7 668.7	0.13	0.40	98.5	1.52
11	DMEP	0.998 6	y=85 933x+10 576	0.21	0.70	102.6	0.34
12	DNHP	0.999 2	y=336 613x−82 859	0.26	0.86	90.5	1.25
13	DEHP	1.000 0	y=161 271x−27 227	0.13	0.45	90.3	1.49
14	DHP	0.999 80	y=303 836x−66 037	0.41	1.40	89.3	2.28

3. 加速溶剂萃取

（1）提取溶剂

试验分别对丙酮、二氯甲烷、甲醇、正己烷、乙酸乙酯作为萃取剂时的萃取率进行了考察，相同条件下净化并分析，结果如图 7-12 所示。由结果可知，正己烷作为提取剂时 14 种塑化剂的提取率为 89.0%～107%，除 DEHP 外均高于其他 4 种溶剂。分析试验结果，可能是由于 PAEs 和 AEs 为中等极性或弱极性物质，正己烷极性和目标物质最为接近，因此提取效果更好一些。因此试验选择以正己烷作为提取溶剂。

（2）提取温度

本节试验研究了萃取温度（80℃、90℃、100℃、110℃、120℃）与提取效率之间的关系。在相同的条件下进行萃取试验，并对试验结果进行分析。具体的试验结果如图 7-13 所示。从图中可以观察到，在 80℃～100℃条件下，塑化剂化合物的提取效率与温度呈正相关，14 种塑化剂的回收率在 91.0%～107% 之间。当温度超

过 100℃时，样品中所有塑化剂化合物的提取率开始不断降低。进一步研究了 14 种塑化剂在 105℃时的回收率，结果在 88.0%～104% 之间，说明进一步提高温度对回收率帮助不大。因此，本试验选择 100℃作为萃取温度。

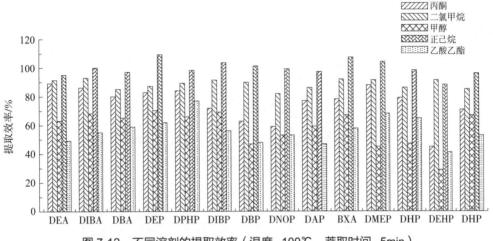

图 7-12　不同溶剂的提取效率（温度：100℃，萃取时间：5min）

（3）ASE 静态萃取时间

本节试验考察不同静态萃取时长对提取率所产生的影响。分别在 4min、5min 和 10min 下，观察塑化剂化合物的提取率。试验结果如图 7-14 所示。从图中可以看到，静态萃取时长为 4min 时，14 种塑化剂的回收率相对较低，在 83.0%～91.0% 之间；而 5min 时回收率在 92.0%～102% 之间；当萃取时间增至 10min 时，萃取率变化不大，部分化合物较 5min 时稍有降低。分析其原因，随着时间的延长，可能会引起更多的基质干扰。所以，最终确定静态萃取时长为 5min。

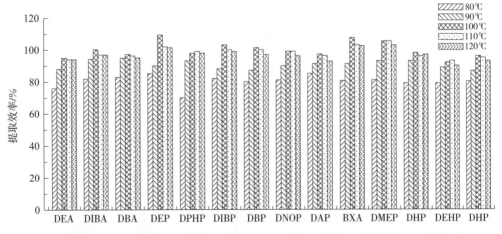

图 7-13　不同提取温度对应的提取效率（溶剂：正己烷，萃取时间：5min）

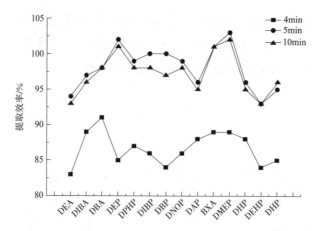

图 7-14　不同提取时间的提取效率（温度：100℃，溶剂：正己烷）

（4）SPE 纯化方法

应用固相萃取净化进行试验，选择正己烷：二氯甲烷配比为 4：1 作为洗脱液，洗脱体积为 10mL。

4. 线性方程及其相关系数、塑化剂化合物的检出限和定量限

配制 1.00μg/mL、2.00μg/mL、5.00μg/mL、10.0μg/mL、20.0μg/mL 系列浓度的两类塑化剂混合标准溶液，在色谱 - 质谱测定条件下进行测定，以浓度（x）和峰面积（y）做标准曲线，得到的线性方程及相关系数见表 7-14。由表可知，两类塑化剂在 1.00～20.0μg/mL 线性范围内相关系数 r 均大于 0.99，检出限（S/N=3）为 0.060～0.48mg/kg，定量限（S/N=10）为 0.21～1.6mg/kg。

5. GC–MS 方法的回收率及其精密度

在加标浓度为 2.00mg/L、5.00mg/L、10.0mg/L 3 个水平对 9 种 PAEs 类和 5 种 AEs 类塑化剂进行加标回收试验，每个加标水平重复试验 6 次。外标法进行定量。结果表明（表 7-14），在加标浓度范围内 14 种塑化剂的回收率在 88.7%～108%，RSD 为 0.33%～2.7%，能满足纺织原料类固体废物中塑化剂的检测需求。

表 7-14　14 种塑化剂的相关系数和线性方程、检出限、定量限、
回收率以及相对标准偏差（n=6）

编号	化合物	相关系数 r	线性方程	检出限（LOD）mg/kg	定量限（LOQ）mg/kg	回收率 R/%	相对标准偏差（RSD）S_r/%
1	DEA	0.998 6	y=32 221x+3 724.3	0.12	0.41	99.2	1.33
2	DIBA	0.999 5	y=88 223x+2 181.8	0.060	0.21	99.5	1.57
3	DBA	0.998 9	y=58 847x+1 349.2	0.16	0.57	92.7	1.62
4	DEP	0.999 3	y=138 984x-30 144	0.18	0.61	107.6	1.65

编号	化合物	相关系数 r	线性方程	检出限（LOD）mg/kg	定量限（LOQ）mg/kg	回收率 R/%	相对标准偏差（RSD）S_r/%
5	DPHP	0.999 5	$y=288\ 749x-56\ 330$	0.15	0.50	92.1	2.01
6	DIBP	0.999 4	$y=254\ 326x-53\ 825$	0.12	0.39	101.2	1.73
7	DBP	0.999 5	$y=279\ 187x-48\ 406$	0.19	0.63	99.7	1.56
8	DNOP	0.999 7	$y=112\ 035x-10\ 701$	0.48	1.63	98.6	0.33
9	DAP	0.999 1	$y=335\ 526x-92\ 167$	0.13	0.44	91.3	1.59
10	BXA	0.999 1	$y=44\ 786x+7\ 668.7$	0.12	0.40	104.2	1.52
11	DMEP	0.998 6	$y=85\ 933x+10\ 576$	0.21	0.70	101.6	0.34
12	DNHP	0.999 2	$y=336\ 613x-82\ 859$	0.26	0.86	90.5	1.38
13	DEHP	1.000 0	$y=161\ 271x-27\ 227$	0.12	0.41	88.7	1.51
14	DHP	0.999 8	$y=303\ 836x-66\ 037$	0.41	1.40	89.3	2.68

6. 超声萃取和加速溶剂萃取对比

分别用超声萃取和加速溶剂萃取两种方式对 14 种 PAEs 类和 AEs 类化合物进行前处理，并结合固相萃取柱净化，通过对萃取溶剂、萃取温度、萃取时间的优化，分别得到了两种萃取方式下的最佳萃取条件，在最优萃取条件下，进行加标回收试验，进而得出两种方法下的回收率、检出限及定量限，从试验的结果可以发现，当前处理采用超声提取时，14 种塑化剂化合物的回收率为 89.3%～104%。另外，LOD 的区间为 0.070～0.52mg/kg 之间。同时，LQD 的区间为 0.23～1.70mg/kg 之间。前处理采用加速溶剂萃取方式时，14 种塑化剂化合物的回收率大小为 88.7%～108% 之间。另外，LOD 的区间为 0.060～0.48mg/kg 之间。同时，LQD 的区间为 0.21～1.6mg/kg 之间。由数据可知，在同等试验条件下，加速溶剂萃取塑化剂类化合物效果更好，回收率更高，检出限更低。

第四节　实际样品测试

本节应用 GC-MS 方法，对待测纺织固体废物样品进行了检测。具体检测结果见表 7-15。从该批样品中均检测出 4～6 种目标物质。样品中主要包含的成分有 DBP、BXA、DEHP 类化合物，它们的含量都在 0.76～5.4mg/kg，0.020～7.7mg/kg，1.9～69mg/kg。DEA、DIBA、DBA 在检测样品中含量很少，而 DBP、BXA、DEHP 使用量较多，含量高。与国标方法（LOD 为 40mg/kg）相比，DBP（LOD 为 0.19mg/kg）、DEHP（LOD 为 0.12mg/kg）、DNOP（LOD 为 0.48mg/kg）、DIBP（LOD 为 0.12mg/kg）、DAP（LOD 为 0.13mg/kg）DMEP（LOD 为 0.21mg/kg）的检出限更低，适用于塑化剂类化合物的检测。

表 7-15   实际样品中塑化剂测定结果

	样品 1# mg/kg	样品 6# mg/kg	样品 11# mg/kg	样品 14# mg/kg	样品 17# mg/kg	样品 20 # mg/kg
DEA	0	0	0	0	0	0
DIBA	0	0	0	0	0	0
DBA	0	0	0	0	0	0
DEP	0.34	1.42	0.68	0.32	1.85	1.19
DPHP	0.20	1.26	0.90	1.53	2.23	0.85
DIBP	0.39	2.54	1.02	1.72	1.32	1.11
DBP	0.81	5.45	3.18	5.65	0.76	1.75
DNOP	0.25	0.31	0.82	0.53	1.14	0.84
DAP	0.28	1.41	0.28	0.44	1.91	0.92
BXA	0.020	4.00	0.18	7.69	3.26	1.04
DMEP	0.06	0.49	0.07	0.13	1.12	0.84
DNHP	0.26	3.46	0.33	4.17	2.01	0.93
DEHP	1.90	68.52	5.22	10.26	3.29	2.10
DHP	0.22	2.06	0.22	0.24	1.51	0.87

第五节   结论

本文建立了以气相色谱 - 质谱联用为基础，检测纺织原料固体废物中 14 种 PAEs 类和 AEs 类化合物的检测方法。优化后的色谱条件情况：选用 HP-INNOWAX 毛细管色谱柱（体积大小为 30m×0.25mm×0.25μm）作为色谱柱；采用脉冲不分流的进样方法；进样口的温度 220℃；选用载气为浓度 99.999% 的高纯氦气；流速大小为 1.0mL/min；选择升温程序：先在初始柱温 60℃ 条件下保持 1min，然后以 20℃/min 的速率将色谱柱的温度提升到 220℃，在该条件下保持 2min，最后以 5℃/min 的速率将色谱柱的温度进一步提升到 250℃，在该条件下保持 5min；GC-MC 测定仪器的接口温度为 250℃，采用 EI 电离源，电离能量大小为 70eV，进样量大小为 1μL；选择离子采集模式。采用超声提取和加速溶剂萃取两种方式进行前处理操作，分别从萃取溶剂、温度，以及萃取时间对两种萃取方法进行优化，分别得到两种萃取方式下的最佳萃取条件。试验结果表明：以正己烷为溶剂，在 30℃下，应用超声提取方法萃取 30min，14 种塑化剂化合物的提取效果最好；以正己烷为溶剂，在 100℃下，应用加速溶剂方法静态萃取 5min，14 种塑化剂化合物的提取率最高。对超声提取和加速溶剂萃取方式进行了加标回收试验。结果表明，前处理采用超声萃取方式时，在浓度为 1.00～20.0μg/mL 区间内线性关系良好，相关系数在 0.999 2～0.999 7 之间，14 种塑化剂的回收率在 89.3%～104%，塑化剂的检出限大小为 0.002 0～0.25mg/kg，定量限大小为 0.23～1.7mg/kg 之间，RSD 为 0.34%～2.3%。前处理采用加速溶剂萃取方式时，在浓度为 1.00～20.0μg/mL 区间内线性关系良好，相关系数为 0.998 6～1.000 0。14 种塑化剂的回收率在 88.7%～108%，检出限大小为 0.060～0.48mg/kg，定量限大小在 0.21～1.6mg/kg 之间，RSD 为 0.33%～2.7%。在同等试验条件下，超声萃取 CPs 类化合物效果更好，回收率更高，检出限也更低，能满足日常检测的要求，建立了纺织固体废物中 PAEs 和 AEs 增塑剂成分的同时测定方法，并与 GB/T 20388 中有关增塑剂的样品前处理方法进行了对比，在检出率及灵敏度方面都有显著的提高，且该方法操作简单、干扰小，为纺织固体废物中此类物质的提取和微量检测提供了可靠的技术支持。

第八章 多环芳烃检测技术

第一节 概论

一、引言

芳烃（Polycyclic aromatic hydrocarbon，PAHs）是指分子中由两个或两个以上苯环所构成的其中不含有任何支链的一类碳氢化合物，其种类多、分布广，目前已发现的 PAHs 类化合物已有 150 余种，其主要是在木材、矿物燃料等含碳化合物不完全燃烧情况下产生，同时也可在还原过程中于高温情况下热解所产生。主要用于食品包装材料、PVC 制品、纺织品等材料中，表 8-1 列出了几种常见 PAHs 的英文缩写、CAS 号、相对分子质量、分子式及结构式。

表 8-1 常见 PAHs 的英文缩写、CAS 号、相对分子质量、分子式及结构式

化合物	英文缩写	CAS 号	相对分子质量	分子式	结构式
萘	NAP	91-20-3	128.17	$C_{10}H_8$	
苊烯	ANY	208-96-8	152.19	$C_{12}H_8$	
苊	ACE	83-32-9	154.21	$C_{12}H_{10}$	
芴	FLU	86-73-7	166.23	$C_{13}H_{10}$	
菲	PHE	85-01-8	178.23	$C_{14}H_{10}$	
蒽	ANT	120-12-7	178.23	$C_{14}H_{10}$	
苯并苊	FA	206-44-0	202.25	$C_{16}H_{10}$	
芘	PYR	129-00-0	202.25	$C_{16}H_{10}$	
1-甲基芘	1-MP	2381-21-7	216.28	$C_{17}H_{12}$	

化合物	英文缩写	CAS 号	相对分子质量	分子式	结构式
苯并［a］蒽	BaA	56-55-3	228.29	$C_{18}H_{12}$	
苯并［b］荧蒽	BbF	205-99-2	252.31	$C_{20}H_{12}$	
苯并［k］荧蒽	BkF	207-08-9	252.31	$C_{20}H_{12}$	
苯并［e］芘	BeP	192-97-2	252.31	$C_{20}H_{12}$	
苯并［a］芘	BaP	50-32-8	252.31	$C_{20}H_{12}$	
茚并［1,2,3-cd］芘	IPY	193-39-5	276.33	$C_{22}H_{12}$	
二苯并［a,h］蒽	DBA	53-70-3	302.37	$C_{24}H_{14}$	

二、来源及分布

PAHs 类化合物来源广泛，主要是工厂在加工生产过程中所产生的，如染整厂在制备染料、助剂时添加物中所含有的 PAHs；化工厂在制备农药时所排放的废水中含有的 PAHs；炼油、石化、煤气等排放的废弃物中也会产生相当量的 PAHs；工厂中虽设有一定的废弃物排放处理设备，但还是会有极少部分会随之排放到环境水体、土壤以及大气中。由于其结构的稳定性，在自然环境当中很难被降解，随着生态循环会遍布整个生态体系。且由于构成 PAHs 苯环数目的不同，因此，其在自然环境中的存在形式也存在一定的差异，其中相对分子质量较小的如 NAP、ACE、FLU、PHE 等分子中仅含有 2~3 个苯环的，在大气中主要以气态的形式存在；分子中含有 4 个苯环的如 BaA、PYR、FA 等主要以气态或颗粒态分布于自然环境中；由 5 个及以上苯环所构成的 PAHs 类化合物，如 BaP、DBA、IPY 等主要以颗粒态分布于自然环境中。

三、毒性及限量

在纺织品生产加工过程中，PAHs 常被用在染料、助剂等一些化学药品中充当添加剂以提高织物的品质，其在织物中的残留通过人体的皮肤或黏膜而被人体所吸收，并且在人的体内产生富集效果，当此类有毒害物质在人的体内积累到一定量时，便会对人体产生致癌、致畸、致基因突变效应。鉴于其对人体所产生的巨大危害，世界各国对其使用都给出了明确的限量标准，中国际环保纺织协会 Oeko-Tex® 标准 100 对婴儿产品、直接接触皮肤以及非直接接触皮肤的产品均给出了明确的规定，其中 BaP 在婴儿产品中的使用含量不得超过 0.5mg/kg，在直接接触皮肤产品、非直接接触皮肤产品以及装饰材料中的含量不能超过 1mg/kg；婴儿产品中的 24 种 PAHs 总含量不得超过 5mg/kg，在直接接触皮肤产品、非直接接触皮肤产品以及装饰材料中不得超过 10 mg/kg。

四、PAHs 前处理方法研究现状

1. 国家标准中 PAHs 的前处理方法

关于 PAHs 的检测标准方法中，多为常规样品前处理方法，例如：GB/T 36488《涂料中多环芳烃的测定》以正己烷作为提取剂，对样品进行超声提取。GB 5009.265《食品安全国家标准 食品中多环芳烃的测定》以乙腈和正己烷的混合溶液作为提取剂，对样品进行超声提取，同时将提取液于旋转蒸发仪上旋蒸至近干，再用正己烷复溶，于 SPE 小柱净化后，采用氮吹仪对目标物进行浓缩。GB/T 28189《纺织品 多环芳烃的测定》以正己烷和丙酮（体积比为 1 : 1）的混合溶液作为提取液，对样品进行超声萃取，并对棉贴衬布、丝绸贴衬、涤纶贴衬样品加标回收率进行测定。HJ 784《土壤和沉积物 多环芳烃的测定 高效液相色谱法》以丙酮和正己烷的混合溶液作为提取剂，对样品进行索氏提取。

2. 常规 PAHs 的前处理方法

常见的样品前处理方法有超声波萃取法（UWE）、分散液液微萃取（DLLME）、加速溶剂萃取法（ASE）、微波萃取法（MAE）、固相萃取法（SPE）等。Zhang J H 等采用 UWE/Fenton 前处理方法对纺织印染污泥中的 PAHs 进行高效提取并对其进行降解。在优化试验条件和仪器参数的条件下，该方法对纺织印染污泥中 PAHs 的降解率为 81.23%（BaP）～84.98%（BaA），试验结果表明 US/Fenton 方法对纺织印染污泥中 PAHs 的提取和降解效果显著。袁级委等采用 DLLME 样品前处理技术，对地表水中 16 种 PAHs 和 6 种 PAEs 进行提取。试验对萃取溶剂和分散溶剂的种类进行了筛选，同时对其用量、萃取时间、NaCl 的用量以及涡旋时间进行了筛选和优化，最终在确定最佳试验条件的情况下，各个化合物的回收率为 60.2%～113.5%。Belo R F C 等采用 ASE 前处理方法提取可可豆中的 8 种 PAHs。采用单因素优选法，对前处理条件进行优化，同时使用 GC-MS 测定方法对优化后的提取液进行检测分析，最终得出 8 种 PAHs 平均加标回收率为 75.0%～110%。经测试表明，各化合物 RSD 为 2.57%～14.1%。刘滔等采用磁力搅拌辅助 MAE 样品前处理方法，将其用于对 PM2.5 中 16 种 PAHs 的有效提取。试验在以正己烷 - 丙酮（1∶1，V/V，体积为 15mL）作为萃取剂的基础上，分别对 MAE 萃取条件进行优化，在此基础上测得各个目标物质的回收率在 78.8%～102% 之间，RSD 为 0.40%～5.8%。Aguinaga N 等利用 SPE 样品前处理方法，对牛奶中的 6 种 PAHs 进行提取。在对试验条件进行选择与优化后，将其用于对 10 种不同实际牛奶产品中的 PAHs 进行提取与测试分析，结果在含有植物纤维的脱脂牛奶产品中发现了 6 种 PAHs 物质，为奶制品中 PAHs 的检测分析提供了一定的参考。前处理方法是否合理，会直接影响仪器检测的灵敏度和准确性，有效的前处理方法不仅可以对化合物进行有效的提取，同时对提取液中的目标组分进行有针对性地吸附，使检测仪器不受杂质和未知组分的干扰，保护色谱柱不受污染，提高定性、定量分析的准确性。

目前，对于 PAHs 的研究大多是在环境水体、印染污泥、食品、环境空气等领域，且采用的前处理方法大多为单一的萃取方法，对提取物中的目标组分难以进行有效的提取和净化，同时也难以进行有效的富集，导致提取效果不理想。

HJ 784 中采用索氏提取法对土壤和沉积物中 PAHs 进行提取，虽然在提取效率上有了一定的提高，但方法提取时间过长，且对提取液的处理过程过于繁琐。尤其在针对基质更为复杂的纺织固体废物进行提取时，更加增大了样品前处理难度，不利于相关检测部门对样品的快速有效提取与检测。对于 PAHs 的检测，目前较为常见的检测方法为液相色谱法和傅里叶拉曼光谱，这两种方法在对目标化合物进行定性分析时，由于仅仅依靠其目标化合物的保留时间或吸收波长来定性，其定性结果存在一定的偏差。相关文献中也有采用 GC-MS 的方法，但由于 PAHs 类化合物自身性质存在一定的相似性，常出现色谱峰重叠或分离效果差等现象。

第二节　样品前处理

一、引言

目前，国内外对 PAHs 的检测研究重点是前处理方法，前处理方法是否合理会直接影响仪器检测的准确性，同时样品提取过程中所产生的杂质和未知成分还会对仪器产生一定的干扰，缩短仪器的使用寿命。其中常见的前处理方法主要有固相萃取法、超声波萃取法、液液萃取法等，仪器检测方法主要有气相色谱质谱法、高效液相色谱法、高效液相色谱质谱法、荧光光谱法等，但这些方法在样品前处理方面均存在一定的弊端，尤其在针对基体更为复杂的纺织固体废物进行处理时极易受基质效应的干扰，无法对目标物质进行良好的净化和富集，从而降低了检测结果的准确性和灵敏度。

本节将采用加速溶剂萃取 - 固相萃取净化前处理方法，不仅大大缩短样品前处理时间，同时 MIP-PAHs 多环芳烃分子印迹固相萃取柱对样品拥有良好的净化和富集效果，大大降低了基质对目标组分的干扰，提高了仪器检测的准确性和灵敏度，结合 GC-MS 检测，方法简单，检出限低，能有效降低背景干扰，同时质谱可以对目标物质进行精准的定性，避免了假阳性的产生。

二、试验部分

1. 仪器、试剂与材料

Agilent 7890A/5975C 气相色谱 - 质谱联用仪（美国，Agilent 公司）；E-914/916 快速溶剂萃取仪（瑞士，Buchi 公司）；SmarVapor RE 501 旋转蒸发仪（德国 DeChem-Tech 公司）；N-EVAP-112 水浴氮吹仪（美国，Organomation 公司）；电子天平（瑞士，梅特勒 - 托利多）；EYELA MMV—1000W 振荡器（日本，东京理化公司）；MS 3 型涡旋混匀器（德国，IKA 公司），0.22μm 亲水 PTFE 针式滤器（SCAA-14），MIP-PAHs 多环芳烃分子印迹固相萃取柱（上海安谱实验科技股份有限公司）。

PAHs 标准品：NAP、ANY、ACE、FLU、PHE、ANT、FA、PYR、1-MP、BaN、BbF、BkF、BeP、BaP、IPY、DBA。16 种 PAHs 标准品均购自德国 Dr.Ehrenstorfer GmbH 公司，纯度均大于 98.0%。正己烷、丙酮、二氯甲烷、环己烷、甲醇、乙酸乙酯均为色谱纯，苯为分析纯。

2. 样品制备

将废纺织固体废物样品剪碎至 3mm × 3mm 后称取 50g 于玻璃器皿中备用。

注：样品制备过程不允许接触任何塑料制品，以确保试验的准确性。

3. 标准溶液的配制及工作曲线的绘制

标准储备液的配制：准确称取 22 种标准品各 0.01g（精确至 0.000 1g）于 10mL 的容量瓶中，用苯：二氯甲烷（1：1，V/V）定容至刻度，分别配制成 1 000mg/L 的标准储备液，于棕色试剂瓶中 4℃ ±2℃ 条件下贮藏，有效期为 3 个月。

混合标准溶液的配制：分别移取上述标准储备液 0.5mL 于 25mL 的容量瓶中用苯：二氯甲烷（1：1，V/V）定容至刻度，配制成质量浓度为 20mg/L 的混合标准溶液，于棕色试剂瓶中 4℃ ±2 条件下贮藏。

标准工作液的配制：分别移取上述混合标准溶液，根据需求用苯：二氯甲烷（1：1，V/V）配制成质量浓度分别为 0.100mg/L、0.200mg/L、0.500mg/L、1.00mg/L、2.00mg/L、5.00mg/L 的系列混合标准溶液，待 GC-MS 上机测试。

标准工作曲线：以标准工作液的质量浓度为横坐标、定量离子质量色谱峰面积为纵坐标，绘制标准工作曲线。

4. 样品前处理

（1）萃取

取具代表性的纺织固体废物样品，准确称取 5g（精确至 0.01g），于加速溶剂萃取池内，按照仪器操作步骤上机。萃取溶剂选择丙酮：正己烷以体积比 1：1 组成的混合液；萃取压力 12.0MPa；萃取温度 105℃；冲洗体积为 50% 的池体积；循环 3 次；吹扫时间 80s，静态萃取时间 2min。提取液转移至 20mL 试管中，并于 30℃ 水浴条件下氮吹至 1～2mL，待固相萃取柱进一步富集和净化。

（2）富集与净化

将 MIP-PAHs 多环芳烃分子印迹固相萃取柱依次用 5mL 二氯甲烷、5mL 正己烷进行预先活化，将样品提取液上样到柱上，管壁用正己烷润洗并涡旋后一并上样到柱上，弃去流出液，用 10mL 正己烷进行淋洗，弃去淋洗液，于负压下抽干萃取柱待溶液流尽，用 5mL 二氯甲烷进行洗脱 2 次，收集流出液，于 30℃条件下氮吹至近干，用正己烷定容至 1.00mL，过 0.22μm 亲水 PTFE 针式滤器（SCAA-14），供 GC-MS 测定。

5. GC–MS 条件

（1）色谱条件

色谱柱：采用 HP-5MS 毛细管色谱柱，规格 30.0m × 0.25mm × 0.25μm，不分流进样，进样口温度 300℃，载气：氦气（纯度≥99.999%），溶剂延迟 6min，流速 1.0mL/min；进样量 1.2μL，程序升温：60℃保持 1min，以 10℃ /min 升至 180℃，保持 3min，再以 15℃ /min 升至 300℃，保持 6min，全部程序总时长为 30min。

（2）质谱条件

传输线温度为 280℃，四极杆温度为 150℃，离子源温度为 230℃，电离源为 EI 源，电离能为 70eV，选择离子扫描（SIM）模式，质量扫描范围（m/z）为 45～500。

6. 定性依据和定量方法

以样品与标准品的色谱保留时间和特征离子来对样品进行定性，16 种 PAHs 的保留时间、定性、定量离子和相对丰度比见表 8-2。

定量方法：外标法定量。

表 8-2　16 种 PAHs 的保留时间、定量、定性离子和相对丰度比

化合物	保留时间 min	定性离子、定量离子及相对丰度比（m/z）
NAP	7.961	128（100）、127（12.40）、129（11.00）、51（6.20）
ANY	11.568	152（100）、151（19.30）、150（13.60）、153（12.90）
ACE	12.013	153（100）、154（98.20）、152（45.90）、76（17.20）

化合物	保留时间 min	定性离子、定量离子及相对丰度比（*m/z*）
FLU	13.210	166（100）、165（86.70）、167（13.80）、163（12.70）
PHE	16.294	178（100）、176（18.10）、179（15.50）、152（8.50）
ANT	16.467	178（100）、176（17.90）、179（15.30）、177（9.30）
FA	19.763	202（100）、200（18.90）、203（17.50）、201（13.80）
PYR	20.236	202（100）、200（21.80）、201（17.60）、101（16.50）
1-MP	21.441	216（100）、215（69.70）、217（16.90）、213（16.90）
BaA	22.647	228（100）、226（25.00）、229（19，90）、114（11.50）
BbF	24.430	252（100）、250（24.20）、253（21.00）、126（16.30）
BkF	24.464	252（100）、250（24.80）、253（20.90）、126（19.30）
BeP	24.878	252（100）、250（31.70）、253（20.80）、125（19.30）
BaP	24.975	252（100）、250（23.50）、253（23.00）、126（15.00）
IPY	27.284	276（100）、277（24.00）、138（21.80）、274（20.30）
DBA	27.353	276（100）、278（86.00）、138（27.00）、277（25.80）

第三节　分析条件

一、GC-MS 条件的选择和优化

1. 色谱柱的选择及升温程序的优化

试验分别采用 HP-5MS、HP-1、DB-35MS 3 种毛细管色谱柱对 16 种 PAHs 标准工作液（浓度为 1.00mg/L）进行 GC-MS 测定，结果如图 8-1 所示。通过对各个目标物质分析发现，当使用 DB-35MS 和 HP-1 毛细管色谱柱对 16 种 PAHs 进行检测时，BbF 和 BkF、BeP 和 BaP、IPY 和 DBA 3 组目标物不能进行良好的分离，且响应值较低，而 HP-5MS 毛细管色谱柱则可以将 16 种 PAHs 进行良好的分离，且响应值较高，故试验最终选择 HP-5MS 毛细管色谱柱。为进一步优化 GC-MS 条件，试验考察了 3 种不同升温程序下，16 种目标物质的分离效果，升温程序见表 8-3，试验发现，3 种升温程序对 16 种目标物的分离效果相差不大，均能满足分析的要求，考虑试验的高效性，本文将最终选择升温条件为用时较短的升温程序 3。

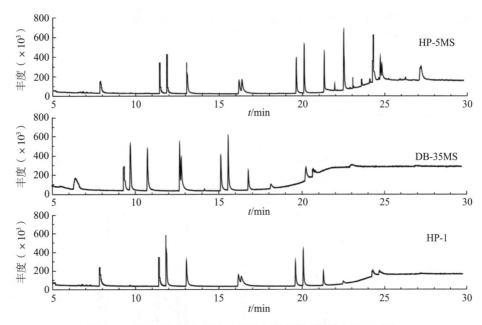

图 8-1　不同毛细管色谱柱 GC-MS 测定总离子流色谱图对比

表 8-3　3 种不同的升温程序条件

升温程序	升温速率 /（℃ /min）	温度 /℃	保持时间 /min	运行时间 /min
升温程序 1	—	60	1	1
	10	160	2	13
	8	240	2	25
	5	300	6	43
升温程序 2	—	60	1	1
	10	200	5	20
	8	280	8	38
升温程序 3	—	60	1	1
	10	180	3	16
	15	300	6	30

2. 扫描模式的选择

由于选择离子扫描（SIM）是根据目标物质的某些特征离子来进行有选择性的监测，在针对基质比较复杂的物质进行测定时 SIM 扫描模式会大大地增加目标物质的色谱峰强度，有效减少杂峰的产生，降低了基体中的杂质以及其他未知成分对目标物质所产生的干扰，提高分析方法的准确性。因此，按照上述 GC-MS 条件试验又进一步对 16 种 PAHs 运用 SIM 扫描模式进行了测定，16 种 PAHs 的 SIM 模式下总离子流色谱图见图 8-2。通过对比图 8-1（HP-5MS）（标准工作液浓度均为

1.00mg/L），可以明显看出各个目标物质的响应值均有不同程度的提高，且不存在溶剂峰的干扰。

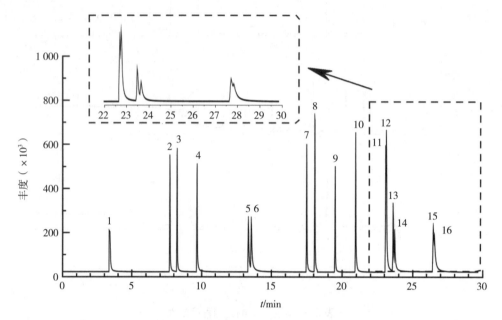

1—NAP；2—ANY；3—ACE；4—FLU；5—PHE；6—ANT；7—FA；8—PYR；9—1-MP；
10—BaA；11—BbF；12—BkF；13—BeP；14—BaP；15—IPY；16—DBA。

图 8-2　16 种 PAHs 的 SIM 模式下总离子流色谱图

二、样品前处理条件的筛选与优化

萃取溶剂的选择一般是根据相似相溶原理，较为理想的萃取溶剂是既能对目标物质拥有较好的提取效率，同时又会较低地提出样品中的共提物。由于 PAHs 属于弱极性或非极性物质，因此试验分别考察了极性较弱的有机溶剂正己烷、苯、环己烷和混合溶剂正己烷∶丙酮（1∶1，V/V）、苯∶二氯甲烷（1∶1，V/V）作为提取剂时对 16 种 PAHs 提取效率的影响（萃取条件固定为萃取温度 100℃，静态萃取时间 4min，循环次数 2 次，吹扫时间 80s），其测试结果见图 8-3。当以正己烷∶丙酮（1∶1，V/V）和苯∶二氯甲烷（1∶1，V/V）作为提取剂时，各目标物质回收率均为 70% 以上，均符合检测分析的有要求，同时试验发现以苯∶二氯甲烷（1∶1，V/V）作为提取剂，在对一些带有染料的布料进行萃取时，提取液均带有颜色，其原因可能是在萃取目标物质的同时连带样品中的部分染料组分一并提取出来，为避免分析检测时染料组分对目标物质产生的干扰，影响仪器分析的准确度，试验最终选择正己烷∶丙酮（1∶1，V/V）作为提取剂。

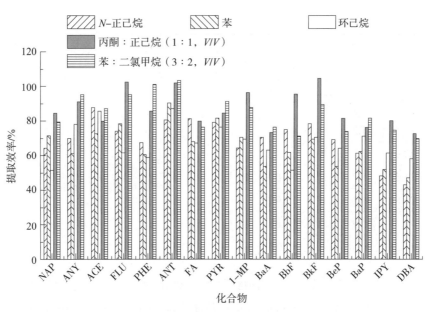

图 8-3　不同萃取溶剂对 16 种 PAHs 提取效率的影响

1. 加速溶剂萃取条件的选择与优化

影响加速溶剂萃取的几个关键条件包括萃取温度（A）、静态萃取时间（B）、循环次数（C）和吹扫时间（D）。由于影响因素较多，如均采用试验的方法依次验证，过程太过于繁琐，且需要耗费大量的时间和溶剂，因此为保证试验的准确性，同时减少试验量，试验将在确定萃取剂种类情况下以 A、B、C、D 作为主要影响因素，设计 $L_9(3^4)$ 正交试验。以 ACE、BaA、BkF 的回收率作为试验指标，采用"综合评分法"，对试验结果进行分析。结果见表 8-4。

表 8-4　正交试验设计及数据处理结果

编号	因素				ACE 回收率 /%	BaA 回收率 /%	BkF 回收率 /%	测试指标 综合评分 K/%
	A/℃	B/min	C/min	D/s				
1	85	2	1	80	37.6	39.5	31.7	5
2	85	4	3	60	67.2	59.1	62.4	12.6
3	85	6	2	100	69.3	76.4	71.8	16.3
4	105	2	3	100	88.3	78.4	87.1	23.3
5	105	4	2	80	95.4	99.3	97.2	30
6	105	6	1	60	85.5	86.4	84.7	27.2
7	125	2	2	60	77.3	67.6	85.9	18.8
8	125	4	1	100	69.7	63.2	76.1	14.6
9	125	6	3	80	83.5	76.4	80.3	19.2

编号	因素				ACE 回收率 /%	BaA 回收率 /%	BkF 回收率 /%	测试指标综合评分 K/%
	A/℃	B/min	C/min	D/s				
ΣK_1	33.9	47.1	46.8	54.2				
ΣK_2	80.5	57.2	55.1	58.6				
ΣK_3	52.6	62.7	65.1	54.2		$K_i=\Sigma K_i/3$		
K_1	11.3	15.7	15.6	18.1		$R=K_i\,(\max)-K_i\,(\min)$		
K_2	26.8	19.1	18.4	19.5				
K_3	17.5	20.9	21.7	18.1				
R	15.5	5.2	6.1	1.5				

表 8-4 中 R（极差）值大小可直接反映出影响因素大小顺序依次为 A＞C＞B＞D，提高萃取温度，可以减弱目标物质与基体之间的作用力，从而使目标物质从基体中被快速解析出来并进入溶剂。影响因素 B、C 的 R 值大小以此为 5.2 和 6.1 相差不大，因此试验将其归为互补因素。试验又进一步通过延长吹扫时间来对萃取效率进行分析，结果显示持续延长吹扫时间对提取效率并无显著影响，因此为缩短萃取时间提高效率，试验选择氮气吹扫时间为 80s。

通过对表 8-4 中 K 值大小分析可知，试验 5 的 K 值最高，故萃取效果相对于其他组要好，因此可以得出各影响因素的最优组合为 A_2、B_2、C_3、D_1，由于 B、C 为互补因素，试验本着萃取过程的少量多次性，将 B 因素的时间由 4min 缩短为 2min，因素 C 次数由 2 次增加为 3 次，从而进一步得出新的最优试验条件为 A_2、B_1、C_2、D_1，即萃取温度为 105℃，静态萃取时间 2min，循环次数 3 次，吹扫时间 80s，经测试试验证萃取效率得到了进一步的优化。

2. 固相萃取条件的选择及优化

由于纺织固体废物来源广泛，基质比较复杂，在测试分析时极易受基质效应的干扰，为此试验选用 MIP-PAHs 多环芳烃分子印迹固相萃取柱，以此来对样品提取液达到净化本底、富集目标物质的效果。同时试验以正己烷、二氯甲烷、甲醇、乙酸乙酯、丙酮作为 MIP-PAHs 固相萃取柱的洗脱剂，考察其对回收率的影响，其选择用量均为 10mL。结果如图 8-4 所示。当以二氯甲烷作为洗脱剂时，除 BkF、BeP 和 DBA 3 种物质的回收率比以甲醇作为洗脱剂时回收率低以外，其他目标物质的萃取效率均高于另外 4 种溶剂，且各目标物质回收率均符合分析检测的要求，故试验最终选择以二氯甲烷作为洗脱剂。

为确保固相萃取小柱上吸附的目标物质可以被完全洗脱，试验以二氯甲烷作为洗脱剂，每 2mL 用量收集 1 次，共收集 10 次，分别计算每段流出液中各目标物质的回收率。结果表明：当二氯甲烷用量达到 8mL 时，各个目标物质的回收率为 74.7%～103%，再增加二氯甲烷用量，各目标物质的回收率均无明显增加，故试验选择洗脱剂理想用量为 8mL。

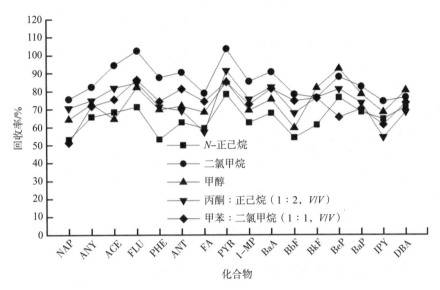

图 8-4　不同洗脱溶剂对回收率的影响

三、标准曲线、线性范围、检出限和定量限

配制 5 个不同质量浓度（0.100mg/L、0.200mg/L、0.500mg/L、1.00mg/L、2.00mg/L、5.00mg/L）的混合标准工作液，以标准工作液的质量浓度为横坐标、定量离子质量色谱峰面积为纵坐标，绘制标准工作曲线，得到线性方程和相关系数，结果见表 8-5。在 0.100～5.00mg/L 线性范围内各目标物质均呈现出良好的线性关系，r 为 0.993 2～0.999 8。根据 HJ 168，计算各个目标物质的 LOD，并对结果进行验证，最终得出 16 种 PAHs 的 LOD 为 0.82～2.0μg/kg，以 4 倍 LOD 来限定其 LOQ 为 3.3～7.8μg/kg。

表 8-5　16 种 PAHs 的线性相关系数（r）、线性范围、检出限（LOD）和定量限（LOQ）

化合物	回归方程	相关系数 r	线性范围 mg/L	检出限（LOD） μg/kg	定量限（LOQ） μg/kg
NAP	$y=472\ 099x-12\ 823$	0.999 8	0.1～5	1.13	4.52
ANY	$y=557\ 737x-59\ 100$	0.998 4	0.1～5	0.82	3.28
ACE	$y=320\ 523x-9\ 128$	0.999 8	0.1～5	1.29	5.16
FLU	$y=412\ 274x-30\ 717$	0.999 5	0.1～5	0.88	3.52
PHE	$y=288\ 633x-48\ 015$	0.997 0	0.1～5	1.13	4.52

化合物	回归方程	相关系数 r	线性范围 mg/L	检出限（LOD） μg/kg	定量限（LOQ） μg/kg
ANT	$y=286\,538x-55\,388$	0.996 3	0.1～5	0.95	3.8
FA	$y=588\,707x-66\,336$	0.998 8	0.1～5	1.67	6.68
PYR	$y=718\,575x-74\,264$	0.999 2	0.1～5	0.92	3.68
1-MP	$y=347\,821x-52\,755$	0.997 7	0.1～5	0.96	3.84
BaA	$y=683\,005x-131\,633$	0.997 1	0.1～5	1.33	5.32
BbF	$y=35\,026x-74\,001$	0.994 2	0.1～5	1.42	5.68
BkF	$y=421\,065x+13\,126$	0.998 6	0.1～5	1.89	7.56
BeP	$y=232\,403x-25\,989$	0.999 3	0.1～5	1.72	6.88
BaP	$y=234\,832x-60\,816$	0.993 2	0.1～5	1.95	7.80
IPY	$y=383\,088x-91\,295$	0.994 1	0.1～5	1.49	5.96
DBA	$y=378\,455x-78\,522$	0.993 6	0.1～5	1.65	6.6

四、加标回收率和精密度

由于纺织固体废物结构比较复杂，直接向样品中进行加标，标液可能只会附着于纤维表面，无法进入纤维的内部环境中，导致测试结果不具代表性，因此为模拟自然条件下 PAHs 在纺织固体废物中的存在环境，试验将选取代表性纺织固体废物样品，分别浸渍于不同加标浓度 0.100mg/L、2.00mg/L、5.00mg/L 的标准工作液中，充分搅拌，将样品与溶液充分混合，密封静置 6h 后取出，于自然环境下风干，使目标物质尽可能充分进入纤维内部结构中，按照样品前处理、GC-MS 条件前处理方法和仪器测试条件，对每一个加标水平做 6 次平行对照组，进行加标回收率测试，结果见表 8-6。16 种 PAHs 日内平均回收率为 75.4%～103.3%，日内 RSD（n=6）为 0.7%～8.2%；日间平均回收率为 73.7%～103.8%，日间 RSD（n=6）为 1.4%～9.1%。

表 8-6　16 种 PAHs 的加标回收率和相对标准偏差（RSD）

化合物	添加水平 mg/L	日内（n=6）		日间（n=6）	
		回收率 /%	RSD/%	回收率 /%	RSD/%
NAP	0.100	80.9	4.1	82.1	4.5
	2.00	79.3	3.7	79.8	4.2
	5.00	77.4	3.1	77.0	5.2
ANY	0.100	84.1	3.0	84.4	3.6
	2.00	81.9	4.4	78.5	4.3
	5.00	79.1	5.5	80.8	3.4

续表

化合物	添加水平 mg/L	日内（n=6）		日间（n=6）	
		回收率 /%	RSD/%	回收率 /%	RSD/%
ACE	0.100	94.2	1.3	97.0	2.4
	2.00	98.7	1.9	97.0	1.4
	5.00	92.3	1.8	90.0	3.1
FLU	0.100	101.8	1.4	99.7	2.5
	2.00	103.3	0.7	102.1	3.7
	5.00	99.8	2.7	97.5	7.6
PHE	0.100	85.4	4.2	82.4	4.2
	2.00	86.0	2.7	89.8	2.4
	5.00	87.2	4.3	84.7	5.9
ANT	0.100	86.5	4.2	87.5	3.2
	2.00	90.8	1.7	90.2	3.8
	5.00	85.6	6.6	88.5	7.7
FA	0.100	80.9	1.6	81.2	7.7
	2.00	80.3	2.4	80.6	3.7
	5.00	79.0	3.3	83.3	5.6
PYR	0.100	101.7	1.4	100.2	3.0
	2.00	100.7	3.0	103.8	3.1
	5.00	101.9	1.8	101.8	4.1
1-MP	0.100	83.1	5.0	83.6	6.8
	2.00	86.5	6.0	93.5	7.1
	5.00	82.3	4.5	79.4	7.2
BaA	0.100	87.0	4.5	85.3	9.1
	2.00	87.8	5.7	90.2	6.6
	5.00	88.3	7.3	90.9	6.7
BbF	0.100	82.9	4.3	83.1	5.4
	2.00	81.4	8.2	84.3	4.9
	5.00	79.5	2.6	82.1	5.9
BkF	0.100	81.1	4.3	82.1	5.5
	2.00	77.8	4.9	76.4	6.2
	5.00	84.9	8.0	81.8	7.7
BeP	0.100	85.1	3.5	84.4	5.0
	2.00	78.5	2.8	81.3	6.3
	5.00	83.3	3.9	84.7	4.8

续表

化合物	添加水平 mg/L	日内（n=6）		日间（n=6）	
		回收率 /%	RSD/%	回收率 /%	RSD/%
BaP	0.100	81.0	6.1	84.8	5.3
	2.00	85.9	4.3	84.1	6.5
	5.00	83.6	3.2	81.1	6.6
IPY	0.100	79.8	4.3	80.7	4.4
	2.00	80.1	7.6	80.5	5.7
	5.00	78.4	6.7	79.5	5.2
DBA	0.100	78.9	2.6	79.1	6.4
	2.00	75.7	6.3	73.7	6.0
	5.00	75.4	4.5	75.1	5.6

五、与标准方法比较

将本节建立的方法分别与相关国家标准、行业标准以及环境标准进行了对比，结果见表8-7。通过对萃取剂用量、萃取时间、检出限、相对标准偏差及回收率的对比发现，该方法（ASE-SPE-GC/MS）具有操作简单、干扰小、溶剂用量少、准确度好等优点。

表 8-7 不同方法的比较

方法名称	前处理方法	萃取剂	萃取剂用量	萃取时间	检测仪器	检出限（LOD）μg/kg	相对标准偏差（RSD）%	回收率 /%
GB/T 36488	超声波萃取	正己烷	25	1	GC/MS	100	<10	—
GB 5009.265	超声波萃取	正己烷、乙腈	26	1.3	HPLC（方法一）	0.33~2.0	<20	—
GB/T 28189	超声波萃取	正己烷：丙酮（1:1, V/V）	72	1	GC/MSD	100	2.4~10.3	61.1~99.7
HJ 784	索氏提取	丙酮：正己烷（1:1, V/V）	100	16~18	HPLC	3~20	4.3~15	57.4~99.5
ASE-SPE-GC/MS	加速溶剂-固相萃取	丙酮：正己烷（1:1, V/V）	15~20	0.25	GC/MS	0.82~1.95	0.7~8.2	75.4~103.3

第四节　实际样品测试

应用本节建立的方法对市场委托和进口报检的 100 批次纺织固体废物样品其中包括：（1）废棉（20 批）、（2）废涤棉涂层面料（20 批）、（3）废聚酯面料（20 批）、（4）废棉纱线（20 批）、（5）废牛仔面料（20 批）进行测定，结果见表 8-8。除 NZP、ANY、FA、PYR、BeP、DBA 6 种物质未被检出外，其他 10 种物质在 100 批纺织固体废物样品均有不同程度地被检出，其中被检出 ACE 含量为 7.64～36.4μg/kg，FLU含量为 13.6～29.5μg/kg，PHE 含量为 17.6～27.7μg/kg，ANT 含量为 49.4μg/kg，1-MP含量为 14.4μg/kg，BaA 含量为 9.67～25.9μg/kg，BbF 含量为 17.6～44.6μg/kg，BkF 含量为 18.4～76.8μg/kg，BaP 含量为 25.7～78.9μg/kg，IPY 含量为 9.70～11.4μg/kg。

表 8-8　实际样品测定

化合物	测定结果（$n=6$）/（μg/kg）				
	（1）	（2）	（3）	（4）	（5）
NAP	ND	ND	ND	ND	ND
ANY	ND	ND	ND	ND	ND
ACE	ND	36.43	44.7	ND	7.64
FLU	19.86	ND	13.57	29.48	ND
PHE	ND	27.68	17.62	ND	ND
ANT	ND	49.45	ND	ND	ND
FA	ND	ND	ND	ND	ND
PYR	ND	ND	ND	ND	ND
1-MP	ND	ND	ND	ND	14.38
BaA	9.67	25.86	ND	17.63	ND
BbF	ND	44.57	ND	ND	17.62
BkF	ND	18.37	ND	ND	76.82
BeP	ND	ND	ND	ND	ND
BaP	34.78	ND	25.67	78.94	ND
IPY	ND	9.70	ND	ND	11.45
DBA	ND	ND	ND	ND	ND
注：ND 表示未检出。					

第五节　结论

　　本章采用 ASE-SPE-GC/MS 方法检测分析纺织固体废物中 16 种 PAHs，以丙酮：正己烷（1：1，V/V）作为萃取剂，设计单因素 L9（34）正交试验，对加速溶剂萃取的 4 个主要条件（萃取温度、静态萃取时间、循环次数和吹扫时间）进行了选择和优化，结果表明理想萃取温度和时间分别为 105℃和 2min，循环次数 3 次，最佳吹扫时间为 80s，并采用 MIP-PAHs 环芳烃分子印迹固相萃取柱对样品提取液进行富集和净化，同时对洗脱溶剂种类及其用量进行了选择和优化，最终确定以二氯甲烷作为洗脱溶剂，理想用量为 8mL。

　　ASE-SPE-GC/MS 前处理方法用时短，无须借助人为条件，可有效降低误差的产生，且拥有较高的提取效率，同时应用 MIP-PAHs 多环芳烃专用固相萃取柱进一步对提取液进行净化和富集目标物质，能有效降低基质效应的产生。在 SIM 扫描模式下，采用 HP-5MS 毛细管色谱柱对目标物质拥有良好的分离效果。经 GC-MS 测试验证，16 种 PAHs 色谱峰形良好，且无杂质峰的产生，干扰小，可检测 PAHs 最大质量浓度范围为 0.1～5mg/L，相关系数均在 0.993 以上，最低检出限达 0.82μg/kg，显著提高了 GC/MS 检测的准确性和灵敏度，为相关检测部门针对基质较为复杂的样品进行 PAHs 提取提供了可靠的技术支持。

　　目前，针对纺织固体废物中的 16 种 PAHs 的测定报道较少，国内还未见相关标准的制定，因此，建立纺织固体废物中的 PAHs 测定在质量控制、人类健康以及环境保护等方面具有重要的意义。

第九章　致敏分散染料检测技术

第一节　概论

一、致敏分散染料的机理与危害

致敏分散染料是指可能导致人或动物呼吸困难、皮肤或呼吸道黏膜瘙痒，对生物体具有一定刺激性和致敏性的染料。有些含偶氮基团（—N＝N）结构的染料被偶氮肝酶、还原酶及偶氮还原酶等还原，从而形成对人体有害的致癌芳香胺，使生物体致癌，严重时甚至会造成死亡。目前，在已确定的接触性过敏原染料中有三分之二的染料是属于致敏分散染料。"致敏分散染料"一词，最早出现在20世纪70年代，由于"锦纶丝袜致敏"的报道，致敏性染料才开始被人们关注。Oeko-Tex Standard 100（2020版）中，将22种致敏分散染料作为生态纺织品监控的项目，并规定了致敏分散染料在纺织品上的含量应不超过其相应产品的0.006%。

二、致敏分散染料的国内外禁限用条例

近年来，由于受利益驱使，染料和染色工艺种类日趋繁杂多样，致敏染料问题在服装、食品、玩具、包装材料上屡禁不止。为保障消费者的权益，很多国家、组织都对纺织品中致敏分散染料进行了清晰的禁限用规定。德国颁布的纺织品消费法中明令禁止使用对人体有害的染料，欧盟委员会的2014/350/EC指令（Eco-Label）、美国新限制物质清单（RSL）、欧盟高度关注物质（SVHC）候选清单、欧盟REACH法规限用物质清单以及各国其他限用物质清单等均提到纺织类产品中致敏分散染料的禁限用标准。

目前，国际上规定的测定纺织品中致敏性禁限用染料的相关标准主要有ISO/DIS（16373-2和16373-3）及DIN 54231：2005（德国标准版本）的《纺织品分散染料的测定》，国内涉及纺织产品中致敏、致癌性染料的相关标准有：GB/T 20383《纺织品　致敏性分散染料的测定》和GB/T 20382《纺织品　致癌染料的测定》、GB/T 23345《纺织品　分散黄23和分散橙149染料的测定》与GB/T 18885《生态纺织品技术要求》等。

三、致敏分散染料前处理技术

前处理技术主要是起富集、净化、浓缩等功能。目前致敏分散染料的前处理技术主要有加速溶剂萃取法（ASE）、固相萃取法（SPE）、超声波萃取法（UE）等。鉴于纺织固体废物的材料品种繁多、染料种类多样，物质浓度低（一般为微量或痕量），易出现假阳性等问题，因此，通过选取恰当的前处理技术和建立合适的仪器检测方法，可有效避免检测分析工作过程中易出现的问题。

1. 加速溶剂萃取法（ASE）

ASE 法是一种利用高温高压在短时间内实现自动提取的萃取技术。近几年来，ASE 法凭借着溶剂用量少、对环境友好、自动化程度高与提取效率高的优势得到了快速发展。项文霞等人利用 ASE 技术提取了土壤中 8 种有机氯农药。Zhang 制备了一种高选择和结合性的中空多孔假人分子印迹聚合物，通过 ASE 法测定了该塑料制品有 8 种双酚类化合物。梁焱等通过 ASE/GC/MS 法同时测定了土壤中二氯苯、六氯苯等 24 种半挥发性 CCBs。李芳等人在酵母粉中通过 ASE/QuEChERS-MS/MS 法检查出了 12 种持久性有机污染物。

2. 固相萃取法（SPE）

SPE 法一般分为活化、加样、淋洗、收集 4 个部分。活化是为了去除杂质，淋洗是为了将吸附在填料中的目标物质通过洗脱液洗脱下来，将干扰物留在吸附剂中，从而达到使目标物与干扰物有效的分离的目的，起到富集目标物质的作用。陈波等采用了磁性的碳纳米管对 12 种致敏性染料进行了分散 SPE 法的富集，并利用 HPLC 法进行检测分析，使得 12 种致敏分散染料实现分离。高仕谦将金属骨架与 101（Cr）的纳米材料作为分散 SPE 的吸附剂，利用 UHPLC-MS/MS 法将水中非离子型的分散染料进行了定量分析。胡江涛等通过 SPE-UPC2/MS 法对食品中 8 类禁止使用的色素进行鉴定。Zhou 比较了不同型号的 4 类色谱柱（BEH、BEH2-Ethyl-pyridine、Xselect-HSS C_{18} SB 与 CSH Fluorophenyl）对织物中 17 种致敏分散染料分离检测情况，发现使用 HSS C_{18} SB 柱时的效果最佳。

3. 超声波萃取法（UE）

UE 萃取法是检测工作中常用的一种前处理方法，具有简便、成本低等优点。楼超艳等在 70℃的水浴中提取 30min 后，经 SFC-UV 法检测出地毯中有 8 种致敏分散染料。马强等以 UHPLC-MS/MS 法同时测定了毛绒玩具中分散红 17、分散蓝 35 等 16 种致癌致敏性染料，发现玩具经 CH_3OH 超声萃取后，以 MRM 模式下检测分析的平均回收率为 81.3%～98.6%。Zhu 等采用氯化胆碱／氢键供体（ChCl/HBD）/DES 超声辅助萃取食品类样品中的非法染料，证明了 DESs 是一种潜在的染料提取溶剂。王钊等利用正交法优化了 UE 法提取甜椒红色素的条件。

四、致敏分散染料的仪器检测方法

测定致敏分散染料的现代仪器技术主要有液相色谱、超临界流体色谱、串联质谱等，它们依靠着自己独特的优势在各个领域占据着举足轻重的地位。近年来研究者越来越将仪器分析技术的改进作为推动分析科学的方向。

1. 液相色谱法（HPLC）

液相色谱一般分为超高效液相色谱法（UPLC）和高效液相色谱法（HPLC）。它们常与二极管阵列检测器（DAD）、紫外吸收检测器（UV）、荧光检测器、电化学检测器等联用，广泛应用于水、土壤、皮革制品、玩具、食品、化妆品等检测领域。

连小彬把甲醇 -Na_2HPO_4 溶液体系作为流动相，采用 HPLC/DAD 法对皮革中多种致敏分散染料进行测定；姜觅等创建的 HPLC 法可以测定饮料、酒品中致敏性染料，把色谱柱、流动相和检测波长等仪器条件进行优化，使得这 20 种分散性染料能够在 1h 左右分离，回收率为 80% 左右，相对标准偏差小于 9.1%。在测定涤纶缝纫线时，李志刚等利用 HPLC-UA 法确定了缝纫线中 7 种致敏分散染料；李兰等人通过 HPLC-DAD 技术在胶囊壳中测定了 20 种禁用性工业染料。

2. 超临界流体色谱法（SFC）

SFC 技术主要是通过改变压力和温度这两个因素，达到改变超临界流体的溶解能力，从而增加样品的提取效率。超临界流体通常是 CO_2 与少量的助剂组成。SFC 法是 GC 和 LC 技术完美结合的产物，在分离分析能力上能发挥发挥 GC 与 LC 的两项优势，使得成本更低、更环保、流动黏度更低、传质性更好、分辨率更高等，但是存在严重拖尾现象。姜磊采用 SFC 技术研究了 5 种具有偶氮结构的致敏染料，发现采用含量为 10% 的 CH_3OH 为改性剂时，在流速为 1.20mL/min、色谱柱温度为 36℃、背压为 10MPa、进样量为 5μL 的条件下，经 450nm 的 UV 检测波长分析，这 5 种致敏分散染料能够在 12min 内分离良好。王烈等人通过 SFC 法对土壤里的焰红染料进行检测。丁友超等以超临界 CO_2-CH_3OH 为 UPLC 法的流动相，利用 C_{18} 色谱柱梯度洗脱，将纺织品中 11 种致敏分散染料进行分离，其回收率≥90.3%。

3. 串联质谱法（MS/MS）

MS/MS 法在提取效率、灵敏度、抗干扰性等方面有着无与伦比的优势，具备多离子反应监测功能（MRM），能够多组分同时检测，避免假阳性的出现，目前串联 1～2 个质谱是较为常见的情况，如串联三重四极杆质谱、线性离子阱质谱、电喷雾质谱等。Liu 等采用 UPLC-MS/MS 法对 20 种致敏致癌性染料进行筛选，证明了串联了四极质谱的 UPLC 系统能够对蔬菜、水果和药用胶囊等样品进行多维度处理，可用于食品包装染料的分离和测定。周佳等人借助 HPLC-MS 法测定了染整助剂中 44 种致癌致敏染料。曲连艺在六大类禁限物质的基础上，利用 Orbitrap 高分辨质谱技术建立了 Orbitrap 质谱库。Lu 采用 UPLC/ESI-MS/MS 法在 5 家印染企业的排放污水中进行致敏分散染料的残留检测。方慧文等将 UE 法与 HPLC-MS/MS 结合，建立了一种能够在母婴纺织品里同时测定 12 种致敏性分散染料的方法。

第二节　样品前处理

一、ASE 前处理条件的优化

1. 萃取试剂的确定

根据相似相容的基本原理，试验选用 5 种常用萃取剂（甲醇、丙酮、正己烷、乙酸乙酯、乙腈），按照 ASE 试验前处理条件探究了不同 ASE 萃取剂的提取效果，其提取效果的数据如图 9-1 所示。通过对比图 9-1 中 17 种致敏分散染料的萃取率可知，在 5 种不同的萃取剂中，当把乙腈作为萃取剂时，17 种分散染料所有组分的回收率均可以达到 80%，而使用其余的萃取剂时，其提取率都低于 80%。通过对比发现，乙腈的提取效果最好，正己烷的提取效果最差。因此，试验采用乙腈作为萃取溶剂。

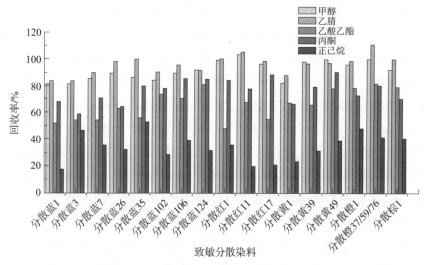

图 9-1　ASE 萃取剂对 17 种致敏分散染料的提取效果图
（固定 ASE 萃取压力为 12MPa，萃取温度为 100℃，萃取次数为 2 次）

2. 萃取压力的确定

试验考察了 ASE 法在不同萃取压力下（6MPa、8MPa、10MPa、12MPa、14MPa）对 17 种致敏分散染料的萃取效果的影响，其结果见图 9-2。由图 9-2 得出，在 6～10MPa 压力下，17 种致敏分散染料的回收率基本处于逐渐增加的状况；在比较

10～12MPa 时，发现分散蓝 3 染料和分散蓝 26 染料略有增加，其他 15 种分散性致敏染料的回收率不变或减少；为了使所有致敏分散染料的萃取率基本都能够达到良好状态，通过综合对比，试验选择 10MPa 作为 ASE 法萃取压力条件。

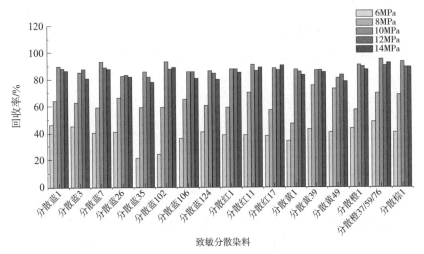

图 9-2　不同压力下 ASE 萃取对 17 种致敏分散染料的提取效果图
（固定萃取剂为乙腈，萃取温度为 100℃，萃取次数为 2 次）

3. 萃取温度的确定

试验探讨了 ASE 技术在 80℃、90℃、100℃、110℃和 120℃的温度下，对 17 种致敏染料的萃取效果的影响，结果如图 9-3 所示。在 80～120℃的萃取温度下，17 种致敏分散染料所有组分的萃取率趋势，都是随萃取温度的升高先是增大后是减小，因此，试验选用 110℃作为 ASE 法的萃取温度。

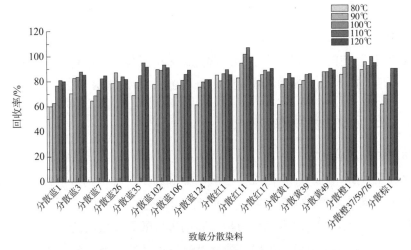

图 9-3　不同 ASE 萃取温度对 17 种致敏分散染料的提取效果图
（固定乙腈为萃取剂，萃取压力为 12MPa，萃取次数为 2 次）

4. 萃取次数的确定

试验研究了 ASE 静态循环萃取次数是 1 次、2 次和 3 次时，对 17 种致敏分散染料的萃取率的影响，结果见图 9-4。在图 9-4 中，对 17 种致敏分散染料来说，随着 ASE 静态循环次数的增加，17 种分散染料的回收率基本都是随着 ASE 萃取次数的增加而增加。比较 ASE 循环次数为 2 次和 3 次时，17 种致敏分散染料的回收率基本变化不大。由于循环次数的增加，有机萃取剂用量也会随之加大，萃取时间相应会延长，所以，为了避免不必要的耗材浪费，节约时间，试验选用 ASE 静态循环萃取次数为 2 次。

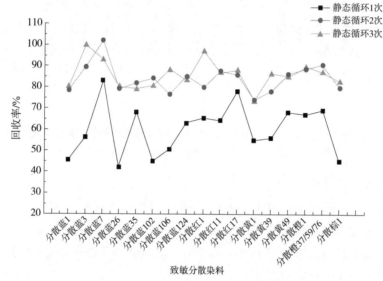

图 9-4　不同 ASE 萃取次数对 17 种致敏分散染料的提取效果图
（固定乙腈为萃取剂，萃取压力为 12MPa，萃取温度为 100℃）

5. 小结

试验通过对 ASE 条件的优化，最终筛选出来的最优萃取条件是：将乙腈作为萃取剂，萃取压力选为 10MPa，萃取温度设为 110℃，萃取次数为 2 次。

二、UE 前处理条件的优化

1. 萃取试剂的确定

试验选用甲醇、乙腈、正己烷、乙酸乙酯和丙酮 5 种不同溶剂作为 UE 萃取溶剂，研究了不同萃取剂对 UE 萃取法提取效率的影响，如图 9-5 所示。由图 9-5 可知，5 种不同萃取溶剂对 17 种致敏分散染料的提取效果（按照致敏性染料多数占比排序）依次为：乙腈＞甲醇＞乙酸乙酯＞丙酮＞正己烷。为保障大部分的致敏分散染料萃取效果处于最佳，试验选择乙腈作为 UE 萃取法的提取剂。

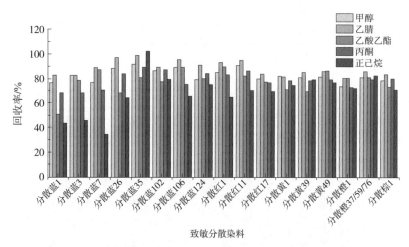

图 9-5　5 种不同的 UE 萃取剂对 17 种致敏分散染料的提取效果图
（固定溶剂萃取用量 30mL，萃取温度 60℃，萃取时间 20min）

2. 萃取试剂用量的确定

试验研究了乙腈作为萃取剂不同用量（10mL、20mL、30mL、40mL、50mL）对 17 种致敏分散染料提取效果的影响，如图 9-6 所示。由图 9-6 得出，在乙腈用量为 5～30mL 之间时，所有致敏分散染料的萃取率均在不断增加，当乙腈用量为 40mL 时，17 种致敏分散染料的萃取率基本与萃取溶剂用量为 30mL 时的提取率相当，因此，试验选用 30mL 的乙腈作为 UE 萃取溶剂用量。

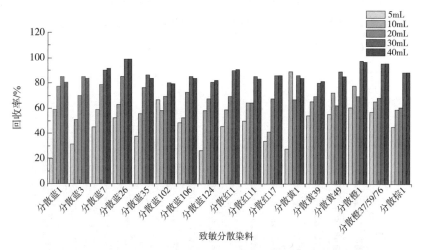

图 9-6　不同 UE 萃取剂用量对 17 种致敏分散染料的提取效果图
（固定乙腈为萃取剂，萃取温度 60℃，萃取时间 20min）

3. 萃取温度的确定

温度是影响 UE 法提取率的重要因素之一。试验探讨了在不同 UE 萃取温度（30℃、40℃、50℃、60℃、70℃）下，其对 17 种致敏分散染料萃取率的影响，如

图 9-7 所示。由图 9-7 可知，在 UE 萃取温度为 50℃时，17 种分散染料的回收率基本都在最高值，因此，选择 50℃作为 UE 的最佳提取温度。

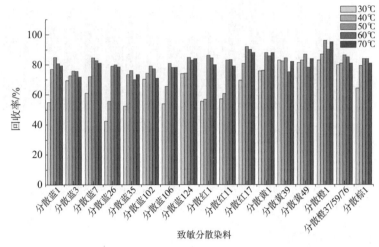

图 9-7　不同 UE 萃取温度对 17 种致敏分散染料的提取效果图
（固定乙腈为萃取剂，萃取剂用量 20mL，萃取时间 20min）

4. 萃取时间的确定

试验探讨了 UE 法在不同提取时间内（10min、20min、30min、40min、50min），对 17 种致敏分散染料提取效果的影响，结果如图 9-8 所示。由图 9-8 可知，当萃取时间为 10～30min 时，17 种致敏分散染料的回收率基本依次递增，当 UE 萃取时间在 40～50min 时，17 种染料回收率增加变化不明显，考虑时间与成本因素，试验选取 30min 作为 UE 法的萃取时间。

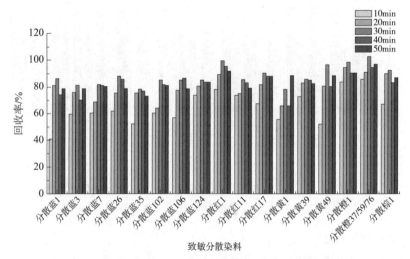

图 9-8　不同 UE 萃取时间对 17 种致敏分散染料的提取效果图
（固定萃取剂为乙腈，萃取溶剂用量 20mL，萃取温度 50℃）

5. 小结

试验通过对 UE 技术条件的优化，最终筛选出来的最优萃取条件为：乙腈作为萃取剂，用量为 30mL，萃取温度为 50℃，萃取时间为 30min。

三、方法的验证

1. ASE 法与 UE 法的比较

通过"ASE 前处理条件的优化"和"UE 前处理条件的优化"得到的 ASE 技术和 UE 技术的最优方案，以 100% 涤纶固体废物为样品，加入 5.00mg/kg、10.0mg/kg 和 50.0mg/kg 系列的标准加标混合工作液进行定量分析，比较这两种前处理技术的萃取效果，如表 9-1 所示。从表 9-1 的试验数据可以分析出，ASE 法的回收率范围为 81.1%～107%，RSD 范围为 1.0%～8.7%；UE 的回收率范围为 76.8%～106%，RSD 范围为 1.2%～10%；ASE 法与 UE 法相比，当在检测不同含量的致敏分散染料时，ASE 法的回收率范围更小，回收率更好，RSD 更小，更接近实际检测含量值。究其原因，可能是 UE 技术在经过高温加热、超声提取和移液等过程中，萃取不完全或者存在液体残留情况，造成偏差过大。ASE 通过高温高压可以获得更好的萃取效果。另外，ASE 法较 UE 法更加环保，自动化程度更高。因此，本章试验采用 ASE 法作为致敏分散染料的最终萃取方案。

表 9-1　ASE 法与 UE 法的结果对比

序号	目标物质	添加浓度水平 mg/kg	ASE 法		UE 法	
			回收率 /%	RSD/%	回收率 /%	RSD/%
1	分散蓝 1	5.00	85.66	1.7	80.66	3.7
		10.0	84.52	1.5	83.21	4.5
		50.0	90.42	3.0	76.80	6.0
2	分散蓝 3	5.00	90.40	4.6	80.40	8.6
		10.0	88.67	7.0	84.36	7.0
		50.0	90.24	3.1	92.11	10.2
3	分散蓝 7	5.00	84.98	6.4	84.98	6.4
		10.0	89.51	5.8	80.33	6.8
		50.0	86.11	4.7	85.17	5.0
4	分散蓝 26	5.00	83.95	3.6	87.95	5.6
		10.0	82.54	3.2	77.45	7.2
		50.0	87.19	4.8	86.74	5.9

序号	目标物质	添加浓度水平 mg/kg	ASE 法		UE 法	
			回收率 /%	RSD/%	回收率 /%	RSD/%
5	分散蓝 35	5.00	96.21	5.4	89.45	1.4
		10.0	89.44	1.6	86.49	2.2
		50.0	88.86	—	90.06	3.4
6	分散蓝 102	5.00	90.64	6.8	83.64	9.5
		10.0	86.4	5.5	90.03	6.7
		50.0	92.17	7.3	94.52	7.8
7	分散蓝 106	5.00	90.54	5.0	85.43	7.5
		10.0	102.2	8.7	80.06	9.0
		50.0	95.79	6.0	90.32	5.4
8	分散蓝 124	5.00	81.08	4.7	84.56	5.7
		10.0	86.93	5.9	81.97	5.0
		50.0	84.08	5.5	88.37	6.5
9	分散红 1	5.00	95.42	1.5	89.66	4.5
		10.0	107.03	4.2	92.45	2.3
		50.0	100.55	2.8	94.41	1.8
10	分散红 11	5.00	85.68	3.0	80.88	5.1
		10.0	98.17	8.2	78.95	7.2
		50.0	86.09	3.5	84.21	4.4
11	分散红 17	5.00	98.72	—	88.05	5.0
		10.0	104.5	4.4	90.53	3.7
		50.0	98.54	2.5	94.64	3.1
12	分散黄 1	5.00	92.98	3.9	87.24	6.5
		10.0	99.5	4.3	93.11	3.6
		50.0	90.76	1.0	89.55	5.9
13	分散黄 39	5.00	80.19	2.2	85.76	5.0
		10.0	78.57	3.7	89.35	4.8
		50.0	86.50	5.8	87.56	5.7
14	分散黄 49	5.00	85.75	1.0	79.95	4.0
		10.0	89.89	1.9	83.64	2.5
		50.0	85.31	1.2	90.02	1.7

续表

序号	目标物质	添加浓度水平 mg/kg	ASE 法		UE 法	
			回收率 /%	RSD/%	回收率 /%	RSD/%
15	分散橙 1	5.00	95.65	5.9	101.01	5.9
		10.0	103.1	6.5	92.17	3.0
		50.0	93.81	4.0	95.35	4.7
16	分散橙 37/59/76	5.00	100.85	5.7	87.86	4.7
		10.0	104.5	6.9	83.34	5.1
		50.0	96.24	4.5	86.44	5.5
17	分散棕 1	5.00	90.55	3.8	105.6	3.2
		10.0	97.26	4.1	5.0	6.1
		50.0	95.02	3.0	101.48	4.5

2. 线性范围、检出限和定量限

将已制备好的 2.00～40.0μg/mL 系列的标准混合工作液，按照 ASE 法的优化方案进行试验测定，绘制出 17 种致敏分散染料的标准工作曲线图，并以 3 倍信噪比和 10 倍信噪比分别计算出检出限与定量限。

ASE 法的相关工作参数如表 9-2 所示。在 2.00～40.0μg/mL 的线性范围内，该方法的相关系数 r 均大于 0.995，具有良好的线性关系；定量限（LOQ）在 0.17～3.1μg/mL，检出限（LOD）在 0.060～0.94μg/mL，说明 ASE 法的精确度较高。

表 9-2　ASE 法的线性范围、检出限（LOD）和定量限（LOQ）

序号	分析物	线性范围 μg/mL	回归方程	相关系数 r	定量限（LOQ） μg/mL	检出限（LOD） μg/mL
1	分散蓝 1	2.00～40.0	$y=20\,141x+5\,171.8$	0.997	0.83	0.25
2	分散蓝 3	2.00～40.0	$y=16\,722x-8\,414.4$	0.998	0.51	0.15
3	分散蓝 7	2.00～40.0	$y=15\,792x+581.86$	0.998	1.5	0.45
4	分散蓝 26	2.00～40.0	$y=49\,822x-14\,063$	0.999	0.44	0.13
5	分散蓝 35	2.00～40.0	$y=11\,155x-14\,113$	0.997	0.67	0.20
6	分散蓝 102	2.00～40.0	$y=8\,580.8x-3\,935.6$	0.998	3.1	0.94
7	分散蓝 106	2.00～40.0	$y=15\,416x+16\,427$	0.996	0.95	0.29
8	分散蓝 124	2.00～40.0	$y=34\,666x-56\,862$	0.996	0.90	0.27
9	分散红 1	2.00～40.0	$y=58\,449x+25\,695$	0.998	0.27	0.090
10	分散红 11	2.00～40.0	$y=6\,507.2x+1\,510$	0.998	0.89	0.27

序号	分析物	线性范围 μg/mL	回归方程	相关系数 r	定量限（LOQ）μg/mL	检出限（LOD）μg/mL
11	分散红 17	2.00～40.0	$y=48\ 417x+211\ 697$	0.999	0.21	0.060
12	分散黄 1	2.00～40.0	$y=1\ 873.8x+1\ 429.7$	0.999	0.28	0.08
13	分散黄 39	2.00～40.0	$y=45\ 072x-36\ 842$	0.998	0.32	0.10
14	分散黄 49	2.00～40.0	$y=9\ 206.4x+3\ 868$	0.998	0.25	0.080
15	分散橙 1	2.00～40.0	$y=52\ 884x+25\ 443$	0.998	0.17	0.060
16	分散橙 37/59/76	2.00～40.0	$y=15\ 025x+7\ 278.2$	0.998	0.68	0.23
17	分散棕 1	2.00～40.0	$y=26\ 034x-32\ 048$	0.997	0.50	0.15

3. 方法的回收率与精密度

分别对 17 种致敏分散染料进行 3 个水平的加标回收试验，其浓度分别为 2.00mg/kg、5.00mg/kg 和 20.0mg/kg，每个加标水平重复 6 次试验（$n=6$），其结果见表 9-3。在加标浓度范围内，17 种致敏分散染料的回收率均在 80.6%～114% 之间，日内相对标准偏差（RSD_1）为 1.4%～9.8%，日间相对标准偏差（RSD_2）为 1.0%～10%。回收率、RSD_1 和 RSD_2 这 3 个指标表明了该方法的精密度良好，能满足纺织类固体废物中致敏分散染料的检测需求。

表 9-3 ASE 法的回收率与精密度情况（$n=6$）

序号	分析物	添加水平 /（μg/mL）	回收率 /%	RSD/%	
				日内	日间
1	分散蓝 1	2.00	82.66	1.4	3.5
		5.00	84.89	1.7	2.3
		20.0	88.42	2.3	1.0
2	分散蓝 3	2.00	90.40	2.6	4.1
		5.00	85.67	7.2	5.0
		20.0	91.24	3.5	2.1
3	分散蓝 7	2.00	78.98	9.4	6.5
		5.00	88.65	5.1	4.3
		20.0	84.97	5.9	6.8
4	分散蓝 26	2.00	80.93	2.6	4.6
		5.00	86.52	3.4	4.4
		20.0	87.19	5.8	3.3
5	分散蓝 35	2.00	85.21	5.4	3.5
		5.00	89.44	3.6	5.9
		20.0	88.86	6.5	5.5

续表

序号	分析物	添加水平 /（μg/mL）	回收率 /%	RSD/%	
				日内	日间
6	分散蓝 102	2.00	92.14	9.6	6.1
		5.00	81.10	4.5	2.5
		20.0	88.17	2.3	3.4
7	分散蓝 106	2.00	90.54	5.1	6.0
		5.00	87.02	2.7	3.4
		20.0	89.19	2.0	1.7
8	分散蓝 124	2.00	78.88	5.7	5.0
		5.00	85.93	7.9	5.5
		20.0	84.08	7.5	4.1
9	分散红 1	2.00	100.36	8.5	8.3
		5.00	110	10.2	8.5
		20.0	109.75	9.8	11.1
10	分散红 11	2.00	87.68	5.0	5.2
		5.00	98.17	11.2	8.8
		20.0	86.09	3.5	3.8
11	分散红 17	2.00	88.72	7.6	6.7
		5.00	104.5	6.4	5.9
		20.0	98.41	2.8	4.0
12	分散黄 1	2.00	103.98	2.9	3.4
		5.00	10.4.5	3.1	1.9
		20.0	98.76	1.4	2.4
13	分散黄 39	2.00	79.99	4.2	5.4
		5.00	78.57	3.7	2.0
		20.0	86.50	10.8	8.6
14	分散黄 49	2.00	85.15	3.0	4.7
		5.00	89.89	1.5	1.9
		20.0	95.31	5.4	6.0
15	分散橙 1	2.00	102.65	6.9	5.5
		5.00	104.1	7.8	8.6
		20.0	99.8	5.0	3.2
16	分散橙 37/59/76	2.00	110.85	3.7	2.8
		5.00	114.5	5.9	4.3
		20.0	103.24	2.5	4.0
17	分散棕 1	2.00	96.55	1.8	1.0
		5.00	98.06	2.0	3.5
		20.0	99.02	2.7	3.3

第三节 分析条件

一、引言

致敏分散染料是一类低相对分子质量合成染料，对人体具有致敏、致癌和致突变性的危害。目前国内外研究致敏分散染料的报道较少。本文以纺织类固体废物为研究基质，创建了加速溶剂萃取 / 高效液相色谱串联二极管阵列法（ASE/HPLC-PAD）和超声波 / 高效液相色谱串联二极管阵列法（UE/HPLC-PAD）两种方法，分别比较了 ASE 萃取技术与 UE 萃取技术两种前处理方法，并结合 HPLC-PAD 法，对 17 种致敏分散染料进行分析，本节采用外标法定量，通过对色谱条件、前处理技术及前处理条件的优化，再通过对比两者的灵敏度和精确度，最终筛选出最优试验方法，并对海关进出口抽查出的 20 批纺织固体废物样品进行了实际检测。

二、试验部分

1. 仪器设备与试剂

本节试验所使用的主要仪器设备见表 9-4，常用的化学试剂见表 9-5。

表 9-4 试验仪器设备名称、设备型号与生产厂家

仪器名称	设备型号	生产厂家
高效液相色谱仪	Waters2998-e2695	Waters（美国）公司
快速溶剂萃取仪	Speed-Extractor E-914/E-916	BUCHI（瑞士步琦）公司
旋转蒸发仪	IKA-RV8	艾卡仪器设备（德国）公司
超纯化水设备	Milli-Q	Millipore（美国）公司
针头式过滤器	0.2μm GHP	Agilent（美国）公司
便携式酸度计	PHB-4	迎傲（杭州）仪器有限公司
色谱柱	Agilent ZORBAX Extend C_{18}、Waters Symmetry Shield TMRP_{18}、Agilent ZORBAX Eclipse Plus C_{18}、Agilent ZORBAX ODS、DiKMA Spursil C_{18}（此 5 类色谱柱规格均为 5μm，4.6mm×250 mm）	Agilent/Waters（美国）公司
超声波清洗仪器	KQ-3000E 型	右一仪器有限（上海）公司
涡旋振荡器	IKA®MS3 basic	艾卡仪器设备（德国）公司

表9-5　试验试剂及样品

产品类别	物质名称	试验品规格	试验厂家
试验试剂	甲醇、乙酸乙酯、乙腈、丙酮、正己烷	色谱纯	Honeywell（美国）公司
	乙酸铵、氨水	分析纯	
标准品	17种致敏分散染料	分散蓝1（77%）、分散蓝3（85.3%）、分散蓝7（43%）、分散蓝26（100%）、分散蓝102（76.6%）、分散蓝106（100%）、分散蓝124（98.1%）、分散蓝35（99.0%）分散红1（98.35%）、分散红11（95.76%）、分散红17（98.49%）、分散黄1（99.7%）、分散黄39（99.5%）、分散黄49（98.91%）、分散橙1（97.3%）、分散橙37/76（96.7%）、分散棕1（99.07%）	曼哈格MaNHAGE公司和Dr.Ehrenstorfer GmbH（德国）公司
试验用水	超纯水	实验室自制	
试验试样	来自海关进出口的5类固体废物	—	—

2. 标准工作液的制备

用甲醇配制17种致敏分散染料的单个标准溶液（1 800mg/mL），然后将单个标准溶液依次稀释不同浓度，制得17种混合液标准溶液2.00mg/mL、5.00mg/mL、10.0mg/mL、20.0mg/mL、50.0mg/mL的标准曲线工作液。避光-4℃保存，保质期为3个月。

3. 高效液相的色谱条件

从5类不同的色谱柱（Agilent ZORBAX ODS、Agilent ZORBAX Extend-C_{18}、DiKMASpursil C_{18}、Agilent ZORBAX Eclipse Plus C_{18} 和 Waters Symmetry ShieldTMRP$_{18}$）中选取适合的色谱柱；从多个溶液体系（乙腈-水体系、甲醇-水体系、乙腈-1%甲酸水体系、乙腈-乙酸铵溶液体系、甲醇-乙酸铵溶液体系）中选取合适的流动相体系分别作为流动相A和流动相B，梯度洗脱，柱温为35℃，流速为1.0mL/min，进样量为10μL；光谱扫描范围在200～700nm之间。洗脱程序为：0～2min，20% A；2～8min，30%～55% A；8～15min，55%～75% A；15～20min，75%～80% A；20～22min，80%～20% A。

4. HPLC-PAD 的定性

将 HPLC-PAD 法依照外标法进行定量，按照色谱图的保留时间、紫外波谱图进行定性。根据设定的色谱条件进行试验，得到的色谱图和紫外检测波谱图如图9-9所示。

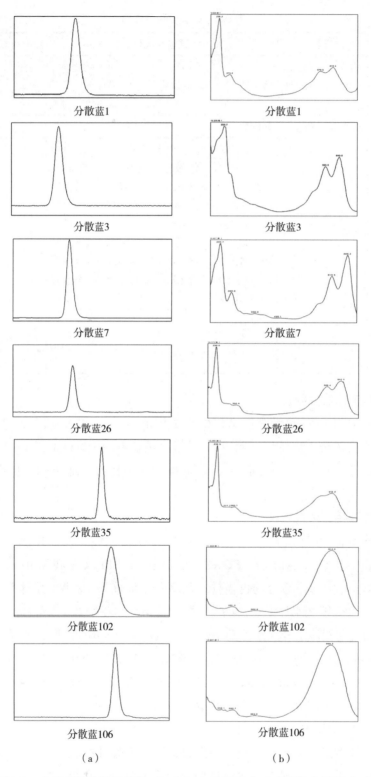

分散蓝1 分散蓝1

分散蓝3 分散蓝3

分散蓝7 分散蓝7

分散蓝26 分散蓝26

分散蓝35 分散蓝35

分散蓝102 分散蓝102

分散蓝106 分散蓝106

（a） （b）

图 9-9　17 种致敏分散染料的 HPLC-PAD 色谱图（a）和紫外光谱图（b）

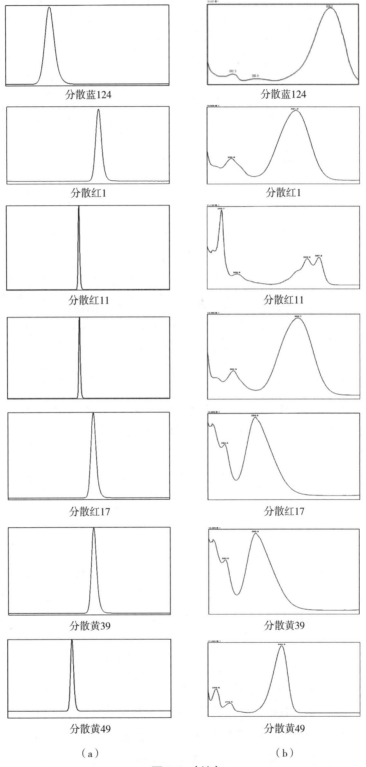

（a）　　　　　　　　　　　　　（b）

图9-9（续）

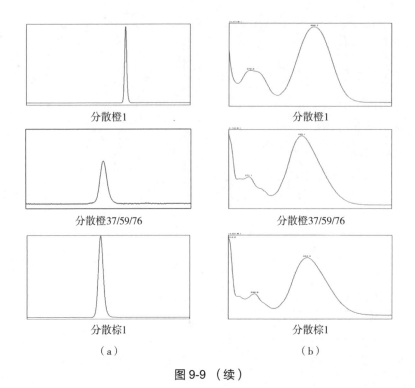

图 9-9 （续）

5. ASE 前处理方法

样品制备：取纯涤纶试样作为代表性样品，将其剪成小碎片（约为 5mm×5mm），混合均匀。通过向样品中加入一定体积混合标准工作液，静置 10min，制备成阳性样品。

ASE 前处理过程：称取 1g 阳性试样（精确至 0.000 1g），置于加速溶剂萃取不锈钢池中萃取，选择不同的萃取剂（甲醇、乙酸乙酯、乙腈、正己烷、丙酮）、不同萃取压力（6MPa、8MPa、10MPa、12MPa、14MPa）、不同的加热温度（80℃、90℃、100℃、110℃、120℃）、不同循环萃取次数（1、2、3），加热时间为 5min，再静态萃取 5min，洗脱体积 60%，待萃取完成将萃取液转移到鸡心瓶中，旋蒸至少于 1mL，通过 0.2μm 聚四氟乙烯（PTFE）薄膜过滤后，将萃取液注射至专用小样瓶中，定容至 1.00mL，供 HPLC-PAD 上机分析。

6. UE 前处理方法

将制备好的阳性试样称取 1g（精确至 0.001g）置于塑料离心管中，选择不同萃取剂（甲醇、丙酮、乙酸乙酯、乙腈、正己烷）、不同萃取剂含量（5mL、10mL、20mL、30mL、40mL）加入离心管中，旋紧盖子，在一定超声萃取温度（30℃、40℃、50℃、60℃、70℃）的水浴下，超声一定时间（10min、20min、30min、40min、50min）后，将滤液倒入鸡心瓶中，旋蒸至 0.5mL，通过 0.2μm 的 PTFE 薄膜把萃取液注射到专用小样瓶里，定容到 1.00mL，上机分析。

三、结果与讨论

1. 保留时间和检测波长的确定

参考 GB/T 20383《纺织品　致敏分散染料的测定》中的检测波长（420nm、450nm、570nm 和 640nm），本试验采用 HPLC-PAD 法，根据仪器实际状况，最终确定 17 种分散染料的紫外吸收波长如表 9-6 所示。8 种蓝色系列的致敏分散染料最大紫外吸收波长均在 640nm 左右，其余 9 种致敏分散染料的最大紫外吸收波长平均约为 470nm。因此，试验选择紫外检测波长为 470nm 和 640nm 作为 17 种致敏分散染料的最佳检测波长。

表 9-6　致敏分散染料的保留时间及最佳检测波长结果

序号	名称	保留时间 /min	最大紫外吸收波长 /nm	最佳检测波长 /nm
1	分散蓝 1	8.48	239.2/618	640
2	分散蓝 3	15.60	255.7/640	640
3	分散蓝 7	10.04	242.7/608.2	640
4	分散蓝 26	10.73	238/642.5	640
5	分散蓝 35	13.43	233/613	640
6	分散蓝 102	12.68	614.3	640
7	分散蓝 106	13.85	608.2	640
8	分散蓝 124	16.66	292.5/608.2	640
9	分散红 1	14.94	491	470
10	分散红 11	10.33	255.7/567.8	470
11	分散红 17	11.66	500.7	470
12	分散黄 1	11.46	223.8/362	470
13	分散黄 39	12.45	504.3	470
14	分散黄 49	16.15	443.6	470
15	分散橙 1	20.91	446.7	470
16	分散橙 37/59/76	19.26	427.9	470
17	分散棕 1	13.64	212.1/444.8	470

2. 色谱柱的选择

色谱柱对目标物分离效果有着决定性作用。本试验考察了 DiKMA Spursil C_{18}、Agilent ZORBAX ODS、Agilent ZORBAX Extend C_{18}、Agilent ZORBAX Eclipse Plus C_{18} 和 Waters Symmetry Shield TMRP$_{18}$（色谱柱规格均为 5μm，4.6mm×250mm），这 5 种色谱柱对染料的分离效果如图 9-10 所示。由图 9-10 得出，Plus C_{18} 和 TMRP$_{18}$ 规格的

色谱未能很好地使大部分致敏分散染料分离，且获得的峰形是最差的；其次是规格为 DiKMA Spursil C$_{18}$ 色谱柱，它的峰形对称性不好，也没能使 17 种分散染料完全分离开来；Agilent ZORBAX Extend C$_{18}$ 和 Agilent ZORBAX ODS 反相色谱柱均可以很好地分离染料，且峰形对称性良好，但在同等条件下，由于 Agilent ZORBAX Extend C$_{18}$ 规格的色谱柱比 Agilent ZORBAX ODS 反相色谱柱能分离出更多种类的染料，因此，本试验选用 Agilent ZORBAX Extend C$_{18}$ 规格的色谱柱。

图 9-10（a）和（b）分别代表在 470 nm 和 640 nm 波长下，致敏分散染料在不同色谱柱中分离效果图。编号为 1～17 的染料依次为：①分散红 11、②分散黄 1、③分散红 17、④分散黄 39、⑤分散棕 1、⑥分散红 1、⑦分散黄 49、⑧分散橙 37/76、⑨分散橙 1、⑩分散蓝 1、⑪分散蓝 7、⑫分散蓝 26、⑬分散蓝 102、⑭分散蓝 35、⑮分散蓝 106、⑯分散蓝 3、⑰分散蓝 124。

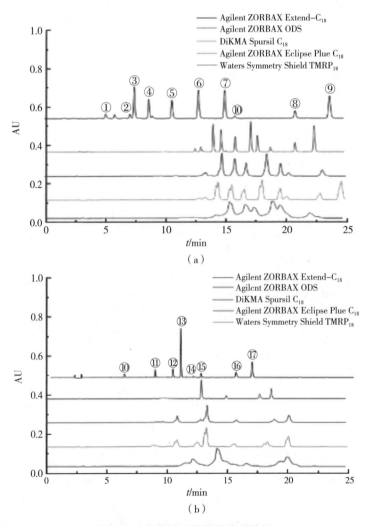

（a）

（b）

图 9-10　色谱柱对染料的分离效果

3.流动相的优化

（1）pH 与乙酸铵用量的选择

试验探讨了流动相中盐溶液不同酸碱度及乙酸铵用量对致敏分散染料分离效果的影响，其试验结果见图 9-11。由图 9-11（a）可知，17 种致敏分散染料在酸性的环境中分离效果良好，没有拖尾峰现象出现；在中性环境中，染料的分离效果又不是很好，出现了染料重叠未分开的现象；在碱性环境中，多处出现了小杂峰。因此，酸性的盐溶液可有效分离染料，更加适合作为流动相之一。从图 9-11（b）看，不同乙酸铵溶液用量（5mmol、10mmol、20mmol、30mmol、40mmol）对分离染料的影响差异不大，因此，试验选择中间项 20mmol 的乙酸铵作为流动相体系的组成部分。综上，试验选取了 pH=4 的乙酸铵溶液作为流动相之一。

图 9-11（a）是不同 pH 下染料的分离效果图（470nm），图 9-11（b）是不同乙酸铵含量时染料的分离效果图（470nm）。

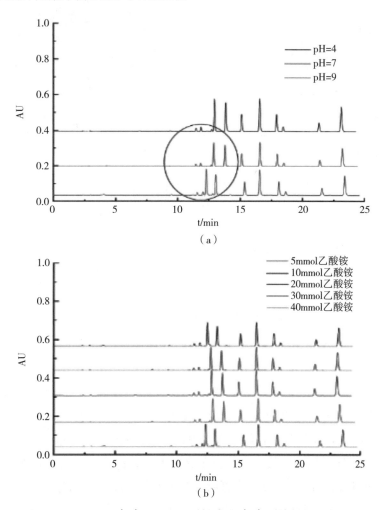

图 9-11　不同 pH（a）和不同乙酸铵含量（b）时染料的分离效果

（2）流动相优化组合的选择

流动相优化组合的适合与否直接关系致敏分散染料的分离效果。试验从乙腈、甲醇、水、20mmol 乙酸铵和 1% 甲酸水的流动相组合体系中筛选出最佳流动相体系，结果如图 9-12 所示。由图 9-12 可以看出，在乙腈 - 水和甲醇 - 水体系中，致敏分散染料基本完全重叠在一起，未能很好地分离，峰值大小不能辨认；在乙腈 -1% 甲酸水体系中，仅能分离出来 7 种致敏分散染料；在甲醇 -20mmol 乙酸铵和乙腈 -20mmol 乙酸铵溶液体系中，染料可以很好地分离开。由于在乙腈 -20mmol 乙酸铵溶液体系中，17 种致敏分散染料均能很好地分离开来，且分离度高，基线平稳，因此，试验选择了乙腈 -20mmol 乙酸铵作为流动相。

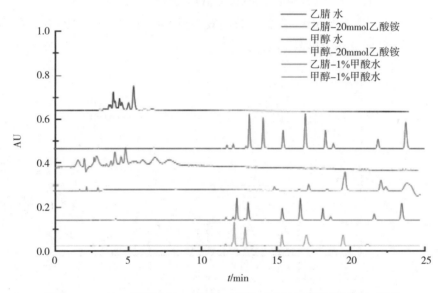

图 9-12　470nm 检测波长下不同流动相体系中致敏分散染料的色谱图

第四节　实际样品测试

采用 ASE/HPLC-PAD 法与 GB/T 20383 法同时对 5 类海关进出口固体废物样品进行检测，发现 5 类试样中，只有 2 种样品中检测出了致敏性染料分散蓝 26，其余 3 类均未检出。由表 9-7 可知，采用 ASE/HPLC-PAD 法检测出分散蓝 26 的含量约为 0.20mg/kg，分散蓝 106 的含量为 0.090mg/kg；采用国家标准规定的方法测得的分散蓝 26 为 0.17mg/kg，分散蓝 106 的含量为 0.11mg/kg。通过比较两种方法，发现 ASE/HPLC-PAD 法较国家标准方法可以检测更低的浓度，适合纺织品固体废物中致敏染料的检测。

表 9-7　ASE/HPLC-PAD 法与 GB/T 20383 法测得的 5 类样品检测结果

单位：mg/kg

分析物	ASE/HPLC-PAD 法					GB/T 20383				
	P1	P2	P3	P4	P5	P1	P2	P3	P4	P5
分散蓝 1	ND	ND	ND	ND	ND	ND	ND	ND	ND	ND
分散蓝 3	ND	ND	ND	ND	ND	ND	ND	ND	ND	ND
分散蓝 7	ND	ND	ND	ND	ND	ND	ND	ND	ND	ND
分散蓝 26	ND	ND	ND	0.20	ND	ND	ND	ND	0.17	ND
分散蓝 35	ND	ND	ND	ND	ND	ND	ND	ND	ND	ND
分散蓝 102	ND	ND	ND	ND	ND	ND	ND	ND	ND	ND
分散蓝 106	ND	0.090	ND	ND	ND	ND	0.11	ND	ND	ND
分散蓝 124	ND	ND	ND	ND	ND	ND	ND	ND	ND	ND
分散红 1	ND	ND	ND	ND	ND	ND	ND	ND	ND	ND
分散红 11	ND	ND	ND	ND	ND	ND	ND	ND	ND	ND
分散红 17	ND	ND	ND	ND	ND	ND	ND	ND	ND	ND
分散黄 1	ND	ND	ND	ND	ND	ND	ND	ND	ND	ND
分散黄 39	ND	ND	ND	ND	ND	ND	ND	ND	ND	ND
分散黄 49	ND	ND	ND	ND	ND	ND	ND	ND	ND	ND
分散橙 1	ND	ND	ND	ND	ND	ND	ND	ND	ND	ND
分散橙 37/59/76	ND	ND	ND	ND	ND	ND	ND	ND	ND	ND
分散棕 1	ND	ND	ND	ND	ND	ND	ND	ND	ND	ND
注：ND 表示未检出。										

第五节　结论

　　本章通过 UE 萃取法与 ASE 萃取法，对色谱条件进行设定优化，筛选出使 17 种致敏分散染料的回收效果较好的方案。采用规格为 Agilent ZORBAX Extend C_{18} 的色谱柱，以乙腈 -20mmol 乙酸铵水（pH=4）作为流动相，梯度洗脱，流速 1.0mL/min，光谱检测波长为 470nm 和 640nm，结合 HPLC-PAD 法同时对纺织类固体废物中 17 种致敏性染料进行检测，发现两种前处理方法在最佳色谱条件和萃取条件下，通过保留时间与紫外波长的双重定性，外标法定量，得到 ASE/HPLC-PAD 的回收率范围为 81.1%～107%，RSD 范围为 1.0%～8.7%；UE/HPLC-PAD 的回收率范围为 76.8%～106%，RSD 范围为 1.2%～10%；鉴于回收率与 RSD 的分析，最终确定的检测方法为 ASE/HPLC-PAD，该方法准确、快速、灵敏，适用于纺织类固体废物中致敏性染料的日常检测分析。

第十章　氯苯类有机污染物检测技术

第一节　概论

一、氯苯类有机污染物的复杂性与现状

氯苯类有机污染物（CCBs）作为优先控制污染物之一，主要包括氯苯类、氯甲苯类、多氯联苯类及其同分异构体等若干同系物。随着工业化污染加重，CCBs 的检测分析也日益复杂，究其原因，有以下几个方面：

（1）CCBs 除自身是多种同系物并存外，还常与其他有机氯类污染物普遍共存环境中；

（2）CCBs 在样品中常常以微量、痕量的形式存在；

（3）CCBs 在某些时候存在分布不均匀的情况。

CCBs 是重要的化工原料，应用前景广阔，但是也存在直接或间接的危害，因此，国内外对 CCBs 的使用情况做出了严格的规定，并将 CCBs 检测指标作为国际贸易中的"绿色壁垒"。如美国环保署发布 EPA 系列法规、联合国《斯德哥尔摩公约》、欧盟 REACH 法规［（EC）No.1907/2006REACH 法规］、全球汽车申报物质清单（GADSL）等将某些 CCBs 列入禁止使用清单，或者规定在相应产品中使用含量不得大于 0.1% 或者 1.0% 的规定。微量、痕量的 CCBs 已成为主要的环境污染物之一，通过直接或者间接的方式在生物体内积累，对生物体造成巨大的潜在危害。因此，CCBs 的分析检测工作是十分重要的。

二、CCBs 前处理方法

CCBs 的前处理技术日渐成熟，包括吹扫捕集法、固相萃取法、微波萃取法、加速溶剂萃取法、液液萃取法等，它们各具特点，在众多领域中得到广泛使用。

1. 吹扫捕集法（PT）

PT 法自 1974 年被提出后，凭借着无须使用微量有机溶剂、富集效率高、不易对环境造成二次污染等优势，被广泛应用于环境监测、食品卫生、医疗等领域。但 PT 法只适合沸点低（<200℃）、溶解度小（<2%）的半挥发性或挥发性有机物，当检测沸点较高的六氯苯时会有残留。此外，PT 法设备因占地面积大未能如其他

检测仪器受到广大检测机构的青睐。李祥等创建了全自动 PR-GC 法，在 12min 的吹扫时间、30s 的解吸时间，测定出饮用水中邻二氯苯、对二氯苯和氯苯等 19 种 VOCs。李健等人使用 PT/AID–GC 法从水中检测出氯苯和二氯苯等 18 种挥发性有机物。陈平建立了一种简便高效的 PT/GC 法，从饮用水中检测出对二氯苯、氯苯、邻二氯苯、三氯苯和六氯苯等 31 种挥发性有机物。

2. 加速溶剂萃取法（ASE）

见第九章第一节。

3. 固相萃取法（SPE）

SPE 技术诞生于 20 世纪 70 年代，后来随着固相填料与新涂层技术的发展而逐渐成熟。目前，在很多情况下，SPE 法已成为日常检测工作的常用手段。任衍燕等人以 SPE/GC/MS 法在水中测定了氯苯、二氯苯、五氯苯等 12 种 CCBs 的最低检出限。张竹清等采用 SPE-GC/MS/MS 法同时检测出水中的 18 种含有机氯类环境内分泌干扰物。王少娟通过弗罗里硅土 SPE 小柱净化富集了复垦型土壤中 20 种半挥发性有机污染物，然后通过 GC/MS 法从土壤检测出了六氯苯。

三、CCBs 分析方法

新仪器检测分析方法的研究已成为当代分析工作的主要发展方向之一。目前，CCBs 的仪器分析法主要有气相色谱法、气质色谱法等。

1. 气相色谱法（GC）

GC 法具有大通量的优点，但存在重现性差、检出限高等缺点。陈红果等利用分散 LLE/GC 法测定出饮用水中含有 11 种 BBC 物质。王晓春等人在蔬菜及水果中通过 QuEchERS/GC 快速检测方法检测出 16 种 CCBs。赵海涛等也通过新型 GC 法测出了青贮玉米里的 6 类磷类农药的残留。

2. 气质色谱法（GC/MS）

GC/MS 法能够将高分辨率的色谱与高选择的质谱有机结合，充分发挥两者的优势，可以减小基质的干扰，降低检出限，有利于为实现目标物质的定性和定量分析提供可靠的依据。崔立迁等创建了微波萃取 -GC/MS 法，考察了塑料中 BBC 的含量；刘宇等通过溶剂种类、用量等进行萃取条件的优化，利用 GC/MS 法同时检测出了饮用水中二氯苯、三氯苯和六氯苯等 33 种半挥发性有机物。

四、响应面法（BBD）

BBD 法是一种复杂的统计学算法，在多源反馈研究中流行，主要应用于心理学、化学、大气学、流体动力学等多个学科。BBD 法通过合理有效地设计试验方案，减少试验次数，缩短试验时间，避免盲目性。Mohammad 等人利用多变量曲线分辨/交替最小二乘法（MCR/ALS）辅助电化学技术，测定了ZNO纳米粒子（ZnONPs）修饰碳糊电极表面的苏丹红Ⅱ和苏丹红Ⅲ。Liu等人通过偏最小二乘回归（PLS）分析法对红花及红花染色试样进行鉴别，并进一步定量了红花中6种染料的含量。Hande采用BBD法，以圆盘转速、载荷、滑动距离为参数，以磨粒磨损量为输出量，探讨了BBD和基于人工神经网络法（ANN）的磨粒磨损量数学模型在聚四氟乙烯烘干滑动磨损中的应用。

五、研究的目的与意义

世界人口不断增长，人们追求高质量生活水平的需求不断增大，纺织品应用领域的不断扩大，纺织品更新换代速度不断加快，导致纺织固体废物逐年递增，纺织原料缺口量较大。我国作为纺织品生产和进出口的大国，纺织品原料需求量大部分靠进口，一些利用纺织原料类固体废物在我国加工生产来谋取利益的中小型企业应运而生。这些企业中有不法分子不遵守我国法律法规，常常将含有过量有害化学物质的纺织原料固体废物进行二次加工利用，对环境安全、人体健康、物种安全造成潜在危害。

致敏致癌染料、氯苯类污染物一直是纺织贸易中重要的监控项目。近年来，其监控领域逐渐扩展到包装材料、土壤、食品、医疗材料等，人们越来越重视有害化学物质对人体、环境、物种安全的影响。从环保与消费者身体健康的角度考虑，开发一种快速、有效、准确的检测纺织类固体废物中的致敏分散染料、CCBs的检测方法是很有必要的，但时下国内外均未见针对纺织类固体废物中相关有害物质的检测标准。本文旨在为纺织原料类固体废物中CCBs建立起高效、方便、准确的检测分析方法，为纺织质检行业提供参考。

据统计，我国每年废旧纺织品产生量在2 000万t以上，而综合利用量约为30万t，废旧纺织品的二次利用率却只有不到1.5%。在新的发展战略期，国家提倡节约资源，倡导"纺织固体废物"的安全回收利用，顺应了绿色发展理念，在不久的将来，也会逐渐成为人们关注的焦点。纺织固体废物中的有害化学物质的检测，有利于国家相关企业将以往不规范的回收利用行为规范化，形成良性产业链，进而从源头治理，将不合格的纺织固体废物淘汰。企业避免了不合格纺织固体废物进入后续工序，产生不必要的水、电、化学品等资本与物料的浪费，从而有利于消费者的健康。针对二次利用的纺织固体废物进行检测是十分有必要的，但目前国内外没有建立专门的纺织固体废物测定标准，因此，建立一种检测纺织固体废物的测定方法势在必行。

第二节　分析条件

一、材料、试剂与仪器

（1）气相色谱/质谱仪（Agilent/7890A-5975C，美国Agilent公司）；快速溶剂萃取仪（BUCHI speed Extractor E-914/916，瑞士BUCHI公司）；数控超声波清洗器（KQ-3000E，上海右一仪器有限公司）；涡旋振荡器（IKA®MS3 basic，德国艾卡（广州）仪器设备有限公司）；氮吹仪器（UGC-45C，北京优晟联合科技有限公司）；电子天平（奥多利斯科学仪器（北京）有限公司）；微量进样器；50mL带旋塞的若干塑料离心管；Agilent的SampliQ Si-SAX固相萃取小柱（美国Agilent有限公司生产）；Agilent的Florisil固相萃取小柱（美国Agilent有限公司生产）；纺织固体废物样品：棕黄色涤纶废织物（试样1）；100%斜纹涤纶废织物（试样2）；蓝色平纹锦纶废织物（试样3）；灰色平纹竹纤维废织物（试样4）；废原棉条（试样5）；白废棉纱（试样6）；蓝色废下脚料布（试样7）。

（2）标准品：氯苯（99.9%）、1,2-二氯苯（99.8%）、1,3-二氯苯（99.71%）、1,4二氯苯（99.9%）、1,2,3-三氯苯（99.9%）、2,5-二氯甲苯（99.9%）、2,4-二氯甲苯（99.1%）、2,3-二氯甲苯（99.4%）、1,3,5-三氯苯（99.9%）、2,6-二氯甲苯（99.6%）、1,2,4-三氯苯（99.6%）、1,2,4,5-四氯苯（99.4%）、1,2,3,5-四氯苯（99.0%）、a,a,a-三氯甲苯（99.6%）、a,a,a-2-四氯甲苯（99.5%）、五氯苯（98.1%）、六氯苯（99.9%）（标准品均为德国Dr Ehrenstorfer有限公司生产）

（3）试剂：二氯甲烷、甲醇、乙酸乙酯、丙酮、正己烷（均为色谱纯，Merck有限公司和Honeywell有限公司生产）。

（4）标准储备液和混合标准液的配制

标准储备液：将17种BBCs的标准品各称取0.001g，精确度为±0.0001g，置于10mL容量瓶中，用CH_2Cl_2溶剂来溶解和稀释定容，并在涡旋机上震荡使之充分溶解，将配好的质量浓度为100μg/mL的各组分标准储备溶液，放在冰箱-4℃保存，有效期为3个月。

混合标准液：从各单组分标准储备液中各移取所需体积的标准储备液，将标准储备液再次稀释成不同浓度的混合标准溶液，放在冰箱-4℃保存，有效期也为3个月。

二、气质联用方法（GC/MS）建立条件

HP-INNOWAX色谱柱（型号规格为30m×250mm×0.25μm，Aglient公司生产

的 19091N-133 型）；载气为氮气（纯度＞99.999%）；进样口温度为 250℃；不分流进样模式；流速为 1.0mL/min，进样量为 1μL；隔垫吹扫流量为 3mL/min；升温程序：起始温度为 45℃，保持 2min，以 20℃/min 升温至 230℃，保持 5min，以 15℃/min 升温至 250℃，保持 2min。检测器：质谱（EI 源）；离子源温度 250℃；四极杆温度 150℃；全扫（SCAN）；溶剂延迟 5min。

三、UE/SPE 前处理法

1. 样品的萃取

将代表性试样 2 剪成小碎块（剪至大约 5mm×5mm），将一定量的标混合标液加入样品中，混合均匀，静置 0.5h。从混合试样中称取 1.0g（精确度为 0.000 1g），放入超声容器中，在水浴中经溶剂萃取后，将萃取液转移待净化。

2. SPE 净化

分别用 10mL 的正己烷、丙酮、二氯甲烷和甲醇对弗罗里硅柱（Florisil）进行活化，将待测液倒入固相柱中，再分别用一定量的这 4 种溶剂进行洗脱，将洗脱液氮吹浓缩，将滤液倒入小样瓶中，用 CH_2Cl_2 定容至 1.00mL，供 GC/MS 上机检测。

四、ASE/SPE 前处理方法

1. 样品的萃取

将代表性试样 2 剪成小碎块（剪至大约 5mm×5mm），将一定量的标准混合标液加入样品中，混合均匀，静置 0.5h。从混合试样中准确称取 1.0g（精确度为 0.001g），置于加速溶剂萃取不锈钢池中萃取，待萃取完成将萃取液转移到密闭的玻璃容器中待净化。

2. ASE 法的萃取条件

固定加热时间 5min，静态萃取时间 5min，洗脱体积 60%，吹扫时间 30s，探究不同 ASE 萃取溶剂、萃取压力、萃取温度和静态萃取次数对 CCBs 萃取效果的影响。

3. 影响萃取固体废物中邻二氯苯因素的内在联系

基于 UE 法优化条件，探究影响邻二氯苯的萃取效果的因素：料液比、UE 萃取温度、UE 萃取时间和 UE 萃取功率。将试样剪至 5mm×5mm 以下，混合均匀。从混合试样中准确称取 1g（精确度为 0.001g），置于超声波清洗器中，加入一定体积的混合标准工作液。将其萃取液放入鸡心瓶中进行浓缩，最后将浓缩液通过 0.2μm 的聚四氟乙烯（PTFE）过滤膜将滤液注射到 GS/MS 专用分析小样瓶中，定容至 1.00mL，进行上机检测。

五、结果与讨论

1. SIM 总离子流图

本试验通过优化色谱条件，创建了一种能将含有多种同分异构体的 17 种 CCBs 很好分离的 GC/MS 方法，通过比较选择离子扫（SIM）和全扫（SCAN）两种模式对 17 种 CCBs 的分析效果，发现 SIM 模式比 SCAN 模式干扰小，灵敏度更高，能提高对 CCBs 的定性和定量能力，能检测出较低浓度的样品。17 种 CCBs 选择离子扫总离子流图如图 10-1 所示。在 SIM 模式下，17 种 CCBs 分离较好，且峰对称性良好，可以很好地适用于检测多种纺织类固体废物中 CCBs。因此，试验采用 SIM 模式对纺织固体废物中 CCBs 进行检测分析。

2. UE 法前处理条件的选择

影响 UE 萃取法提取 17 种 CCBs 的因素有很多，本章主要以 7 种不同材质的纺织固体废物为研究对象，探讨 UE/SPE 法的萃取剂种类、料液比、萃取温度、萃取功率和萃取时间对其萃取率的影响。

（1）UE 萃取溶剂种类的选取

试验分别研究了甲醇、乙酸乙酯、正己烷、二氯甲烷和丙酮 5 类不同萃取剂对 17 种 CCBs 的提取效率，试验结果见图 10-1。5 类萃取剂的极性从大到小依次是：甲醇＞乙酸乙酯＞二氯甲烷＞丙酮＞正己烷，由于 CCBs 多数为非极性物质或弱极性物质，根据相似相容原理，CCBs 萃取效果较好的应该是非极性、中极性的正己烷、丙酮和二氯甲烷。由图 10-2 可知，二氯甲烷的萃取效果最好，17 种 CCBs 的萃取率基本都达到了 80%。因此，本试验选取二氯甲烷作为纺织类固体废物中 CCBs 的提取试剂。

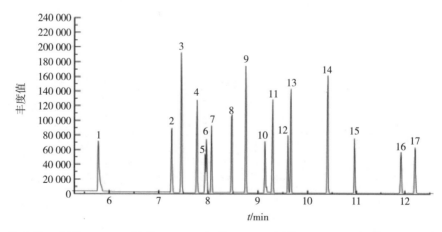

1~17 依次为：氯苯、1,2- 二氯苯、1,3- 二氯苯、1,4 二氯苯、1,2,3- 三氯苯、2,5- 二氯甲苯、2,4- 二氯甲苯、2,3- 二氯甲苯、1,3,5- 三氯苯、2,6- 二氯甲苯、1,2,4- 三氯苯、1,2,4,5- 四氯苯、1,2,3,5- 四氯苯、a,a,a- 三氯甲苯、a,a,a-2- 四氯甲苯、五氯苯、六氯苯。

图 10-1　SIM 模式下总离子流图

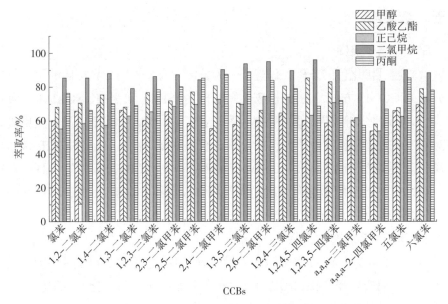

图 10-2　不同萃取溶剂对 17 种 CCBs 提取效率的影响
（固定料液比 1∶30、超声温度 60℃、超声功率 80W、超声时间 30min）

（2）UE 料液比的选取

UE 料液比的不同也会影响 CCBs 的萃取效果，图 10-3 反映的是 17 种 CCBs 随料液比变化时的提取效率图。由图 10-3 可知，随料液比的增加，17 种 CCBs 的萃取率呈现先上升后下降的趋势，当料液比为 1∶30 时，其萃取率值基本保持最大。从经济环保和萃取率的角度考虑，试验选取 1∶30 的料液比。

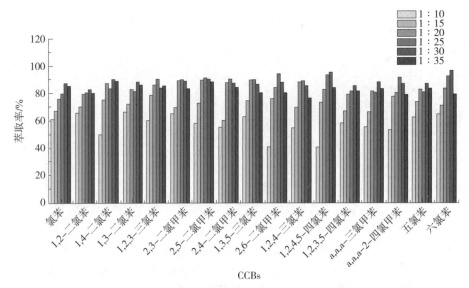

图 10-3　不同料液比对 17 种 CCBs 提取效率的影响
（固定二氯甲烷为萃取剂、超声温度 60℃、超声功率 80W、超声时间 30min）

（3）UE 萃取温度的选取

温度对样品萃取的影响较为复杂。UE 萃取法主要通过提高萃取温度，达到增加 CCBs 的平衡浓度，从而达到提高富集率的目的，但随着温度的上升，CCBs 作为挥发性物质，也会伴随着萃取溶剂的挥发而挥发，影响目标物质的萃取效果。所以，萃取温度的选取要恰当。试验分别考察了 UE 萃取温度在 30℃、40℃、50℃、60℃和 70℃时对 17 种 CCBs 的提取效果。17 种 CCBs 在不同温度下的萃取效果见图 10-4。当萃取温度达到 50℃时，所有 CCBs 的萃取率基本都达到了最高值，当继续提高温度时，17 种 CCBs 的萃取率不再增加，反而出现明显下降趋势。因此，本试验选取 50℃作为 UE 萃取温度。

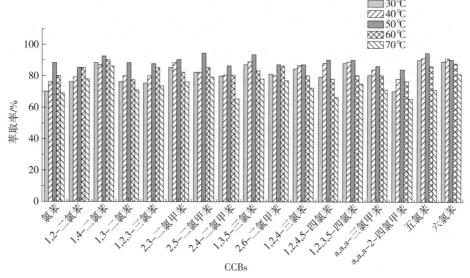

图 10-4　不同超声温度对 17 种 CCBs 提取效率的影响
（固定二氯甲烷为萃取剂、料液比为 1∶30、超声功率 80W、超声时间 30min）

（4）UE 萃取功率的选取

萃取功率也是研究目标物萃取率的一个因素。由图 10-5 可知，UE 萃取功率选在了 70～110W 之间。随着 UE 萃取功率的增大，17 种 CCBs 的萃取率逐渐增大直至平稳。当 UE 萃取功率为 100W 时，17 种 CCBs 萃取率最高，因此，本试验选择 UE 萃取功率为 100W。

（5）UE 萃取时间的选取

试验分别考察了 UE 不同萃取时段下（10min、20min、30min、40min、50min）的 17 种 CCBs 萃取效率，其效率如图 10-6 所示。当 UE 萃取 30min 时，17 种 CCBs 的萃取效率基本达到 80%，随着时间延长，其萃取率基本不再明显增加，当延长至 50min 时，部分 CCBs 的回收率反而降低。考虑实际操作的高效性，本试验选取

30min 作为 UE 萃取时间。

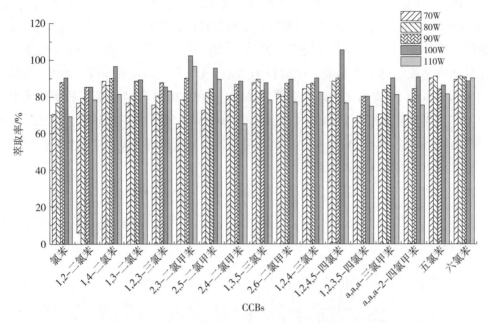

图 10-5　不同超声功率对 17 种 CCBs 提取效率的影响
（固定二氯甲烷为萃取剂、超声温度 60℃、超声时间 30min、料液比 1∶30）

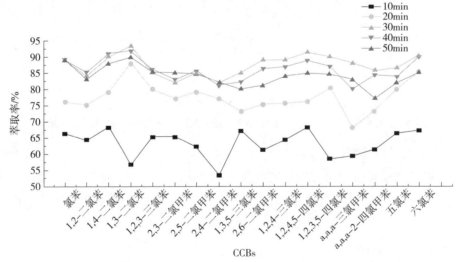

图 10-6　不同超声时间对 17 种 CCBs 提取效率的影响
（固定二氯甲烷为萃取剂、料液比 1∶30、超声温度 60℃、超声功率 80W）

3. ASE 法前处理条件的选择

ASE 法萃取率影响因素有萃取剂、温度、压力、循环次数等，本节主要探讨
ASE/SPE 法的萃取剂种类、萃取温度、萃取压力、静态循环次数对 17 种 CCBs 萃

取效率的影响。

（1）ASE 萃取溶剂的选择

ASE 法的萃取剂选择对目标物提取效果有重要的影响。试验选择 5 种不同的萃取剂和 5 种不同比例复配的丙酮：二氯甲烷萃取溶剂，不同的 ASE 萃取溶剂对 17 种 CCBs 提取结果如图 10-7 所示。通过对比 17 种 CCBs 的萃取率可知，二氯甲烷和丙酮这两种单一萃取剂提取效果较好；将两种溶剂复配使用时，发现在丙酮：二氯甲烷（1：3，V/V）复配使用时，17 种 CCBs 的萃取效率基本都达到最高，比单一使用丙酮或者二氯甲烷时的萃取效果都更好，因此，本试验采用丙酮：二氯甲烷（1：3，V/V）的复配溶液作为 ASE 提取剂。

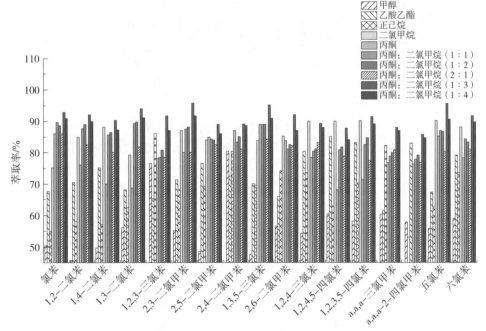

图 10-7 不同 ASE 萃取溶剂的提取效果
（固定循环次数 3 次、萃取压力 10MPa、萃取温度 100℃）

（2）ASE 萃取温度的选择

本试验考察了 ASE 在不同温度下对 17 种 CCBs 的萃取效果。17 种 CCBs 的温度萃取结果如图 10-8 所示。在 80～120℃时，CCBs 所有组分的萃取率趋势都是随萃取温度的升高先增大后减小，当萃取温度为 110℃时，获得的 17 种 CCBs 的萃取率均较好。因此，本试验选用 110℃作为 ASE 萃取温度。

（3）ASE 萃取压力的选择

考察了在 8MPa、9MPa、10MPa、11MPa、12MPa 下，ASE 不同的萃取压力对 17 种 CCBs 的萃取效果如图 10-9 所示。由图 10-9 可知，在 8～11MPa 下，17 种

CCBs 的萃取率逐渐增大，在 11MPa 时萃取率达到最大，当超过 11MPa 时有下降的趋势，因此，试验选择 11MPa 作为 ASE 萃取压力。

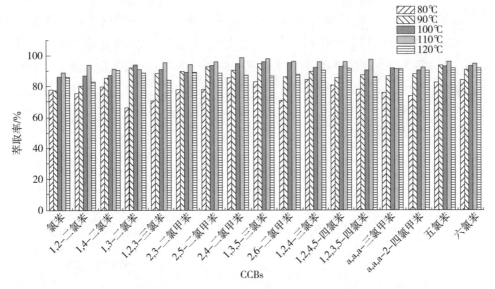

图 10-8　不同 ASE 萃取温度的提取效果
（固定循环次数 3 次、二氯甲烷∶丙酮（3∶1）、萃取压力 10MPa）

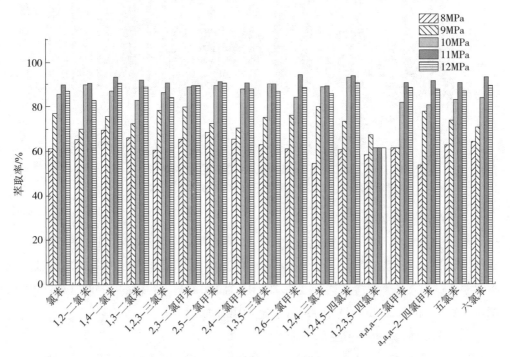

图 10-9　不同 ASE 萃取压力的提取效果
（固定循环次数 3 次、二氯甲烷∶丙酮（3∶1）、萃取温度 100℃）

（4）ASE 静态循环萃取次数的选择

一般 ASE 的静态循环次数大都选为 2 次以上。本试验考察了循环次数为 1 次、2 次、3 次、4 次、5 次时对 17 种 CCBs 萃取效果的影响，如图 10-10 所示。对 17 种 CCBs 来说，随着静态循环次数的增加，所有组分萃取率基本是先增加后逐渐平稳；由于静态循环次数的增加会加大溶剂用量、延长萃取时间等耗材的不必要浪费，因此，本试验选用 3 次作为静态循环萃取次数。

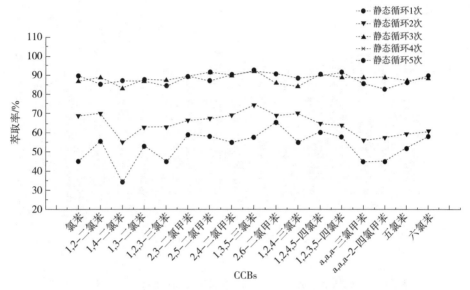

图 10-10　不同 ASE 循环萃取次数的提取效果
［固定二氯甲烷：丙酮（3∶1）、萃取温度 100℃，萃取压力 10MPa］

4. SPE 法前处理条件的选择

目前，SPE 法已应用于检测土壤里有机氯残留、水体沉积物中多氯联苯谷物的农药残留等多个领域，但目前国内外还未见到在纺织领域中的应用。因此，本节主要是通过优化 SPE 方法中固相萃取小柱种类、洗脱剂类别和用量等提高 CCBs 的萃取效率。

（1）固相萃取小柱及洗脱剂的选取

固相萃取小柱对固相萃取效果的影响十分显著，正确地选取固相小柱对富集净化至关重要。由于洗脱剂对目标物的溶解能力具有饱和性，因此，选择合适的洗脱剂，既能有效地把目标物从固相小柱上洗脱下来，又可以减少杂质。

根据 CCBs 的特性，试验分别采用 2 种固相萃取小柱和 4 类洗脱剂分别进行净化与富集。SPE 试验数据结果如图 10-11 和图 10-12 所示。由图 10-11 可知，当采用单一剂洗脱时，Si 基质固相萃取小柱的 4 类洗脱剂的萃取率分别在 30%～60%、50%～70%、50%～90%、75%～90% 之间；由图 10-12 可知，Florisil 基质固相萃取小柱的 4 类不同洗脱剂下的萃取率分别为 20%～60%、50%～65%、60%～90%、80%～105% 之间。通过比较 Si 和 Florisil 两种基质固相萃取小柱对 17 种 CCBs 的萃取效果可知，当选择二氯甲烷作为 Si 基质固相萃取小柱的洗脱剂时，17 种 CCBs 的萃取率最高，在 75%～90% 之间；当选择丙酮作为 Florisil 基质的萃取小柱的洗脱剂时，17 种 CCBs 的萃取率为 80%～105%。因此，通过萃取小柱和洗脱剂的种类选择，本试验最终选取以 Florisil 为基质的固相萃取小柱，丙酮作为洗脱剂。

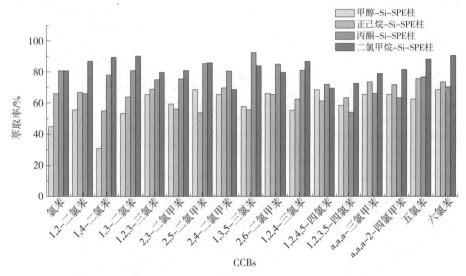

图 10-11　在固定洗脱剂用量为 20mL 时，4 类不同的单一溶剂作为
Si 基质固相萃取小柱的洗脱剂时，对 17 种 CCBs 的萃取效果图

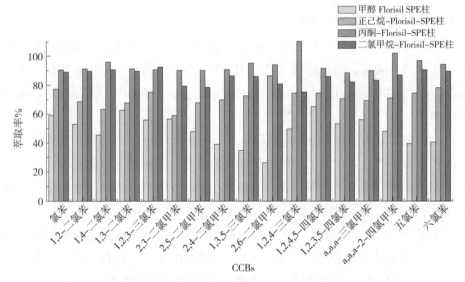

图 10-12　在固定洗脱剂用量为 20mL 时，4 类不同的单一溶剂作为
Florisil 基质固相萃取小柱的洗脱剂时，对 17 种 CCBs 的萃取效果图

（2）洗脱剂的用量

洗脱剂用量在 SPE 法前处理过程中有着重要的作用，优化洗脱剂的用量，既能节省溶剂用量，又能避免二次污染。试验选取的洗脱溶剂的用量为 10mL、15mL、20mL、25mL 和 30mL，研究不同洗脱剂用量对 17 种 CCBs 萃取率的影响见图 10-13。由图 10-13 可知，当洗脱剂的用量变大，17 种 CCBs 的萃取率也随之变大，特别是当洗脱溶剂的用量由 10mL 变为 20mL 时，17 种 CCBs 的萃取率最为明显；而当洗脱剂用量为 25mL 和 30mL 时，其萃取率的变化不再明显增加，甚至出现了略微下降的趋势。由此可见，当洗脱剂用量为 25mL 时，可以有效地把 17 种 CCBs 从 Florisil 萃取小柱上洗脱下来，避免洗脱剂的浪费。因此，本试验选择洗脱剂用量为 25mL。

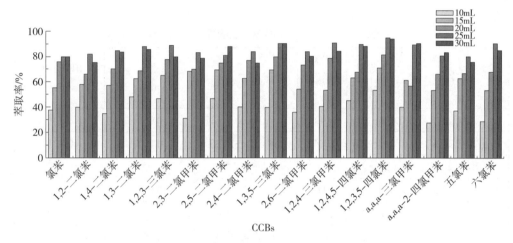

图 10-13　不同洗脱剂用量对 17 种 CCBs 萃取效果的影响
（固定 Florisil 固相萃取小柱、洗脱剂为丙酮）

5. 两种前处理优化条件小结

UE/SPE-GC/MS 法通过优化 UE 萃取条件与 SPE 萃取条件，筛选出了超声萃取溶剂是二氯甲烷，料液比为 1∶30，超声功率为 100W，超声温度为 50℃，超声为 30min，再将萃取液用 Florisl 基质的固相萃取小柱净化，把 25mL 的丙酮作为洗脱剂，可以获取较好的 CCBs 萃取率。

本试验通过对 ASE/SPE-GC/MS 法前处理条件的优化，最终确定了最佳优化条件为：以丙酮∶二氯甲烷（1∶3，V/V）的复配溶液作萃取溶剂，ASE 萃取温度为 110℃，ASE 萃取压力为 11MPa，静态循环萃取次数为 3 次。采用 Florisil 基质的固相萃取小柱，25mL 丙酮作为洗脱剂。

6. 方法的评价

为了验证分析方法的灵敏度、重现性和精密度等，在各自最优前处理条件下，通过方法的相关系数、检出限、定量限、回收率、相对偏差值、线性范围与方程等进行比较与验证。

（1）UE/SPE-GC/MS 法的灵敏度分析

分别配制 17 种 CCBs 0.020μg/mL、0.050μg/mL、0.10μg/mL、0.50μg/mL、1.0μg/mL、2.0μg/mL 系列混合标准工作液，以常产生的纺织固体废物 1 作为空白样品，通过上述筛选出的最优 UE/SPE-GC/MS 法的试验条件，利用质量浓度、峰面积绘制横纵坐标的工作曲线，以 10 倍信噪比和 3 倍信噪比计算定量限和检出限，得到 UE/SPE-GC/MS 方法的线性范围、相关系数、线性方程、检出限等，结果如表 10-1 所示。由表可知，该方法的相关系数均达到 0.997 以上，且该方法的定量限在 0.031～0.31 之间，检出限在 0.010～0.090 之间，表明该方法灵敏程度高，适用于检测痕量样品。

表 10-1　UE/SPE-GC/MS 法的性能指标分析

名称	线性范围 μg/mL	相关系数 r	回归方程	定量限（LOQ）μg/g	检出限（LOD）μg/g
氯苯	0.020～2.0	0.999	$y=99\ 451x+90.31$	0.309	0.09
1,2- 二氯苯	0.020～2.0	0.9978	$y=64\ 652x+1\ 733.6$	0.067	0.021
1,4- 二氯苯	0.020～2.0	0.9998	$y=176\ 526x+519.3$	0.025	0.010
1,3- 二氯苯	0.020～2.0	0.9988	$y=90\ 692x+230.7$	0.044	0.010
1,2,3- 三氯苯	0.020～2.0	0.998	$y=85\ 841x+391.5$	0.035	0.010
2,3- 二氯甲苯	0.020～2.0	0.9997	$y=62\ 614x+539.6$	0.157	0.050
2,5- 二氯甲苯	0.020～2.0	0.9994	$y=89\ 324x-129.7$	0.042	0.010
2,4- 二氯甲苯	0.020～2.0	0.9969	$y=88\ 791x+329.9$	0.057	0.020
1,3,5- 三氯苯	0.020～2.0	0.9998	$y=132\ 448x+567.6$	0.041	0.010
2,6- 二氯甲苯	0.020～2.0	0.9991	$y=6\ 471.1x+228.4$	0.063	0.020
1,2,4- 三氯苯	0.020～2.0	0.9998	$y=92\ 430x+597.4$	0.036	0.011
1,2,4,5- 四氯苯	0.020～2.0	0.9988	$y=89\ 341x+1\ 198.1$	0.157	0.051
1,2,3,5- 四氯苯	0.020～2.0	0.9997	$y=14\ 829x+153.1$	0.031	0.011
a,a,a- 三氯甲苯	0.020～2.0	0.9996	$y=13\ 883x+82.3$	0.166	0.052
a,a,a-2- 四氯甲苯	0.020～2.0	0.9984	$y=18\ 824x+310.6$	0.026	0.014
五氯苯	0.020～2.0	0.9995	$y=80\ 393x+463.6$	0.08	0.022
六氯苯	0.020～2.0	0.9998	$y=90\ 189x+562.5$	0.08	0.020

（2）UE/SPE-GC/MS 法的准确度分析

试验制备了 0.030mg/kg、0.30mg/kg 和 1.0mg/kg 的 3 个水平的阳性样品，通

过筛选出的最优条件其进行 7 次平行加标重复试验（n=7），测得其回收率与相对偏差（RSD）结果见表 10-2。17 种 CCBs 的回收率分别为 81.9%～108%，RSD 为 1.0%～5.1%，说明 UE/SPE-GC/MS 法的精密度较好。

表 10-2　样品回收率与相对偏差（RSD）（n=7）

目标物 / 加标量	0.03mg/kg	0.3mg/kg		1mg/kg	
	回收率 /%	回收率 /%	回收率 /%	RSD/%	回收率 /%	RSD/%
氯苯	89.8	103.5	103.5	4.7	97.8	4.9
1,2- 二氯苯	90.7	91.4	91.4	3.1	94.5	4.1
1,4- 二氯苯	81.3	85.0	85.0	4.5	84.7	5.0
1,3- 二氯苯	90.6	97.5	97.5	3.2	107.6	5.1
1,2,3- 三氯苯	85.1	91.5	91.5	2.2	93.7	1.8
2,3- 二氯甲苯	86.0	89.3	89.3	0.8	88.0	1.6
2,5- 二氯甲苯	84.5	89.7	89.7	4.2	85.4	3.4
2,4- 二氯甲苯	83.1	85.0	85.0	2.9	82.4	2.0
1,3,5- 三氯苯	81.9	80.3	80.3	4.8	87.7	3.4
2,6- 二氯甲苯	88.3	85.3	85.3	3.6	88.9	2.9
1,2,4- 三氯苯	85.0	90.0	90.0	3.8	87.4	2.5
1,2,4,5- 四氯苯	90.8	89.3	89.3	4.5	86.3	4.3
1,2,3,5- 四氯苯	89.2	88.8	88.8	4.1	92.6	5.1
a,a,a- 三氯甲苯	80	87.5	87.5	3.3	92.5	5.0
a,a,a-2- 四氯甲苯	80	88.3	88.3	3.7	93.3	4.9
五氯苯	90.4	100.4	100.4	4.6	95.1	1.0
六氯苯	92.1	93.5	93.5	1.4	98.6	3.2

（3）ASE/SPE-GC/MS 法的灵敏度分析

采用纺织固体废物试样 1 作为空白样品，配制了 0.010～2.0mg/mL 系列的标准工作溶液，在最优 ASE/SPE-GC/MS 法的条件下试验，利用质量浓度、峰面积绘制出横纵坐标的工作曲线，以 3 倍信噪比算出检出限，得到该方法的相关系数、回归方程、检出限等结果见表 10-3。17 种 CCBs 的相关系数在 0.994 8～0.999 8 之间，检出限在 0.020～0.12μg/mL 之间，表明建立的 ASE/SPE-GC/MS 法合理有效，灵敏度较高。

表 10-3　CCBs 的定量、定性离子、相关系数、回归方程及检出限

目标物	保留时间 min	定量离子 m/z	定性离子 m/z	相关系数 r	回归方程	检出限（LOD）μg/mL
氯苯	5.693	112	77	0.999 8	$y=99\,466x+90.307$	0.070
1,2-二氯苯	7.296	146	148	0.997 1	$y=64\,652x+1733.6$	0.050
1,4-二氯苯	7.500	146	148	0.999 8	$y=176\,506x+519.07$	0.020
1,3-二氯苯	7.827	146	148	0.999 8	$y=90\,692x+230.68$	0.020
1,2,3-三氯苯	8.003	182	180	0.999 8	$y=85\,851x+392.45$	0.12
2,3-二氯甲苯	8.028	125	160	0.999 7	$y=62\,614x+559.56$	0.080
2,5-二氯甲苯	8.132	125	160	0.999 4	$y=89\,324x-129.71$	0.060
2,4-二氯甲苯	8.545	125	160	0.999 8	$y=88\,791x+329.85$	0.040
1,3,5-三氯苯	8.832	180	182	0.999 8	$y=132\,448x+567.62$	0.050
2,6-二氯甲苯	9.248	125	127	0.998 7	$y=6\,471.1x+228.4$	0.12
1,2,4-三氯苯	9.374	180	182	0.999 8	$y=92\,430x+597.36$	0.090
1,2,4,5-四氯苯	9.693	216	214	0.998 8	$y=89\,341x+1\,198.1$	0.070
1,2,3,5-四氯苯	9.751	216	214	0.999 7	$y=14\,829x+153.12$	0.040
a,a,a-三氯甲苯	10.355	159	161	0.999 6	$y=13\,883x+82.297$	0.10
a,a,a-2-四氯甲苯	10.819	195	193	0.999 4	$y=18\,824x+310.55$	0.050
五氯苯	11.864	250	248	0.999 8	$y=80\,393x+463.59$	0.030
六氯苯	12.324	284	286	0.999 8	$y=90\,189x+562.47$	0.090

（4）ASE/SPE-GC/MS 法的精密度分析

试验采用 3 个不同浓度的水平，进行了 7 次平行加标试验，用外标法定量，在筛选出的最优条件下，测定该方法的回收率与 RSD 值，其结果见表 10-4。由表可知，17 种 CCBs 测得的平均回收率分别为：76.0%～97.8%、81.7%～104%、82.4%～99.8%，RSD 均小于 7.5%，证明该方法的准确度、精密度较高，可满足实际纺织固体废物中 17 种 CCBs 的检测。

表 10-4　方法的加标回收率、相对偏差（RSD）（$n=7$）

目标物/加标量	0.030mg/kg		0.30mg/kg		1.0mg/kg	
	回收率/%	回收率/%	回收率/%	RSD/%	回收率/%	RSD/%
氯苯	95.8	3.5	103.5	3.0	99.8	4.5
1,2-二氯苯	90.7	2.3	91.4	1.8	94.5	2.1
1,4-二氯苯	82.3	5.0	85.0	4.5	84.7	4.4
1,3-二氯苯	86.6	4.6	90.5	3.2	90.0	3.1

续表

目标物 / 加标量	0.030mg/kg		0.30mg/kg		1.0mg/kg	
	回收率 /%	回收率 /%	回收率 /%	RSD/%	回收率 /%	RSD/%
1,2,3- 三氯苯	88.1	1.5	91.5	2.2	93.7	2.8
2,3- 二氯甲苯	85.0	1.0	89.3	0.7	88.0	1.6
2,5- 二氯甲苯	84.5	2.4	82.7	1.8	85.4	3.0
2,4- 二氯甲苯	83.5	1.4	85.0	0.7	82.4	2.0
1,3,5- 三氯苯	82.9	3.0	88.3	4.2	87.7	5.4
2,6- 二氯甲苯	88.3	2.7	85.3	3.6	88.9	2.9
1,2,4- 三氯苯	85.0	3.4	90.0	3.8	87.4	3.5
1,2,4,5- 四氯苯	87.8	4.8	89.3	5.0	86.3	4.3
1,2,3,5- 四氯苯	89.2	5.0	88.8	5.5	92.6	7.5
a,a,a- 三氯甲苯	81.3	44	81.9	3.3	89.5	4.7
a,a,a-2- 四氯甲苯	76.0	4.1	88.3	4.7	93.3	5.6
五氯苯	90.4	3.8	94.5	4.0	88.5	2.6
六氯苯	92.1	0.9	90.5	1.2	95.6	2.0

7. 两种方法与国家标准中方法的比较

按照 UE/SPE-GC/MS 和 ASE/SPE-GC/MS 两种方法在各自最优条件下，与 GB/T 20384 中的方法综合对比分析。通过比较三种分析方法的相关性、检出限、回收率和 RSD 来验证方法灵敏度和可靠性，其结果见表 10-5。由表可知，UE/SPE-GC/MS 的相关系数在 0.996 9 以上，检出限在 0.01～0.09 之间，回收率在 81.9%～107.6%；ASE/SPE-GC/MS 的相关系数在 0.994 8 以上，回收率在 76.0%～104%，检出限在 0.020～0.12 之间，前者的分析方法性能优于后者；UE/SPE-GC/MS 的 RSD 在 1.0%～5.1% 之间，ASE/SPE-GC/MS 的 RSD 在 0.70%～7.5% 之间，后者的 RSD 优于前者。综合考虑两种分析方法的性能评价，UE/SPE-GC/MS 分析方法比 ASE/SPE-GC/MS 较好。UE/SPE-GC/MS 法对比 GB/T 20384 中的方法，前者的相关系数、检出限、回收率、RSD 均优于后者。因此，试验最终选择 UE/SPE-GC/MS 分析方法同时测定 17 种 CCBs。

表 10-5 3 种分析方法的验证比较

试验方法 / 性能分析	相关系数 r	检出限（LOD）μg/g	回收率 /%	RSD/%
UE/SPE-GC/MS	0.996 9～0.999 8	0.010～0.090	81.9%～107.6%	1.0%～5.1%
ASE/SPE-GC/MS	0.994 8～0.999 8	0.020～0.12	76.0%～103.5%	0.70%～7.5%
GB/T 20384—2006	0.996 5～0.998 4	0.050～0.21	75.0%～110%	3.2%～10%

8. 响应面法进一步优化 UE 萃取固体废物条件

为进一步了解 UE 方法提取纺织类固体废物中 17 种 CCBs 的影响因素关系。以邻二氯苯为例，以 UE 优化萃取条件为基础，以纺织固体废物 1 为试样，深入研究 UE 萃取温度、萃取时间、萃取功率、料液比的内在关系，从而进一步得到最佳 UE 萃取条件。

（1）响应面试验设计

利用 Design-Expert（8.0.6 版本）软件，根据 BBD 法的原理设计了 4 因素 3 水平的试验方案，对 UE 萃取条件进行了优化验证。响应面试验设计因素编码见表 10-6。

表 10-6　4 因素 3 水平的响应面试验编码表

因素	编码	水平		
		-1	0	1
料液比 /（g/mL）	A	30	40	50
萃取温度 /℃	B	40	50	60
萃取时间 /min	C	20	30	40
萃取功率 /W	D	100	110	120

（2）响应面法优化设计的结果分析

通过 Design-Expert（8.0.6 版本）软件分析，得到回归方差的模型分析如表 10-7 所示，该模型可信度见表 10-7。采用最小二乘法对试验结果进行拟合回归分析，得到邻二氯苯的多元回归方程如公式（1）所示。

$$Y=92.64+0.20A-0.66B+0.79C+0.35D-0.46AB+0.54AC-0.08AD-1.08BC+3.25BD+1.45CD-4.26A^2-1.36B^2-4.93C^2-2.87D^2 \tag{1}$$

从式中可知，单因素对萃取率的影响大小为：C＞B＞D＞A，相互影响因素对萃取率影响大小为：BD＞CD＞BC＞AC＞AB＞AD。由表 10-7 可知，该回归模型差异性极为显著（$P<0.0001$），失拟项差异不显著（$P=20.67>0.05$），表明该模型设计合理，与纯误差无显著性关联；模型中 BD、A2、B2、C2、D2（$P<0.0001$）极显著，CD、B2（$P<0.005$）显著，其余不显著，这说明 BD 对邻二氯苯的萃取率相互干扰性强，CD 相互干扰性次之。由表 10-8 可知，相关系数为 0.925 4，调整后相关系数为 0.850 9，表示回归方程拟合度较好；变异系数 CV=1.56%，说明试验数据准确性高和可信度高。综上，该模型具有较高准确性和可靠性，可用于预测分析纺织固体废物中邻二氯苯的萃取率。

表 10-7 BBD 模型分析

方差来源	平方和	自由度	均方	F 值	P 值	显著程度
模型	318.74	14	22.77	12.41	<0.000 1	极显著
A	0.50	1	0.5	0.27	0.608 2	不显著
B	5.28	1	5.28	2.88	0.111 9	不显著
C	7.51	1	7.51	4.09	0.062 6	不显著
D	1.44	1	1.44	0.78	0.391 3	不显著
AB	0.81	1	0.81	0.44	0.517 1	不显著
AC	1.16	1	1.16	0.63	0.440 6	不显著
AD	0.027	1	0.027	0.015	0.904 8	不显著
BC	4.71	1	4.71	2.57	0.131 4	不显著
BD	42.12	1	42.12	22.96	0.000 3	极显著
CD	8.35	1	8.35	4.55	0.015 0	显著
A2	117.86	1	117.86	64.26	<0.000 1	极显著
B2	11.91	1	11.96	6.49	0.023 2	显著
C2	157.90	1	157.90	86.09	<0.000 1	极显著
D2	53.57	1	53.57	29.21	<0.000 1	极显著
残差	25.68	14	1.83	—	—	—
失拟项	20.67	10	2.07	1.65	0.332 0	不显著
纯误差	5.00	4	1.25	—	—	—
总和	344.42	28	—	—	—	—

注：$P<0.01$，差异极显著；$P<0.05$，差异显著；$P>0.05$，差异不显著。

表 10-8 模型可信度结果

均方	相关系数	调整后相关系数	变异系数 CV%
87.09	0.925 4	0.850 9	1.56%

（3）UE 双因素萃取条件的 3D 响应面分析

基于多元回归模型所绘制的双因素交互作用，得到 4 个单因素（UE 温度、料液比、UE 时间和 UE 功率）两两交互作用对提取效率的影响，如图 10-14（a）～（f）所示。在图 10-14（a）中，3D 曲面的坡度较陡峻，且料液比与萃取温度的等高线呈现出非常明显密集的椭圆形，说明两者对邻二氯苯萃取率有较强的交互作用；图中 3D 曲面坡度略陡峭，且萃取功率与料液比的等高线呈现不太明显的稀疏椭圆形，说明两者对邻二氯苯萃取率有交互作用；图 10-14（e）中 3D 曲面坡度陡峭，且萃取功率与萃取温度的等高线呈现明显密集椭圆形，说明两者对邻二氯苯萃取率有较强交互作用。图 10-14（b）、（d）和（f）中等高线呈现明显的圆形，说明各个双因素对邻二氯苯萃取率的交互作用较弱。

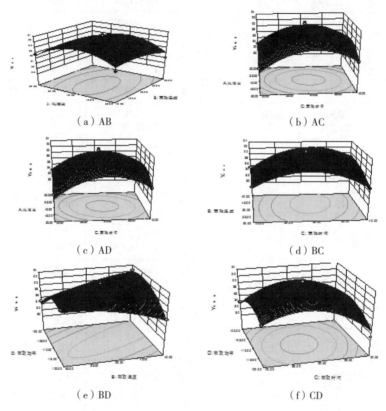

（a）AB 　　　　　（b）AC

（c）AD 　　　　　（d）BC

（e）BD 　　　　　（f）CD

图 10-14　3D 响应面

（4）UE 萃取最优工艺确定

通过软件分析，获得 UE 萃取的最优工艺条件为：料液比 1∶29.85、萃取温度 54.95℃、萃取时间 35.13min、萃取功率 105.46W。为了便于控制试验条件，将该工艺萃取条件稍微调整为：料液比 1∶30、萃取温度 55℃、萃取时间 35min、萃取功率 105W。在此条件下，得到实际回归曲线方程公式（2），实际测得邻二氯苯的平均萃取率为 92.85%。

$$Y_1 = -201.56 + 3.59A - 1.78B + 1.78C - 4.33D - 4.50AB + 5.38AC - 8.25AD - 0.01BC + 0.32BD - 0.14CD - 0.04A^2 - 0.01B^2 - 0.05C^2 - 0.03D^2 \tag{2}$$

第三节　实际样品测试

将编号 1～7 的织物试样各称取 1g（精确度为 0.001g），以二氯甲烷为超声萃取剂，在最终萃取条件下进行萃取样品，然后将萃取液置于已活化好的 Florisl 基质的萃取小柱净化中，用少许二氯甲烷将瓶底清洗 2 遍，再将滤液倒入固相萃取小柱里，用 25mL 的丙酮作为洗脱剂，将富集的液体氮吹至近 0.5mL，倒入基质专用瓶里，供 GC/MS 上机检测。其检测结果如表 10-9 所示。此外，按照 GB/T 20384 方法将 7 块织物检测，结果如表 10-9 所示。

由表 10-9 与 10-10 可知，7 块试样经本文建立的 UE/SPE-GC/MS 方法与国家标准方法测定，发现试样 1 和试样 5 大都检测出不同浓度的 CCBs，特别是试样 5 废棉条，由于棉花在生长、采摘到制成棉条工序中，棉花中会含有很多农药、防腐剂等成分，因此，织物试样 5 才会含有较高浓度的 CCBs。采用 ASE/SPE-GC/MS 法检测出了氯苯、1,2- 二氯苯和六氯苯，而采用国标方法却未检测出 1,2- 二氯苯，这可能是因为在前处理过程中未萃取出来或国家标准方法检出限过高，不能准确定量。

表 10-9 UE/SPE-GC/MS 法测定样品的检测结果

目标物质	试样 1 mg/mL	试样 2 mg/mL	试样 3 mg/mL	试样 4 mg/mL	试样 5 mg/mL	试样 6 mg/mL	试样 7 mg/mL
氯苯	ND	ND	ND	ND	1.20	ND	ND
1,2- 二氯苯	ND	ND	ND	ND	0.023	ND	ND
1,4- 二氯苯	ND	ND	ND	ND	ND	ND	ND
1,3- 二氯苯	ND	ND	ND	ND	ND	ND	ND
1,2,3- 三氯苯	ND	ND	ND	ND	ND	ND	ND
2,3- 二氯甲苯	ND	ND	ND	ND	ND	ND	ND
2,5- 二氯甲苯	ND	ND	ND	ND	ND	ND	ND
2,4- 二氯甲苯	ND	ND	ND	ND	ND	ND	ND
1,3,5- 三氯苯	ND	ND	ND	ND	ND	ND	ND
2,6- 二氯甲苯	ND	ND	ND	ND	ND	ND	ND
1,2,4- 三氯苯	ND	ND	ND	ND	ND	ND	ND
1,2,4,5- 四氯甲苯	ND	ND	ND	ND	ND	ND	ND
1,2,3,5- 四氯甲苯	ND	ND	ND	ND	ND	ND	ND
a,a,a- 三氯甲苯	ND	ND	ND	ND	ND	ND	ND
a,a,a-2- 四氯甲苯	ND	ND	ND	ND	ND	ND	ND
五氯苯	ND	ND	ND	ND	ND	ND	ND
六氯苯	0.034	ND	ND	ND	0.505	ND	ND

注：ND 表示未检出。

表 5-10　标准 GB/T 20384—2006 测定试样的检测结果

目标物质	试样 1 mg/mL	试样 2 mg/mL	试样 3 mg/mL	试样 4 mg/mL	试样 5 mg/mL	试样 6 mg/mL	试样 7 mg/mL
氯苯	ND	ND	ND	ND	0.99	ND	ND
1,2-二氯苯	ND	ND	ND	ND	ND	ND	ND
1,4-二氯苯	ND	ND	ND	ND	ND	ND	ND
1,3-二氯苯	ND	ND	ND	ND	ND	ND	ND
1,2,3-三氯苯	ND	ND	ND	ND	ND	ND	ND
2,3-二氯甲苯	ND	ND	ND	ND	ND	ND	ND
2,5-二氯甲苯	ND	ND	ND	ND	ND	ND	ND
2,4-二氯甲苯	ND	ND	ND	ND	ND	ND	ND
1,3,5-三氯苯	ND	ND	ND	ND	ND	ND	ND
2,6-二氯甲苯	ND	ND	ND	ND	ND	ND	ND
1,2,4-三氯苯	ND	ND	ND	ND	ND	ND	ND
1,2,4,5-四氯苯	ND	ND	ND	ND	ND	ND	ND
1,2,3,5-四氯苯	ND	ND	ND	ND	ND	ND	ND
a,a,a-三氯甲苯	ND	ND	ND	ND	ND	ND	ND
a,a,a-2-四氯甲苯	ND	ND	ND	ND	ND	ND	ND
五氯苯	ND	ND	ND	ND	ND	ND	ND
六氯苯	0.028	ND	ND	ND	0.495	ND	ND

注：ND 表示未检出。

第四节　结论

本章分别建立了 UE/SPE-GS/MS 方法和 ASE/SPE-GC/MS 方法，同时测定纺织类固体废物中 17 种 CCBs。在两种方法的优化条件下，通过比较两种分析方法的线性关系、检出限、回收率、相对偏差等评价指标，最终试验确定采用 UE/SPE-GS/MS 方法。

通过响应面法 3D 分析，发现料液比与萃取温度、萃取功率与料液比、萃取功率与萃取温度对邻二氯苯萃取率有较强交互作用，其余双因素对邻二氯苯萃取率的交互作用较弱。所以，UE/SPE-GS/MS 法最终采用的萃取条件：1:30 的料液比、萃取溶剂为二氯甲烷、萃取温度 55℃、萃取时间 35min、萃取功率 105W。UE 萃取条件下进行萃取，再通过 Florisil 基质固相小柱净化，测得 17 种 CCBs 的回收率为 81.9%~108%，RSD（n=7）小于 5.1%。与国家标准比较，UE/SPE-GS/MS 法检出限更低，可以获得较为满意的结果。

第十一章　农药残留物检测技术

第一节　概论

农药指为保障农林牧业生产的、有目的调节植物或昆虫生长的一类化合物，是农作物增产增收的重要手段。随着对农作物的产量要求越来越高，农药的种类和使用量也就越来越多，农药的长期滥用造成了农药残留问题日益严重，不仅给环境带来巨大的污染，还影响人类健康和社会可持续发展。

目前，在各种产品中有超过3000种农药活性成分存在。农药中的杀虫剂、杀菌剂和除草剂等同样会被用于纺织材料中，如纺织农作物、羊毛、羽毛等。这些材料在成品制作过程中，绝大多数农药被除去，但仍有部分毒性强、难降解的农药依然残留在纺织品成品上危害人体，其中一部分农药可通过接触皮肤或呼吸进入人体，造成皮肤过敏、呼吸道疾病或者其他部位危害甚至癌变。纺织品中毒性较大且主要残留的农药主要包括有机氯类、有机磷类、拟除虫菊酯类、苯氧羧酸类除草剂和氨基甲酸酯类。随着国内外尤其是欧盟市场对纺织品质量及安全要求的提高，纺织品中农药残留的控制及检测需求日益增长。

1997年，由德国和奥地利两家科研机构发起的国际民间团体——国际生态纺织品研究和检验协会（Oeko-Tex），开始正式向全球推广由其制定的生态纺织品标签认证标准 Oeko-Tex Standard 100。同年，欧盟颁布了关于纺织品中有害化学品禁用法令，将含有毒金属化合物的杀虫剂列入棉花种植的禁止使用目录。

Oeko-Tex Standard 100 限定了 2,4,5-涕等71种农药成分，2020年新增9种受监测的杀虫剂。针对婴儿产品总量限量为 0.5mg/kg，非婴儿产品总量限量为 1.0mg/kg。同时，一些主要的纺织品商家还对 Oeko-Tex Standard 100 以外的一些农药成分（如氯菊酯等）进行了特殊限定。

目前对于纺织品中有害有机物的检测主要有两种方法，即气相色谱 - 质谱技术（GC-MS）以及液相色谱 - 质谱技术（LC-MS）。GC-MS 技术方法被广泛应用于针对纺织品中有机残留物的检测中，但这些研究并未同时对多种常用的农药残留进行测定。

第二节　方法的基本原理

以正己烷为萃取溶剂，采用加速溶剂萃取法萃取纺织原料废物中残留的农药，萃取液经浓缩定容后，用气相色谱串联质谱进行分析。

一、样品前处理

1. 样品制备

本节测试用的纺织原料废物样品取自生产加工各工序及市场。选取有代表性的样品，用自动制样机裁成 5mm×5mm 的小块，混合均匀。

2. 样品萃取

取具代表性的纺织原料废物样品准确称取 2.0g（精确至 0.01g），于 40mL 的加速溶剂萃取池内，萃取溶剂选择正己烷；萃取压力 10.0MPa；萃取温度 90℃；冲洗体积为 50% 的池体积；循环 2 次；吹扫时间 90s，静态萃取时间 2min。提取液转移至鸡心瓶中，于 40℃水浴条件下真空旋转蒸发浓缩至近干，用正己烷定容至 1.00mL，经 0.22μm 滤膜过滤后进行 GC-MS 分析。

二、GC-MS 法分析条件

1. 色谱条件

色谱柱：采用 HP-5MS 毛细管色谱柱（30.0m×0.25mm×0.25μm）；不分流进样，进样口温度 250℃，载气：高纯氦气（纯度≥99.999%），溶剂延迟 5min，流速 1.0mL/min；进样量 1.0μL；色谱柱程序升温条件：40℃保持 1min，以 30℃/min 升温至 130℃保持 2min，以 5℃/min 升温至 250℃保持 10min，全部程序总时长为 40min。

2. 质谱条件

传输线温度为 280℃，四极杆温度为 150℃，离子源温度为 230℃，电离源为 EI 源，离子化能量为 70eV，选择离子扫描（SIM）模式，质量扫描范围（m/z）为 50～500。

第三节　分析条件

一、萃取条件的优化

为了确定合适的萃取溶剂，分别以二氯甲烷、正己烷、乙酸乙酯、二氯甲烷：

正己烷（$V:V$=1:1）、二氯甲烷：乙酸乙酯（$V:V$=1:1）、正己烷：乙酸乙酯（$V:V$=1:1）等 6 种溶剂作为萃取溶剂，对阳性样品进行加速溶剂萃取，萃取压力 10.0MPa；萃取温度 90℃；冲洗体积为 50% 的池体积；循环 2 次；吹扫时间 90s，静态萃取时间 5min，结果见图 11-1。从图 11-1 可知，正己烷的萃取效果最好，故，萃取溶剂最终确定为正己烷。

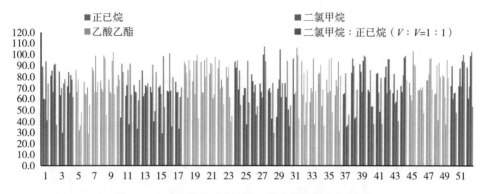

图 11-1 不同萃取溶剂对 52 种农药回收率的影响

以正己烷为萃取溶剂，分别在 60℃、70℃、80℃、90℃、100℃、110℃下对阳性样品进行加速溶剂萃取，结果发现，90℃的萃取温度较好。见图 11-2。

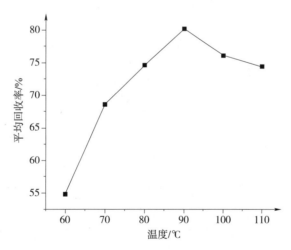

图 11-2 不同萃取温度对 52 种农药回收率的影响

以正己烷为萃取溶剂，90℃下对阳性样品分别静态萃取 2min、5min、7min、10min、15min，结果发现，萃取量在 5min 时达到最大值，萃取时间继续增加时，萃取量均反而缓慢下降。见图 11-3。

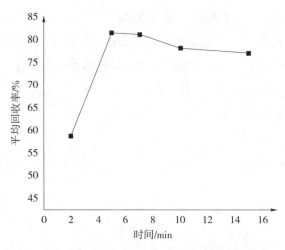

图 11-3　不同静态萃取时间对 52 种农药回收率的影响

二、分析条件的优化

以样品与标准品的色谱保留时间和特征离子来对样品进行定性，52 种农残保留时间、特征离子见表 11-1。外标法定量。

表 11-1　52 种农残的保留时间、特征离子

序号	物质名称	特征离子	保留时间 /min
1	甲胺磷	141、110、111、126	9.457
2	敌敌畏	109、15、185、79	10.061
3	氧化乐果	156、141、181、213	12.377
4	甲拌磷	75、121、97、93、231	13.522
5	α- 六六六	181、183、219、217	14.485
6	β- 六六六	181、183、109、219	14.8
7	δ- 六六六	181、183、219、109、217	15.731
8	乐果	87、93、125、47	15.934
9	五氯硝基苯	237、265、249、239	16.308
10	二嗪磷	137、152、29、179、93	16.383
11	特丁硫磷	57、231、103、97	16.672
12	氟乐灵	264、306、43、248	17.266
13	灭线磷	158、43、97、139	18.951
14	六氯苯	284、286、282、288	19.405
15	速灭磷	127、109、192、164	20.143
16	久效磷	192、127、223、164	20.331
17	治螟磷	322、202、238、266	20.625
18	哒螨灵	147、117、132、57	20.871

序号	物质名称	特征离子	保留时间 /min
19	杀虫脒	196、44、181、117	20.988
20	恶霜灵	163、105、233、278	21.138
21	七氯	353、317、388、263	21.93
22	地虫磷	246、137、174、202	22.144
23	异狄氏剂	81、263、281、279	22.807
24	乙草胺	146、162、59、223	23.069
25	氯苯胺灵	43、127、41、213	23.727
26	硫丹	195、197、207、237	24.021
27	溴螨脂	341、183、339、185	24.144
28	精甲霜灵	206、249、279	24.337
29	二甲戊灵	252、220、162、206	24.438
30	莠去津	200、215、173	24.882
31	丁草胺	176、160、188、57	25.15
32	狄氏剂	79、81、82、77、263	25.54
33	Trans- 氯丹	373、375、377、371	25.995
34	三氯杀螨醇	139、251、141、253	26.08
35	三唑酮	57、41、208、29	26.765
36	戊唑醇	125、250、70、83	27.064
37	氯氰菊酯	163、165、181、91	27.343
38	戊菌唑	159、248、161、250	27.637
39	嘧菌环胺	224、225、210、226	27.851
40	腐霉利	96、283、285、67	28.15
41	氯菊酯	183、165、163、91	28.444
42	p，p′ 滴滴依	318、246、316、281	29.215
43	p，p′ 滴滴滴	235、237、165、236、199	29.466
44	o，p′ 滴滴涕	235、121、199、246、	29.653
45	o，p′ 滴滴滴	235、199、212、320	30.14
46	嗪草酮	198、41、57、199	30.504
47	联苯菊酯	181、166、165、182	30.664
48	醚菌酯	116、131、132、222	30.75
49	苄呋菊酯	123、128、171、143	31.429
50	苯线磷	303、154、288、217	32.916
51	己唑醇	214、231、256、123	34.948
52	多效唑	236、125、82、238、57	36.243

三、方法的线性范围和检出限

用正己烷逐级稀释混标储备液，配制一系列的混标工作液，测试后计算各组分的色谱峰面积，用色谱峰面积（A）对质量浓度（ρ）进行回归，结果发现，对于每个组分，其色谱峰面积在 0.010～0.40mg/L 的范围内均与质量浓度之间存在良好的线性关系，表 11-2 给出了各组分的线性关系。

表 11-2　线性关系和检出限

序号	化合物	回归方程	相关系数 r	线性范围 mg/L	检出限（LOD）μg/kg	定量限（LOQ）μg/kg
1	甲胺磷	$y=499\,300x-75\,200$	0.998 9	0.010～0.40	0.439	1.317
2	敌敌畏	$y=205\,600x-37\,890$	0.998 6	0.010～0.40	0.121	0.363
3	氧化乐果	$y=262\,800x-93\,760$	0.997 0	0.010～0.40	0.711	2.133
4	甲拌磷	$y=187\,900x-59\,890$	0.998 0	0.010～0.40	1.127	3.381
5	α- 六六六	$y=80\,050x+3\,894$	0.999 1	0.010～0.40	0.364	1.092
6	β- 六六六	$y=82\,760x-10\,460$	0.997 8	0.010～0.40	0.384	1.152
7	δ- 六六六	$y=51\,110x-570.5$	0.998 0	0.010～0.40	0.375	1.125
8	乐果	$y=78\,910x-26\,370$	0.999 9	0.010～0.40	0.532	1.596
9	五氯硝基苯	$y=160\,300x-51\,860$	0.999 6	0.010～0.40	0.371	1.113
10	二嗪磷	$y=91\,570x-20\,050$	0.999 5	0.010～0.40	0.253	0.759
11	特丁硫磷	$y=203\,700x-36\,320$	0.996 0	0.010～0.40	0.135	0.405
12	氟乐灵	$y=109\,700x-54\,100$	0.998 0	0.010～0.40	0.564	1.692
13	灭线磷	$y=69\,330x-22\,510$	0.999 6	0.010～0.40	0.601	1.803
14	六氯苯	$y=226\,500x+13\,450$	0.998 9	0.010～0.40	0.321	0.963
15	速灭磷	$y=128\,300x-47\,230$	0.998 6	0.010～0.40	0.551	1.653
16	久效磷	$y=198\,900x-52\,060$	0.999 6	0.010～0.40	0.436	1.308
17	治螟磷	$y=617\,000x-128\,900$	0.998 2	0.010～0.40	0.096	0.288
18	哒螨灵	$y=483\,400x-208\,500$	0.998 5	0.010～0.40	0.364	1.092
19	杀虫脒	$y=78\,060x-26\,820$	0.999 3	0.010～0.40	0.658	1.947
20	恶霜灵	$y=117\,300x-39\,000$	0.999 2	0.010～0.40	0.356	1.095
21	七氯	$y=87\,610x-17\,940$	0.998 1	0.010～0.40	0.335	1.005
22	地虫磷	$y=489\,400x-80\,480$	0.998 1	0.010～0.40	0.239	0.717
23	异狄氏剂	$y=104\,700x-2\,253$	0.998 3	0.010～0.40	0.201	0.603
24	乙草胺	$y=69\,850x-11\,680$	0.999 3	0.010～0.40	0.273	0.819
25	氯苯胺灵	$y=81\,400x-28\,900$	0.999 6	0.010～0.40	0.231	0.693

续表

序号	化合物	回归方程	相关系数 r	线性范围 mg/L	检出限（LOD） μg/kg	定量限（LOQ） μg/kg
26	硫丹	$y=6\,486x+8\,526$	0.999 2	0.010～0.40	0.454	1.362
27	溴螨脂	$y=106\,200x-13\,970$	0.998 3	0.010～0.40	0.191	0.573
28	精甲霜灵	$y=133\,900x-32\,410$	0.999 5	0.010～0.40	0.678	2.034
29	二甲戊灵	$y=926\,500x-193\,100$	0.998 7	0.010～0.40	0.374	1.122
30	莠去津	$y=233\,100x-101\,100$	0.998 1	0.010～0.40	0.351	1.053
31	丁草胺	$y=129\,600x-35\,450$	0.998 7	0.010～0.40	0.482	1.446
32	狄氏剂	$y=35\,630x-6\,203$	0.998 5	0.010～0.40	0.154	0.462
33	Trans- 氯丹	$y=5\,973x+291$	0.999 1	0.010～0.40	0.385	1.155
34	三氯杀螨醇	$y=33\,420x-13\,740$	0.999 4	0.010～0.40	0.626	1.878
35	三唑酮	$y=224\,300x-55\,790$	0.999 2	0.010～0.40	0.701	2.103
36	戊唑醇	$y=61\,940x-28\,110$	0.989 8	0.010～0.40	0.094	0.282
37	氯氰菊酯	$y=15\,120x-1\,863$	0.998 5	0.010～0.40	0.298	0.894
38	戊菌唑	$y=170\,500x-59\,180$	0.999 2	0.010～0.40	0.189	0.567
39	嘧菌环胺	$y=360\,200x-81\,430$	0.999 2	0.010～0.40	0.121	0.363
40	腐霉利	$y=143\,300x-8\,743$	0.998 9	0.010～0.40	0.966	2.898
41	氯菊酯	$y=117\,900x-46\,340$	0.998 1	0.010～0.40	0.275	0.825
42	p，p′滴滴依	$y=185\,500x-3\,364$	0.998 2	0.010～0.40	0.203	0.609
43	p，p′滴滴滴	$y=266\,500x-48\,270$	0.998 3	0.010～0.40	0.245	0.735
44	o，p′滴滴涕	$y=266\,500x-48\,270$	0.998 4	0.010～0.40	0.243	0.729
45	o，p′滴滴滴	$y=360\,400x-52\,990$	0.999 1	0.010～0.40	0.223	0.669
46	嗪草酮	$y=84\,270x-40\,580$	0.989 6	0.010～0.40	0.613	1.839
47	联苯菊酯	$y=461\,600x-153\,700$	0.999 1	0.010～0.40	0.405	1.215
48	醚菌酯	$y=312\,000x-80\,330$	0.997 7	0.010～0.40	0.176	0.528
49	苄呋菊酯	$y=188\,000x-73\,350$	0.998 9	0.010～0.40	0.357	1.071
50	苯线磷	$y=82\,320x-12\,790$	0.998 8	0.010～0.40	0.259	0.777
51	己唑醇	$y=131\,000x-66\,160$	0.999 2	0.010～0.40	0.331	0.996
52	多效唑	$y=70\,870x-37\,770$	0.999 4	0.010～0.40	0.229	0.687

四、回收率和精密度

以不含目标分析物的白棉为空白基质，分别制备 3 个不同添加浓度水平的加标测试样，每个添加浓度水平均制备 7 个平行样，按上述方法进行测试，计算每个加标测试样中各组分的回收率，并计算方法的平均加标回收率和精密度，结果见

表 11-3，方法的加标平均回收率为 72.3%～105.1%，RSD 为 2.47%～9.34%。

表 11-3　方法的回收率和精密度试验

化合物	加标 μg/kg	平均回收率 /%	RSD %	加标 μg/kg	平均回收率 /%	RSD %	加标 μg/kg	平均回收率 /%	RSD %
甲胺磷	0.2	84.6	4.66	1.2	90.1	3.21	4.0	89.2	5.91
敌敌畏	0.2	81.6	3.42	1.2	83.7	6.42	4.0	91.2	5.85
氧化乐果	0.2	81.3	5.23	1.2	83.6	5.51	4.0	92.4	5.36
甲拌磷	0.2	82.0	6.19	1.2	85.4	5.74	4.0	92.6	4.07
α- 六六六	0.2	82.2	5.74	1.2	82.1	4.51	4.0	91.0	4.23
β- 六六六	0.2	80.4	5.01	1.2	85.5	2.28	4.0	90.9	4.19
δ- 六六六	0.2	76.8	3.86	1.2	85.6	2.39	4.0	99.1	3.78
乐果	0.2	83.7	4.64	1.2	87.3	3.29	4.0	98.6	6.84
五氯硝基苯	0.2	80.9	7.49	1.2	92.5	7.54	4.0	91.4	6.23
二嗪磷	0.2	79.3	3.14	1.2	88.7	5.42	4.0	95.9	5.31
特丁硫磷	0.2	77.4	7.52	1.2	85.8	6.59	4.0	86.0	5.21
氟乐灵	0.2	84.1	8.21	1.2	87.5	8.34	4.0	85.1	7.19
灭线磷	0.2	81.9	5.69	1.2	85.2	4.21	4.0	87.0	4.58
六氯苯	0.2	79.1	6.23	1.2	84.9	2.96	4.0	95.4	3.54
速灭磷	0.2	94.2	4.57	1.2	94.9	3.69	4.0	99.3	4.31
久效磷	0.2	78.7	8.33	1.2	81.8	6.32	4.0	86.5	5.53
治螟磷	0.2	77.2	6.81	1.2	87.1	5.62	4.0	93.5	3.57
哒螨灵	0.2	79.3	3.48	1.2	90.2	4.10	4.0	101.2	3.34
杀虫脒	0.2	88.3	5.28	1.2	84.7	3.09	4.0	86.7	2.97
恶霜灵	0.2	85.4	6.38	1.2	85.9	2.61	4.0	85.6	5.38
七氯	0.2	85.5	5.78	1.2	86.1	3.13	4.0	92.3	3.65
地虫磷	0.2	77.3	4.28	1.2	85.3	2.84	4.0	87.4	2.53
异狄氏剂	0.2	79.7	3.45	1.2	84.6	5.45	4.0	99.8	2.47
乙草胺	0.2	83.5	2.96	1.2	87.6	5.41	4.0	97.2	3.05
氯苯胺灵	0.2	80.9	3.01	1.2	91.3	4.86	4.0	89.6	4.26
硫丹	0.2	79.3	5.49	1.2	92.0	8.72	4.0	97.4	6.78
溴螨脂	0.2	87.4	5.67	1.2	92.8	2.56	4.0	91.9	5.42
精甲霜灵	0.2	84.1	3.38	1.2	87.4	4.07	4.0	92.5	6.21
二甲戊灵	0.2	81.9	4.07	1.2	86.7	4.83	4.0	88.4	3.58

续表

化合物	加标 μg/kg	平均回收率 /%	RSD %	加标 μg/kg	平均回收率 /%	RSD %	加标 μg/kg	平均回收率 /%	RSD %
莠去津	0.2	79.1	4.56	1.2	80.4	5.06	4.0	82.7	2.96
丁草胺	0.2	94.2	2.87	1.2	93.4	5.41	4.0	98.4	2.56
狄氏剂	0.2	78.7	4.15	1.2	78.9	4.44	4.0	86.7	4.38
Trans- 氯丹	0.2	92.3	3.57	1.2	97.4	4.23	4.0	105.1	2.68
三氯杀螨醇	0.2	72.3	2.88	1.2	80.4	3.13	4.0	92.4	2.87
三唑酮	0.2	79.5	3.52	1.2	87.4	5.74	4.0	92.5	4.15
戊唑醇	0.2	83.7	3.44	1.2	92.7	5.87	4.0	89.4	3.57
氯氰菊酯	0.2	78.5	3.27	1.2	86.1	4.13	4.0	83.7	2.83
戊菌唑	0.2	79.2	2.64	1.2	84.7	3.11	4.0	101.1	3.52
嘧菌环胺	0.2	80.3	2.96	1.2	92.6	3.65	4.0	93.7	5.71
腐霉利	0.2	83.4	7.96	1.2	93.4	2.87	4.0	93.8	4.28
氯菊酯	0.2	85.4	3.48	1.2	90.7	3.38	4.0	89.6	3.58
p, p′ 滴滴依	0.2	85.1	5.28	1.2	97.7	4.17	4.0	96.5	2.91
p, p′ 滴滴滴	0.2	79.1	6.38	1.2	89.4	4.58	4.0	89.4	4.36
o, p′ 滴滴涕	0.2	83.7	3.69	1.2	84.2	3.47	4.0	87.2	5.42
o, p′ 滴滴滴	0.2	82.1	6.32	1.2	89.1	3.27	4.0	96.3	8.12
嗪草酮	0.2	79.8	5.62	1.2	91.6	5.73	4.0	90.8	9.34
联苯菊酯	0.2	77.0	4.10	1.2	87.6	4.27	4.0	85.7	8.31
醚菌酯	0.2	84.4	3.65	1.2	98.7	3.48	4.0	96.1	2.54
苄呋菊酯	0.2	78.5	2.53	1.2	83.7	2.96	4.0	89.4	6.04
苯线磷	0.2	80.8	2.47	1.2	92.6	5.34	4.0	95.2	2.95
己唑醇	0.2	90.1	3.05	1.2	94.8	2.48	4.0	93.9	4.01
多效唑	0.2	82.7	2.47	1.2	95.3	2.78	4.0	87.4	2.97

第四节　实际样品测试

采用本章建立的方法对市场委托和进口报检的 50 批次纺织原料废物样品其中包括：①废棉（20 批）、②废棉纱线（20 批）、③废牛仔面料（10 批）进行测定，结果见表 11-4。除二甲戊灵、乐果等 35 种物质未被检出外，其他 17 种物质在 50 批纺织原料废物样品均不同程度地被检出。

表 11-4　实际样品测试　　　　　　　　　　　　单位：μg/kg

化合物	样品类型			化合物	样品类型		
	①	②	③		①	②	③
甲胺磷	ND	ND	ND	溴螨脂	ND	ND	ND
敌敌畏	21.7	16.9	3.9	精甲霜灵	ND	ND	ND
氧化乐果	37.4	23.1	ND	二甲戊灵	ND	ND	ND
甲拌磷	8.3	ND	ND	莠去津	ND	ND	ND
α-六六六	25.4	7.8	ND	丁草胺	ND	ND	ND
β-六六六	19.6	11.2	ND	狄氏剂	ND	ND	ND
δ-六六六	17.8	9.1	ND	Trans-氯丹	ND	ND	ND
乐果	ND	ND	ND	三氯杀螨醇	ND	ND	ND
五氯硝基苯	ND	ND	ND	三唑酮	ND	ND	ND
二嗪磷	11.1	7.6	ND	戊唑醇	ND	ND	ND
特丁硫磷	20.9	11.4	ND	氯氰菊酯	19.8	11.2	5.7
氟乐灵	ND	ND	ND	戊菌唑	ND	ND	ND
灭线磷	ND	ND	ND	嘧菌环胺	ND	ND	ND
六氯苯	ND	ND	ND	腐霉利	ND	ND	ND
速灭磷	ND	ND	ND	氯菊酯	17.6	10.4	ND
久效磷	ND	ND	ND	p, p' 滴滴依	23.7	15.2	ND
治螟磷	16.3	8.1	ND	p, p' 滴滴滴	10.5	7.6	ND
哒螨灵	ND	ND	ND	o, p' 滴滴涕	ND	ND	ND
杀虫脒	34.5	26.1	6.7	o, p' 滴滴滴	ND	ND	ND
恶霜灵	ND	ND	ND	嗪草酮	23.5	6.4	ND
七氯	ND	ND	ND	联苯菊酯	ND	ND	ND
地虫磷	ND	ND	ND	醚菌酯	ND	ND	ND
异狄氏剂	ND	ND	ND	苄呋菊酯	ND	ND	ND
乙草胺	34.8	26.5	8.7	苯线磷	ND	ND	ND
氯苯胺灵	ND	ND	ND	己唑醇	ND	ND	ND
硫丹	9.6	ND	ND	多效唑	ND	ND	ND

注：ND 表示未检出。

第五节　结论

　　本章建立了 GC/MS 法，同时测定纺织原料废物中 52 种农药残留的检测方法，采用该方法对市售纺织原料废物进行分析，结果在部分样品中检出了农药残留。

参 考 文 献

［1］唐玉红，魏小春，黄小凯. 皮革和纺织品中含氯苯酚和邻苯基苯酚同时检测技术研究［J］. 西部皮革，2018，03：46-47.

［2］高永刚，牛增元，张艳艳，等. 液相色谱 - 质谱法同时测定纺织品中 19 种含氯苯酚类化合物［J］. 分析测试学报，2019，38（01）：75-79.

［3］Tian Q Y, Xu J K, Zuo Y X, et al. Three-dimensional PEDOT composite based electrochemical sensor for sensitive detection of chlorophenol［J］. Journal of electranalytical chemistry, 2019, 837: 1-9.

［4］吴俐，连小彬，尹洪雷，等. KOH 烘箱萃取法测定纺织品和皮革中含氯苯酚含量［J］. 印染，2019，45（21）：52-56.

［5］樊苑牧，贺小雨，俞雪钧，等. 快速溶剂萃取法提取测定出口纺织品中邻苯基苯酚［J］. 纺织学报，2008（07）：73-75.

［6］霍彩霞，何丽君，杨天宇. 2,4,6- 三氯苯酚与人血清白蛋白相互作用的研究［J］. 分析科学学报，2018，34（03）：357-361.

［7］Kadmi Y, Favier L, Yehya T, et al. Controlling contamination for determination of ultra-trace levels of priority pollutants chlorophenols in environmental water matrices［J］. Arabian journal of chemistry, 2019, 12（8）: 2905-2913.

［8］佚名. Oeko-Tex100 标准 & 认证现状与中国纺织品重点出口区域的关联性［J］. 棉纺织技术，2009，37（09）：65-66.

［9］GB/T 18414.1—2006. Determination of Chlorophenol in Textiles：Part One：Gas Chromatography-mass Spectrometry（纺织品含氯苯酚的测定 第一部分：气相色谱 - 质谱法）［S］.

［10］GB/T 18414.2—2006 纺织品 含氯苯酚的测定 第 2 部分：气相色谱法［S］.

［11］陈秋凯，颜远瞻，刘志荣，等. 气相色谱 - 质谱法快速测定皮革中 19 种含氯苯酚［J］. 西部皮革，2020，42（05）：39-41.

［12］张权，殷忠. 顶空固相微萃取——气相色谱法测定生活饮用水中的氯酚化合物［J］. 微量元素与健康研究，2020，37（02）：68-70.

［13］张志荣，张来颖，王玉江，等. 高效液相色谱 - 串联质谱法测定食品用纸制品中氯酚类化合物残留量［J］. 中国食品卫生杂志，2019，03（07）：226-230.

［14］曾立平，温志清.微波萃取 - 超高效液相色谱法测定纺织品中含氯苯酚［J］.印染，2019，45（20）：52-56.

［15］唐玉红，魏小春，黄小凯.皮革和纺织品中含氯苯酚和邻苯基苯酚同时检测技术研究［J］.西部皮革，2018，40（03）：46-47+141.

［16］黄姣，陈有为，马明，陈丹超，俞雄飞，李锦花.食品接触再生纸及其制品中 19 种含氯酚的测定及其迁移行为研究［J］.湖北大学学报（自然科学版），2015，37（04）：391-395.

［17］高永刚，牛增元，张艳艳，叶曦雯，罗忻，张嘉蕴.液相色谱 - 质谱法同时测定纺织品中 19 种含氯苯酚类化合物［J］.分析测试学报，2019，38（01）：75-79.

［18］陈秋凯，颜远瞻，刘志荣，苏德宾.气相色谱 - 质谱法快速测定皮革中 19 种含氯苯酚［J］.西部皮革，2020，42（05）：37-39+43.

［19］田春霞，金绍强，朱炳祺，王远远，郑丽琼，陈万勤，罗金文.超高效液相色谱 - 电喷雾串联质谱 测定动物源食品中五氯酚的残留量［J］.分析试验室，2019，38（04）：438-441.

［20］薛娜娜，汪仕韬，邵卫卫，等.气相色谱 - 质谱法测定塑料书皮中 17 种增塑剂的含量［J］.理化检验（化学分册），2016，52（12）：1414-1418.

［21］崔姣妍，张琼瑶，罗伦，等.MIL-101（Cr）/SiO2 涂层搅拌棒吸附萃取 - 超高效液相色谱测定环境中的邻苯二甲酸酯类［J］.分析试验室，2020，39（08）：919-925.

［22］窦筱艳，王静，孙静，等.高效液相色谱 - 三重四极杆 / 复合线性离子阱质谱法测定饮用水中 22 种邻苯二甲酸酯［J］.中国环境监测，2020，36（04）：132-138.

［23］郭添荣，寇璐，肖全伟，等.自热火锅包装内盒中邻苯二甲酸酯类塑化剂的GC-MS 法测定［J］.现代食品科技，2020，36（09）：293-299.

［24］Carlos K S，de Jager L S，Begley T H. Determination of phthalate concentrations in paper-based fast food packaging available on the US market［J］. Food addit contam A，2021，38（3）：501-512.

［25］肖亮，薛芳，宋业萍，等.气相色谱 - 串联质谱法同时测定纺织品中 21 种塑化剂［J］.分析科学学报，2019，35（05）：670-674.

［26］刘俊，朱然，田延河，等.气相色谱 - 质谱法对食品包装材料中邻苯二甲酸酯类与己二酸酯类增塑剂的同时测定［J］.分析测试学报，2010，29（9）：943-947.

［27］Pang X，Skillen N，Gunaratne H Q N，et al. Removal of Phthalates from Aqueous Solution by Semiconductor Photocatalysis：A review［J］. Journal of Hazardous

Materials，2020，402：123461.

［28］Yu Y，Peng M，Liu Y，et al. Co-exposure to polycyclic aromatic hydrocarbons and phthalates and their associations with oxidative stress damage in school children from South China［J］. Journal of Hazardous Materials，2020，401：123390.

［29］Dostalova P，Zatecka E，Ded L，et al. Gestational and pubertal exposure to low dose of di-（2-ethylhexyl）phthalate impairs sperm quality in adult mice［J］. Reproductive Toxicology，2020，96：175-184.

［30］Pablo A. Pérez，Toledo J，Sosa L D V，et al. The phthalate DEHP modulates the estrogenreceptors α and β increasing lactotroph cell population in female pituitary glands［J］. Chemosphere，2020，258：127304.

［31］Hamid N，Junaid M，Manzoor R，et al. Prioritizing Phthalate Esters（PAEs）using experimental in vitro/vivo toxicity assays and computational in silico approaches［J］. Journal of Hazardous Materials，2020，398：122851.

［32］韦航，邹强，林春滢，等. 饼干加工过程中 6 种邻苯二甲酸酯类增塑剂迁移规律研究［J］. 中国食品学报，2018，18（03）：53-58.

［33］付善良，丁利，焦艳娜，等. GC-MS/MS 用于微波条件下 PVC 塑料中增塑剂向橄榄油迁移行为的研究［J］. 分析测试学报，2013，32（05）：630-633.

［34］Biedermann M，Fiselier K，Grob K. Testing migration from the PVC gaskets in metal closures into oily foods［J］. Trends in food science & Technology，2008，19（3）：145-155.

［35］Li H L，Ma W L，Liu L Y，et al. Phthalates in infant cotton clothing：Occurrence and implications for human exposure［J］. Sci Total Environ，2019，683：109-115.

［36］Benjamin S，Masai E，Kamimura N，et al. Phthalates impact human health：Epidemiological evidences and plausible mechanism of action［J］. J Hazard Mater，2017，340：360-383.

［37］Salazar-Beltran D，Hinojosa-Reyes L，Ruiz-Ruiz E，et al. Phthalates in beverages and plastic bottles：Sample preparation and determination［J］. Food Anal Method，2018，11（1）：48-61.

［38］Wang R，Xu X H，Weng H F，et al. Effects of early pubertal exposure to di-（2-ethylhexyl）phthalate on social behavior of mice［J］. Horm Behav，2016，80：117-124.

［39］丁晓妹，李向阳，张明泉. 环境激素浅析［J］，环境科学与技术，2010，33（6）：144-149.

［40］Kim D，Cui R，Moon J，et al. Soil ecotoxicity study of DEHP with respect to multiple soil species [J]. Chemosphere, 2019, 216: 387-395.

[41] GB/T 20388—2016 纺织品 邻苯二甲酸酯的测定 四氢呋喃法 [S].

[42] GB 5009.271—2016 食品安全国家标准 食品中邻苯二甲酸酯的测定 [S].

[43] 龚振宇. 索氏提取 - 气相色谱 / 质谱法测定针织服装中的 6 种邻苯二甲酸酯 [J]. 印染助剂, 2021, 38 (02): 57-60.

[44] 闫海军, 王丰, 刘俊, 等. 气相色谱 - 质谱法同时测定纺织品中 5 种己二酸酯 类增塑剂 [J]. 分析科学学报, 2015, 31 (03): 427-430.

[45] 周艳芬, 高原, 贺筱雅, 等. 分散液液微萃取 - 气相色谱 / 质谱法测定中药甘 草中邻苯二甲酸酯残留 [J]. 分析科学学报, 2018, 34 (04): 518-522.

[46] 郑翙, 于文佳, 卫碧文, 等. 加速溶剂萃取 - 液相色谱 - 串联质谱法测定玩具 中 6 种邻苯二甲酸酯增塑剂 [J]. 分析试验室, 2013, 32 (04): 101-104.

[47] Cortazar E, Bartolome L, Delgado A, et al. Determination of adipate plasticizers in poly (vinyl chloride) by microwave-assisted extraction [J]. Journal of Chromatography A, 2002, 963 (12): 401-409.

[48] Wang W W, Gao F K, Li G Z, et al. High efficient extraction of phthalates in aquatic products by a modified QuEChERS method [J]. Chemical Research in Chinese Universities, 2013, 29 (4): 653-656.

[49] 王会锋, 董小海, 贾斌, 等. 固相萃取 - 气相色谱 - 串联质谱法测定大葱等蔬 菜中 23 种邻苯二甲酸酯类化合物残留 [J]. 色谱, 2015, 33 (05): 545-550.

[50] Shen H Y. Simultaneous screening and determination eight phthalates in plastic products for food use by sonication-assisted extraction GC-MS methods [J]. Talanta, 2005, 66 (3): 734-739.

[51] Nehring A, Bury D, Kling H W, et al. Determination of human urinary metabolites of the plasticizer di (2-ethylhexyl) adipate (DEHA) by online-SPE-HPLC-MS/MS [J]. J Chromatogr B, 2019, 1124: 239-246.

[52] Ma T T, Teng Y, Christie P, et al. A new procedure combining GC-MS with accelerated solvent extraction for the analysis of phthalic acid esters in contaminated soils [J]. Frontiers of environmental science & Engineering, 2013, 7 (1): 31-42.

[53] Vinas P, Campillo N, Pastor-Belda M, et al. Determination of phthalate esters in cleaning and personal care products by dispersive liquid-liquid microextraction and liquid chromatography-tandem mass spectrometry [J]. Journal of chromatography A, 2015, 1376: 18-25.

[54] Pang X, Skillen N, Gunaratne H Q N, et al. Removal of Phthalates from Aqueous Solution by Semiconductor Photocatalysis: A review [J]. Journal of Hazardous

Materials，2020，402：123461.

［55］Yu Y , Peng M , Liu Y , et al. Co-exposure to polycyclic aromatic hydrocarbons and phthalates and their associations with oxidative stress damage in school children from South China［J］. Journal of Hazardous Materials，2020，401：123390.

［56］Dostalova P , Zatecka E , Ded L , et al. Gestational and pubertal exposure to low dose of di-（2-ethylhexyl）phthalate impairs sperm quality in adult mice［J］. Reproductive Toxicology，2020，96：175-184.

［57］Pablo A. Pérez，Toledo J , Sosa L D V , et al. The phthalate DEHP modulates the estrogen receptors α and β increasing lactotroph cell population in female pituitary glands［J］. Chemosphere，2020，258：127304.

［58］Hamid N , Junaid M , Manzoor R , et al. Prioritizing Phthalate Esters（PAEs） using experimental in vitro/vivo toxicity assays and computational in silico approaches［J］. Journal of Hazardous Materials，2020，398：122851.

［59］Ning X A，Lin M Q，Shen L Z，et al. Levels，composition profiles and risk assessment of polycyclic aromatic hydrocarbons（PAHs）in sludge from ten textile dyeing plants［J］. Environmental Research，2014，132：112-118.

［60］Yan Z S，Zhang H C，Wu H F，et al. Occurrence and removal of polycyclic aromatic hydrocarbons in real textile dyeing wastewater treatment process［J］. Desalination and water treatment，2016，57（47）：22564-22572.

［61］Alegbeleye O O，Opeolu B O，Jackson V A. Polycyclic aromatic hydrocarbons： A critical review of environmental occurrence and bioremediation.［J］. Environmental management，2017，60（4）：758-783.

［62］Jarvis I W H，Dreij K，Mattsson A，et al. Interactions between polycyclic aromatic hydrocarbons in complex mixtures and implications for cancer risk assessment［J］. Toxicology，2014，321：27-39.

［63］GB/T 36488—2018 涂料中多环芳烃的测定［S］.

［64］GB 5009.265—2016 食品安全国家标准　食品中多环芳烃的测定［S］.

［65］GB/T 28189—2011 纺织品　多环芳烃的测定［S］.

［66］HJ 784—2016 土壤和沉积物　多环芳烃的测定　高效液相色谱法［S］.

［67］Zhang J H，Zou H Y，Ning X A，et al. Combined ultrasound with fenton treatment for the degradation of carcinogenic polycyclic aromatic hydrocarbons in textile dying sludge［J］.Environmental geochemistry and health，2018，40（5）：1867-1876.

［68］袁继委，王金成，徐威力，等. 凝固漂浮有机液滴 - 分散液液微萃取结合高效液相色谱法同时测定地表水中多环芳烃和酞酸酯［J］. 色谱，2020，38

（11）：1308-1315.

［69］Belo R F C，Figueiredob J P，Nunes C M，et al. Accelerated solvent extraction method for the quantification of polycyclic aromatic hydrocarbons in cocoa beans by gas chromatography-mass spectrometry［J］. Journal of Chromatography B，2018，1053：87-100.

［70］刘滔，游钒，袁小雪，等. 微波辅助萃取 - 高效液相色谱法同时测定 PM_（2.5）中 16 种多环芳烃［J］. 中国测试，2018，44（06）：48-53.

［71］Aguinaga N，Campillo N，Vinas P，et al. A headspace solid-phase microextraction procedure coupled with gas chromatography-mass spectrometry for the analysis of volatile polycyclic aromatic hydrocarbons in milk samples［J］. Analytical and bioanalytical chemistry，2008，391（3）：753-758.

［72］王超，黄肇章，邢占磊，等. 在线固相萃取 - 液相色谱法直接测定水中超痕量多环芳烃［J］. 色谱，2019，37（02）：239-245.

［73］张润坤，陈建余，胡艺瀚. 超声提取 - 气相色谱 / 质谱法测定皮革及纺织品中 18 种多环芳烃［J］. 分析试验室，2021，40（02）：156-162.

［74］Jouyban A，Farajzadeh M A，Mogaddam M R A，et al. Ferrofluid-based dispersive liquid-liquid microextraction using a deep eutectic solvent as a support：applications in the analysis of polycyclic aromatic hydrocarbons in grilled meats［J］. Analytical Methods，2020，12（11）：1522-1531.

［75］曹忠波，张媛媛，刘晓晶，等. 气相色谱 - 串联质谱法测定 PM2.5 中 7 种指示性多氯联苯和 16 种多环芳烃［J］. 理化检验（化学分册），2020，56（12）：1261-1266.

［76］Raters M，Matissek R. Quantitation of polycyclic aromatic hydrocarbons（PAH4）in cocoa and chocolate samples by an HPLC-FD method［J］. Journal of agricultural and food chemistry，2014，62（44）：10666-10671.

［77］赵恒强，陈军辉，程红艳，等. 高效液相色谱 - 电喷雾银离子诱导电离飞行时间质谱定性分析高沸点多环芳烃［J］. 分析化学，2010，38（11）：1599-1603.

［78］Driskill A K，Alvey J，Dotson A D，et al. Monitoring polycyclic aromatic hydrocarbon（PAH）attenuation in Arctic waters using fluorescence spectroscopy［J］. Cold Regions Science and Technology，2018，145：76-85.

［79］Jin L C. Orthogonal design and multi-index analysis［M］. Beijing：China Railway Press，1988：41-97.

［80］HJ 168—2020 环境监测分析方法标准制修订技术导则［S］.

［81］Lou，Chaoyan，Can，et al. Graphene-coated polystyrene-divinylbenzene dispersive solid-phase extraction coupled with supercritical fluid chromatography for the rapid deter mination of 10 allergenic disperse dyes in industrial wastewater samples [J].Journal of chromatography, A: Including electrophoresis and other separation methods, 2018, 1550: 45-56.

[82] Laura Martín-Pozo a, aría del Carmen Gómez-Regalado a, SamuelCantarero-Malagón a b, et al. Deter mination of ultraviolet filters in human nails using an acid sample digestion followed by ultra-high performance liquid chromatography–mass spectrometry analysis [J]. Chemosphere, 2020.

[83] Ying Zhou, Zhenxia Du, Yun Zhang. Simultaneous deter mination of 17 disperse dyes in textile by ultra-high performance supercritical fluid chromatography combined with tandem mass spectrometry [J]. Talanta, 2014, 127.

[84] 方慧文, 陈曦, 卢跃鹏, 等.液相色谱串联质谱法对母婴纺织品中 12 种致敏分散染料的同时测定 [J].分析测试学报, 2010, 29 (12): 1178-1181.

[85] Jiang L. Deter mination of five azo sensitized disperse dyes by SFC-UV [J]. Printing and dyeing, and 2016.

[86] Y Z, Z D, Y Z. Simultaneous deter mination of 17 disperse dyes in textile by ultra-high performance supercritical fluid chromatography combined with tandem mass spectrometry [J]. Talanta, 2014, 127.

[87] Mohammad Reza Afshar Mogaddam, Ali Mohebbi, Azar Pazhohan, et al. Headspace mode of liquid phase microextraction: A review [J].Trac Trends in Analytical Chemistry, 2018.

[88] K O, A G, Z S D, et al.Efficient solid phase extraction of α-tocopherol and β-sitosterol from sunflower oil waste by improving the mesoporosity of the zeolitic adsorbent [J]. Food Chemistry, 2019, 311: 125890.

[89] 陈波, 徐明敏, 赵永纲, 等.分散固相萃取 - 超快速液相色谱 - 二极管阵列法同时测定环境水中 12 种致敏分散染料 [J].中国卫生检验杂志, 2016, 26 (19): 2747-2750.

[90] 高仕谦, 李小蒙, 鲍秀敏, 等.金属有机骨架 101 (Cr) - 固相萃取环境水体中分散染料 [J].分析科学学报, 2020, 36 (04): 497-502.

[91] 胡江涛, 何成艳, 刘兴睿, 等.固相萃取 - 超高效液相色谱串联质谱法同时测定食品中 8 种禁用色素 [J].安徽农业科学, 2020, 48 (01): 204-207.

[92] Zhou Y, Du Z, Zhang Y. Simultaneous deter mination of 17 disperse dyes in textile by ultra-high performance supercritical fluid chromatography combined with tandem mass spectrometry [J]. Talanta, 2014, 127: 108-115.

［93］Hu Xiaolan，Bian Xiqing，Gu Wan，et al.Stand out from matrix：ultra-sensitive LC-MS/MS method for deter mination of hista mine in complex biological samples using derivatization and solid phase extraction［J］.Talanta，2020，225.

［94］楼超艳，姜磊，段芬，等.超临界流体色谱 - 紫外检测法同时测定混纺地毯中8种致敏分散染料［J］.色谱，2017，35（04）：453-457.

［95］马强，白桦，王超，等.超高效液相色谱 - 串联质谱法同时测定玩具中的16种致癌和致敏染料［J］.分析化学，2010，38（01）：51-56.

［96］Zhu S，Liu D，Zhu X，et al. Extraction of Illegal Dyes from Red Chili Peppers with Cholinium-Based Deep Eutectic Solvents［J］. Journal of Analytical Methods in Chemistry，2017，2017.

［97］王钊，张雪，黄淑媛，等. 正交法优化超声波辅助溶剂提取甜椒红色素工艺研究［J］. 中国调味品，2020，045（003）：158-162.

［98］连小彬，毛树禄，陈斌，等.高效液相色谱法测定皮革中致敏分散染料［J］. 中国皮革，2014，43（05）：1-4+14.

［99］姜觅，王恒彦，汪国权.液体饮品中20种分散性染料的液相色谱测定研究［J］.分析测试学报，2012，31（09）：1137-1141.

［100］李志刚，杨宏林.高效液相色谱紫外检测法同时测定涤纶缝纫线中7种致敏分散染料［J］.纺织学报，2012，33（08）：76-81+86

［101］李兰，刘俊，王丰.高效液相色谱 - 二极管阵列检测器法测定胶囊壳中20种禁用工业染料［J］.分析化学，2016，44（07）：1112-1118.

［102］Weiguo Liu，Jun Liu，Yu Zhang，et al. Simultaneous deter mination of 20 disperse dyes in foodstuffs by ultra high performance liquid chromatography-tandem mass spectrometry［J］.Food Chemistry，2019，300.

［103］郑环达，钟毅，毛志平.超临界流体色谱在纺织检测中的应用［J］.上海纺织科技，2019，47（06）：1-3+31.

［104］周颖.纺织品中分散染料的检测研究和代谢组学预测吉非替尼对非小细胞肺癌疗效探究［D］.北京化工大学，2015.

［105］姜磊.五种偶氮型致敏分散染料的 SFC-UV 测定［J］.印染，2016，42（20）：38-42.

［106］王烈，高颖.超临界流体萃取和高压液相色谱法测定土壤中焰红染料［J］.中国公共卫生，2000（06）：65-66.

［107］丁友超，汤娟，路颖，等.超高效合相色谱法快速测定纺织品中11种致敏分散染料［J］.印染，2017，43（23）：51-55.

［108］袁芳，莫文电，韦升坚，等.液相色谱 - 质谱联用技术在兽药残留检测中的

应用［J］.现代食品，2020，（09）：185-186+190.

［109］Weiguo Liu，Jun Liu，Yu Zhang，et al. Simultaneous deter mination of 20 disperse dyes in foodstuffs by ultra high performance liquid chromatography-tandem mass spectrometry［J］. Food Chemistry，2019，300.

［110］周佳，许新春，徐援朝，汤娟，丁友超.超高效液相色谱 - 质谱法测定染整助剂中 44 种致癌致敏染料［J］.中国标准化，2019（20）：194-195.

［111］曲连艺.生态纺织品中禁限用物质高分辨质谱检测技术研究［D］.青岛大学，2019.

［112］Lu F L，Liu J N，Shi L L，et al. Deter mination of Nine Sensitizing Disperse Dyes in Dyeing Wastewater by Solid Phase Extraction-Liquid Chromatography-Mass Spectrometry［J］. Chinese Journal of Analytical Chemistry，2012，39（1）：39-44.

［113］方慧文，陈曦，卢跃鹏，等.液相色谱串联质谱法对母婴纺织品中 12 种致敏分散染料的同时测定［J］.分析测试学报，2010，29（12）：1178-1181.

［114］Zhao Y G，Li X P，Yao S S，et al. Fast throughput deter mination of 21 allergenic.

［115］Lopez M C C . Deter mination of potentially bioaccumulating complex mixtures of organochlorine compounds in wastewater：a review［J］. Enviro nment International，2003，28（8）：751-759.

［116］刘彬，王璠，吴昊，等.土壤和沉积物中氯苯类化合物残留现状及分析技术研究进展［J］.化学分析计量，2020，29（04）：129-134.

［117］尹雪花，颜海龙，陈阳，等.基于 GC-MS 的工作场所空气中 4 种氯苯化合物的高灵敏同时检测［J］.分析仪器，2019，（05）：40-45.

［118］Xie Q，Xia M，Lu H，et al. Deep eutectic solvent-based liquid-liquid microextraction for the HPLC-DAD analysis of bisphenol A in edible oils［J］. Journal of Molecular Liquids，2020，306.

［119］苏丽敏，袁星，赵建伟，等. 持久性有机污染物及其环境归趋研究［D］. 环境科学与技术，2003，5（26）：61-63.

［120］李祥，马中雨，孙韶华，等.吹扫捕集 - 气相色谱在线测定饮用水 VOCs 方法研究［J］.中国给水排水 .2020，（2）：113-118.

［121］李健，孟宪宪，李永亮，等.使用吹扫捕集 - 微氩离子检测器 - 气相色谱法测定水中 18 种挥发性有机物的含量［J］.水产学杂志 .2020，（3）：72-77.

［122］陈平，陆卫明.吹扫捕集 -GC/MS 联用同时测定水中 31 种挥发性有机物［J］.中国卫生检验杂志 .2013，（5）：1096-1099.

［123］Y J，X L，Z W，et al. Extraction optimization of accelerated solvent extraction for eight active compounds from Yaobitong capsule using response surface methodology Co Mparison with ultrasonic and reflux extraction［J］. Journal of Chromatography A，2020，1620.

［124］项文霞，李义连，汤烨，等 . 加速溶剂萃取法测定土壤中有机氯农药［J］. 环境科学与技术，2014，37（04）：135-138+165.

［125］Zhang Jingjing et al. Hollow porous dummy molecularly imprinted polymer as a sorbent of solid-phase extraction combined with accelerated solvent extraction for deter mination of eight bisphenols in plastic products［J］. Microchemical Journal，2019，145：1176-1184.

［126］梁焱，陈盛，张鸣珊，等 . 快速溶剂萃取 - 气相色谱 - 质谱法测定土壤中 24 种半挥发性有机物含量［J］. 理化检验：化学分册 .2016，（6）：677-683.

［127］李芳，粟有志，李艳美，等 . 加速溶剂萃取 -QuEChERS 法测定高活性干酵母粉中 12 种有机持久污染物残留［J］. 食品与生物技术学报，2018，037（002）：185-190.

［128］彭梦微 . 浅谈水体中有机污染物的前处理方法和检测技术［J］. 化工管理，2020，No.551，61-62.

［129］任衍燕，华勃 . 固相萃取 - 气相色谱 / 质谱法测定水中氯苯类化合物［J］. 给水排水，2015，51（S1）：151-152.

［130］张竹青，汪玉花 .SPE-GC-MS/MS 法测定水源水中多种有机氯 EDCs［J］. 环境监测管理与技术 .2020，（2）：49-51.

［131］王少娟，董军，周鹏娜 . 快速溶剂萃取与索氏抽提对比测定复垦土壤中 4 类 20 种半挥发性有机污染物［J］. 分析试验室 .2018，（4）：404-408.

［132］Noorbasha Khaleel，Shaik Abdul Rahaman. Deter mination of residual solvents in paclitaxel by headspace gas chromatography［J］. Future Journal of Pharmaceutical Sciences，2021，7（1）.

［133］陈红果，薛勇，杨晓松，等 . 涡旋辅助分散液液微萃取 - 气相色谱法测定饮用水中 11 种氯苯类化合物［J］. 理化检验（化学分册），2019，55（05）：540-544.

［134］王晓春，梁丽，周焕英 . 基于 QuEChERS 净化 / 气相色谱法测定蔬菜及水果中 16 种有机氯农药残留［J］. 分析测试学报，2021，40（03）：401-405.

［135］赵海涛，王帅，张亮，周彦成，刘会会，李静伟，张贺凤，王磊 . 气相色谱法测定青贮玉米中 6 种有机磷类农药残留［J］. 饲料研究，2020，43（08）：90-92.

［136］许行义 . 气相色谱法在环境监测中的应用［M］. 北京：化学工业出版社，2012：42.

［137］崔立迁，王欣．微波萃取-气相色谱质谱法测定塑料中的氯苯类化合物［J］．塑料科技，2017，45（09）：91-93.

［138］刘宇，李国文，王蓉，等．液液萃取-GC/MS 检测饮用水中 33 种半挥发性有机物［J］．食品工业.2019,（12）：271-274.

［139］Mohammad，Heydari，Mehdi S，et al. Chemometrics-assisted deter mination of Sudan dyes using zinc oxide nanoparticle-based electrochemical sensor.［J］. Food chemistry，2019.

［140］Liu P Y，Chen B Q，Yuan S S，et al. Deter mination of common dyes in dyed safflower by near infrared spectroscopy［J］. China Journal of Chinese Materia Medica，2019.

［141］hande D Y，Phate M R，Sinaga N . Co Mparative Analysis of Abrasive Wear Using Response Surface Method and Artificial Neural Network［J］. Journal of The Institution of Engineers（India）Series D，2021（10）.